国家出版基金项目
NATIONAL PUBLICATION FOUNDATION

国之重器出版工程
网络强国建设

学术中国·院士系列
未来网络创新技术研究系列

空间信号协同处理理论与技术

Cooperative Spatial Signal Processing Theories and Key Technologies

白琳 李敏 李颖 于全 编著

人民邮电出版社
北京

图书在版编目（CIP）数据

空间信号协同处理理论与技术 / 白琳等编著. -- 北京 : 人民邮电出版社, 2018.8(2023.1重印)
（学术中国. 院士系列. 未来网络创新技术研究系列）
国之重器出版工程
ISBN 978-7-115-48763-6

Ⅰ. ①空… Ⅱ. ①白… Ⅲ. ①空间通信系统—信号处理 Ⅳ. ①TN927

中国版本图书馆CIP数据核字(2018)第137098号

内 容 提 要

本书从空间信号协同传输以及 MIMO 系统的原理出发，分别从信号的发送、接收两个方面介绍如何利用空间信号协同处理理论与技术来提升 MIMO 系统的信号传输性能以及频谱利用率。本书主要内容包括信号发送端的单用户、多用户以及中继波束成形技术，讨论了理想信道状态信息、非理想信道状态信息以及同信道干扰情况下的波束成形设计；信号接收端的串行干扰消除技术、格基规约技术、迭代检测译码技术以及信道估计检测双重迭代技术。

本书内容丰富，适用于具有一定无线通信专业基础的高校研究生以及相关领域的科研工作者与工程师阅读参考。

◆ 编　著　白　琳　李　敏　李　颖　于　全
　责任编辑　代晓丽
　责任印制　杨林杰

◆ 人民邮电出版社出版发行　　北京市丰台区成寿寺路 11 号
　邮编　100164　　电子邮件　315@ptpress.com.cn
　网址　http://www.ptpress.com.cn
　固安县铭成印刷有限公司印刷

◆ 开本：700×1000　1/16
　印张：14.75　　　　　2018 年 8 月第 1 版
　字数：273 千字　　　　2023 年 1 月河北第 3 次印刷

定价：108.00 元

读者服务热线：(010)81055493　印装质量热线：(010)81055316
反盗版热线：(010)81055315

《国之重器出版工程》
编辑委员会

李伯虎　中国工程院院士

李应红　中国科学院院士

李春明　中国兵器工业集团首席专家

李莹辉　国际宇航科学院院士

李得天　国际宇航科学院院士

李新亚　国家制造强国建设战略咨询委员会委员、中国机械工业联合会副会长

杨绍卿　中国工程院院士

杨德森　中国工程院院士

吴伟仁　中国工程院院士

宋爱国　国家杰出青年科学基金获得者

张　彦　电气电子工程师学会会士、英国工程技术学会会士

张宏科　北京交通大学下一代互联网互联设备国家工程实验室主任

陆　军　中国工程院院士

陆建勋　中国工程院院士

陆燕荪　国家制造强国建设战略咨询委员会委员、原机械工业部副部长

陈　谋　国家杰出青年科学基金获得者

陈一坚　中国工程院院士

陈懋章　中国工程院院士

金东寒　中国工程院院士

周立伟　中国工程院院士

郑纬民　中国工程院院士

郑建华　中国科学院院士

屈贤明　国家制造强国建设战略咨询委员会委员、工业和信息化部智能制造专家咨询委员会副主任

项昌乐　中国工程院院士

赵沁平　中国工程院院士

郝　跃　中国科学院院士

柳百成　中国工程院院士

段海滨　“长江学者奖励计划”特聘教授

侯增广　国家杰出青年科学基金获得者

闻雪友　中国工程院院士

姜会林　中国工程院院士

徐德民　中国工程院院士

唐长红　中国工程院院士

黄　维　中国科学院院士

黄卫东　“长江学者奖励计划”特聘教授

黄先祥　中国工程院院士

康　锐　“长江学者奖励计划”特聘教授

董景辰　工业和信息化部智能制造专家咨询委员会委员

焦宗夏　“长江学者奖励计划”特聘教授

谭春林　航天系统开发总师

前　言

纵观无线通信几十年的发展历史，从第一代（1G）移动通信系统概念的提出到目前正在广泛研发的第五代（5G）移通信系统，客观上频谱资源的紧缺一直是制约其发展的最大瓶颈。频谱资源对于无线通信系统就好比公路资源对于交通运输系统一样重要，如何合理有效地利用频谱资源修建好信息高速公路，一直以来都是摆在研究者以及工程师面前的重要挑战和关键问题。从第一代到第三代（3G）移动通信系统的核心技术可以依次体现为频分、时分以及码分多址技术，分别利用了频率、时间、码元等资源来提升无线通信系统的频谱利用率。在人们想方设法挖掘时、频、码资源来提高频谱利用率的同时，空间资源的合理利用以及相应多天线技术的发展已成为第四代（4G）移动通信系统以及未来 5G 的核心内容和关键组成部分。

基于多天线技术的多输入多输出（Multiple-Input Multiple-Output，MIMO）架构能在不增加额外带宽的情况下大幅度提升通信系统的频谱利用率。MIMO 系统最初在 20 世纪 70 年代就被用于通信系统，但是由于技术局限，直到 20 世纪 90 年代才被人们广泛关注。实验证明相对于传统无线通信技术在移动蜂窝系统中 1 ～ 5 $\text{bit}\cdot\text{s}^{-1}\cdot\text{Hz}^{-1}$ 的频谱效率，MIMO 技术在室内传播环境下的频谱效率则可以达到 20 ～ 40 $\text{bit}\cdot\text{s}^{-1}\cdot\text{Hz}^{-1}$，因此 MIMO 技术作为提高数据传输速率的重要手段受到人们越来越多的关注，目前 4G 以及未来的 5G 都将充分利用和发掘 MIMO 技术的潜力。本书从空间信号协同传输以及 MIMO 系统的原理出发，分别从信号的发送、接收两个方面介绍如何利用空间信号协同处理理论与技术来提升 MIMO 系统的信号传输性能以及频谱利用率。

本书首先在第 1 章概述了全书的目的以及各章节的组织结构。随后在第

2 ～ 5 章就 MIMO 系统的信号发送以及波束成形技术展开讨论，并围绕这些问题，介绍单用户、多用户以及中继波束成形技术，并针对具有理想信道状态信息、非理想信道状态信息以及同信道干扰条件下 MIMO 系统讨论不同的波束成形方案。在第 6 ～ 9 章主要介绍如何在 MIMO 系统的接收端利用不同的信号检测译码技术进行空间信号协同处理，分别就串行干扰消除技术、格基规约技术、迭代检测译码技术以及信道估计检测双重迭代系统展开讨论，并对性能与复杂度进行了分析。

本书作者所在团队长期以来一直致力于无线通信与协同信号处理相关研究工作，具有承担国家级科研项目的丰富经验，对从理论到工程实践有较好的理解。本书所阐述的内容取自作者多年的研究成果与理论积累，其中的原理方法较好地结合了理论与工程实践，行文风格较为简洁。

在此，我特别感谢为本书的整理及校对而辛勤工作的学生们，包括李田、吴杰、万瑞敏、汤秋缘、李东泉、韩超、窦胜跃、祝丽娜等，同时，感谢国家自然科学基金项目（编号：91338106，61231011，61231013）对本书的资助。

最后，我十分感谢家人对作者工作的大力支持和理解。

作　者

目 录

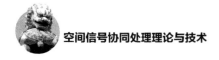

第1章
绪　论

随着以无线通信和移动互联网技术为载体的现代信息产业的飞速发展，人们对信息量的需求呈现井喷式增长，这也使得以电磁波为载体的无线通信技术不断取得革命性的突破。纵观无线通信的发展历史，从第一代（1G）移动通信系统概念的提出到目前正在广泛研发的第五代（5G）移通信系统[1-3]，客观上频谱资源的紧缺一直是制约其发展的最大瓶颈。在人们想方设法挖掘时、频、码资源来提高频谱利用率的同时，空间资源的合理利用以及相应多天线技术的发展已成为第四代（4G）移动通信系统以及5G的核心内容和关键部分。

作为多天线技术的典型应用之一，多输入多输出（Multiple-Input Multiple-Output，MIMO）技术能在不增加带宽的情况下成倍提高通信系统的频谱利用率。在 20 世纪 70 年代就有人提出将 MIMO 技术用于通信系统，但是对 MIMO 技术在无线通信中的应用产生巨大推动的工作则是由 AT&T 贝尔实验室的学者在 20 世纪 90 年代完成的[4-8]。1996 年，贝尔实验室的 G. J. Foschini 提出了空间复用技术——分层空时码（Bell Laboratories Layered Space-Time，BLAST）[5]，1998 年贝尔实验室研究出了 V-BLAST，实验室的结果已能达到 20 ～ 40 $\mathrm{bit \cdot s^{-1} \cdot Hz^{-1}}$ 的频谱利用率[6]。而使用传统无线通信技术在移动蜂窝中的频谱效率仅为 1 ～ 5 $\mathrm{bit \cdot s^{-1} \cdot Hz^{-1}}$，在点到点的固定微波系统中也只有 10 ～ 12 $\mathrm{bit \cdot s^{-1} \cdot Hz^{-1}}$。此之后的理论分析可以进一步证明，在独立同分布的高斯信道条件下，MIMO 系统的容量将随着天线数近似呈线性增长。由于 MIMO 技术能够以较少的频谱资源传输更多的信息，它作为提高数据传输速率的重要手段受到人们越来越多的关注。目前，4G 的物理层采用了 MIMO 技术，而大规模 MIMO 技术将在 5G 中得到应用。

本书将从信号的发送、接收两个方面介绍如何利用最优的空间信号协同处理理论与技术来发掘 MIMO 系统的空间资源从而提升信号传输性能以及频谱效率。

本书分为 9 章内容。

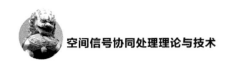

第 1 章为绪论，概述了本书的目的以及本书各章的组织结构。

第 2 ～ 5 章为本书的前半部分，主要介绍如何在 MIMO 系统的发送端利用不同的波束成形技术进行空间信号协同处理，以在发送端提升信号发送质量。

第 2 章从多天线系统的容量出发，讨论了多天线技术 3 种主要的应用模式，即空间复用、空时编码和波束成形，并重点针对波束成形技术，分别研究了单用户波束成形技术和多用户波束成形技术。最后，从点对点的 MIMO 系统延伸到了 MIMO 中继系统。

第 3 章考虑在理想条件下（即当拥有理想信道状态信息且没有同信道干扰时），如何以提高系统的可靠性为目标，设计最优的波束成形方案并进行性能分析。由于 MIMO 中继系统波束成形技术是对点对点 MIMO 系统波束成形技术的扩展，因此，本章首先简要介绍了 MIMO 系统波束成形技术，为后文中关于 MIMO 中继系统波束成形技术的工作提供参照。

第 4 章考虑在非理想信道状态信息条件下，如何以提高系统的可靠性为目标，设计最优的波束成形方案并进行性能分析。首先，本章简要介绍了非理想信道状态信息条件下点对点 MIMO 系统波束成形技术，为本章关于 MIMO 中继系统波束成形技术的分析提供参照；接着，以最大化目的端信干噪比为目标函数，推导出非理想信道状态信息条件下 MIMO 中继系统最优的波束成形方案，并分析了其性能上限；最后，通过仿真验证了设计的波束成形方案的优越性和性能分析的有效性。

第 5 章考虑存在同信道干扰条件下，如何以提高系统的可靠性为目标，设计波束成形方案并进行性能分析。为了进行对比分析，首先给出了存在同信道干扰条件下点对点 MIMO 系统最优波束成形方案；然后以最大化目的端信干噪比为目标函数，推导出了存在同信道干扰条件下 MIMO 中继系统的最优波束成形方案；最后，通过仿真验证了设计的波束成形方案的优越性和性能分析的有效性。

第 6 ～ 9 章为本书的后半部分，主要介绍如何在 MIMO 系统的接收端利用不同的信号检测译码技术进行空间信号协同处理，以提升接收信号质量，并降低接收机复杂度。

第 6 章首先对接收信号检测技术进行简要介绍，并阐述信号检测技术在 MIMO 系统中的应用原理与方法。首先概述了 MIMO 系统的信号检测基本原理，并讨论了两种经典的 MIMO 信号检测方法，即最大似然信号检测法与线性信号检测法；为了设计一种性能接近最大似然检测法、复杂度接近线性检测法的高性能低复杂度 MIMO 信号检测方法，介绍了连续干扰消除技术，并分析了其性能；在此基础上，将列表检测原理应用其中，通过调整列表长度来实现性能和复杂度之间的权衡。

第 7 章将讨论基于格基规约（LR）的 MIMO 信号检测方法，从而在高维 MIMO 系统中实现低复杂度、高性能及完全接收分集增益的信号检测。首先讨论了如何将 MIMO 信号检测问题转化为在格基中寻找某向量的问题；接下来介绍了两种基于 LR 的 MIMO 信号检测方法，即基于 LR 的线性检测法与基于 LR 的 SIC 检测法；为了进一步降低 LR 在大规模 MIMO 中的复杂度，运用 SIC 把一个大规模 MIMO 检测问题分解为多个小规模 MIMO 检测子问题，并设计格基法列表检测器，从而能以较低的计算复杂度实现近似最优检测的性能。

第 8 章首先简要介绍了常规的 MIMO 信号检测方法和迭代解码检测技术，从而引出比特交织编码调制（BICM）系统迭代解码原理和最大后验概率（MAP）迭代信号检测方法，在此基础上，为了避免 MAP 检测方法的复杂度呈指数型增长，提出了基于随机采样的部分比特级最小均方误差（MMSE）滤波器检测算法，并将该算法与 MAP 方法以及其他低复杂度信号检测方法进行了对比分析，验证了该算法的高性能和低复杂度特性。

第 9 章讨论了 MIMO 系统联合信道估计和检测算法。首先介绍了传统的信道估计技术，然后作为对传统的信道估计与信号检测方式的改进，引出了一种包括外部迭代信道估计与内部基于 LR 的 IDD 抽样迭代检测的双重迭代接收机架构，在此基础上，针对其中的迭代信道估计，引出了一种低复杂度算法，以此降低外部迭代信道估计的计算复杂度，并验证了该双重迭代接收机的有效性。

参考文献

[1] AGYAPONG P A, IWAMURA M, STAEHLE D, et al. Design considerations for a 5G network architecture[J]. IEEE communications magazine, 2014, 52(11): 65-75.

[2] CHEN S, ZHAO J. The requirements, challenges, and technologies for 5G of terrestrial mobile telecommunication[J]. IEEE communications magazine, 2014, 52(5): 36-43.

[3] HANZO L, EL-HAJJAR M, ALAMRI O. Near-capacity wireless transceivers

and cooperative communications in the MIMO era: evolution of standards, waveform design, and future perspectives[J]. Proceedings of the IEEE, 2011, 99(8): 1343-1385.

[4] FOSCHINI G J, GANS M J. On limits of wireless communications in a fading environment when using multiple antennas[J]. Wireless personal communications, 1998, 6(3): 311-335.

[5] FOSCHINI G J. Layered space-time architecture for wireless communication in a fading environment when using multi-element antennas[J]. Bell labs. tech. journal, 1996, 1(2): 41-59.

[6] WOLNIANSKY P W, FOSCHINI G J, GOLDEN G D, et al. VBLAST: an architecture for realising very high data rates over the rich-scattering wireless channel[C]// IEEE ISSSE, 1998: 295-300.

[7] TAROKH V, JAFARKHANI H, CALDERBANK A R. Space-time block codes from orthogonal designs[J]. IEEE transactions on information theory, 1999, 45(5): 1456-1467.

[8] TAROKH V, SESHADRI H, CALDERBANK A R. Space-time codes for high data rate wireless communication: performance criteria and code construction[J]. IEEE transactions on information theory, 1998, 44(2): 744-765.

第 2 章 信号发送与波束成形技术概述

处于空间不同位置的多个天线发出的信号可以基于不同的方法实现最优的线性组合，这种组合方式通常被人们称为波束成形技术。波束成形技术是多天线技术的一种，本章从介绍多天线技术开始，阐述了点对点的多天线波束成形技术，最后将点对点传输扩展到了中继传输，并分析了多天线中继波束成形技术。

| 2.1　信号发送基础 |

无线通信技术在不断发展，有限的通信资源面临着数据大爆炸的困境，如何用较少的频率传输更多的信息以及抑制无线电干扰成为无线通信技术发展的挑战。配置多天线的 MIMO 技术能在不增加带宽的情况下成倍地提高通信系统的频谱利用率。实验室研究表明，采用 MIMO 技术在室内传播环境下的频谱效率可以达到 20 ～ 40 $\text{bit}\cdot\text{s}^{-1}\cdot\text{Hz}^{-1}$，而使用传统无线通信技术在移动蜂窝中的频谱效率仅为 1 ～ 5 $\text{bit}\cdot\text{s}^{-1}\cdot\text{Hz}^{-1}$，在点到点的固定微波系统中也只有 10 ～ 12 $\text{bit}\cdot\text{s}^{-1}\cdot\text{Hz}^{-1}$。MIMO 技术作为提高数据传输速率的重要手段受到人们越来越多的关注。目前，4G 的物理层采用了 MIMO 技术，而大规模 MIMO 技术将在 5G 中得到应用。

2.1.1　单天线系统的容量极限

香农定理指出在被高斯白噪声干扰的信道中，最大信息传送速率为

$$C = B\,\text{lb}\left(1 + S/N\right) \tag{2-1}$$

其中，B 是信道带宽（单位是 Hz），S 是信号功率（单位是 W），N 是噪声功率（单

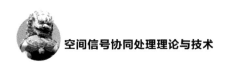

位是 W），该式即为著名的香农公式。显然，信道容量与信道带宽成正比，同时还取决于系统信噪比。香农定理指出，如果信息源的信息速率 R 小于或者等于信道容量 C，那么，在理论上存在一种方法可使信息源的输出能够以任意小的差错概率通过信道传输。该定理还指出：如果 $R > C$，则没有任何办法传递这样的信息，或者说传递这样的二进制信息的差错率为 50%。

为了逼近香农极限，人们研究了不同的信道编码，从早期的 RS 码、卷积码到网格编码调制。其中，逼近香农极限的有 20 世纪 90 年代发明的 Turbo 码和重新焕发生机的 LDPC 码。

Turbo 码是 Claude Berrou 等人在 1993 年首次提出的一种级联码。基本原理是编码器通过交织器把两个分量编码器进行并行级联，两个分量编码器分别输出相应的校验位比特；译码器在两个分量译码器之间进行迭代译码，分量译码器之间传递去掉正反馈的外信息，这样整个译码过程类似涡轮（Turbo）工作。因此，这个编码方法又被形象地称为 Turbo 码。Turbo 码具有卓越的纠错性能，性能接近香农极限，而且编译码的复杂度不高。

LDPC 码是由 Gallager 在 1963 年提出的一类具有稀疏校验矩阵的线性分组码，然而在接下来的 30 年来由于计算能力的不足，一直被人们忽视。1996 年，D. MacKay 和 M. Neal 等人对它重新进行了研究，发现 LDPC 码具有逼近香农极限的优异性能，并且具有译码复杂度低、可并行译码以及译码错误可检测等特点，从而成了信道编码理论新的研究热点。Mackay、Luby 提出的非正则 LDPC 码将 LDPC 码的概念推广。非正则 LDPC 码的性能不仅优于正则 LDPC 码，甚至还优于 Turbo 码，是目前已知的最接近香农极限的码。

2.1.2　突破容量极限——多天线系统

在 20 世纪 70 年代就有人提出将 MIMO 技术用于通信系统，但是对 MIMO 技术在无线通信中的应用产生巨大推动的奠基工作则是在 20 世纪 90 年代由 AT&T 贝尔实验室学者完成的。1996 年，贝尔实验室的 G. J. Foschini 提出了空间复用技术——BLAST，1998 年贝尔实验室研究出了 V-BLAST，实验室的结果已能达到 20 ～ 40 $\mathrm{bit\cdot s^{-1}\cdot Hz^{-1}}$ 的频谱利用率。而使用传统的无线通信技术在移动蜂窝和 WLAN 系统中也只有 10 ～ 12 $\mathrm{bit\cdot s^{-1}\cdot Hz^{-1}}$。另外通过理论分析得知，在独立同分布的高斯信道条件下，当接收天线数大于发射天线数时，该 MIMO 系统的容量随着发射天线数近似呈线性增长。

在图 2-1 所示的 MIMO 系统模型中，假设发射端有 N_t 根天线，接收端

有 N_r 根天线（假设 $N_r \geq N_t$），发射端发射的信号矢量为 $\boldsymbol{S}$ 且满足 $\mathrm{E}\left[\|\boldsymbol{S}\|_{\mathrm{F}}^2\right]=P_t$，经过 $N_r \times N_t$ 的信道 $\boldsymbol{H}$ 的传输，接收端的信号矢量可以表示为

$$\boldsymbol{Y}=\boldsymbol{H}\boldsymbol{S}+\boldsymbol{N} \tag{2-2}$$

其中，噪声矢量 $\boldsymbol{N}$ 满足 $\mathrm{E}\left[\boldsymbol{N}\boldsymbol{N}^{\mathrm{H}}\right]=\sigma^2\boldsymbol{I}$，根据文献 [1]，MIMO 系统的容量可以表示为

$$C=\mathrm{lb}\left\{\det\left[\boldsymbol{I}+\frac{1}{N_t}\frac{P_t}{\sigma^2}\boldsymbol{H}\boldsymbol{H}^{\mathrm{H}}\right]\right\} \tag{2-3}$$

若 $\boldsymbol{H}\boldsymbol{H}^{\mathrm{H}}$ 的特征值分解可以表示为

$$\boldsymbol{H}^{\mathrm{H}}\boldsymbol{H}=\left[\boldsymbol{u}_1,\boldsymbol{u}_2,\cdots,\boldsymbol{u}_{N_t}\right]\mathrm{diag}\left(\lambda_1,\lambda_2,\cdots,\lambda_{N_t}\right)\left[\boldsymbol{u}_1,\boldsymbol{u}_2,\cdots,\boldsymbol{u}_{N_t}\right]^{\mathrm{H}} \tag{2-4}$$

MIMO 系统的容量可以表示为

$$C=\sum_{i=1}^{N_t}\mathrm{lb}\left(1+\frac{1}{N_t}\frac{P_t}{\sigma^2}\lambda_i\right) \tag{2-5}$$

从式（2-5）与式（2-1）的对比可以看出，相对于单天线系统，多天线系统的容量有了成倍的提升。

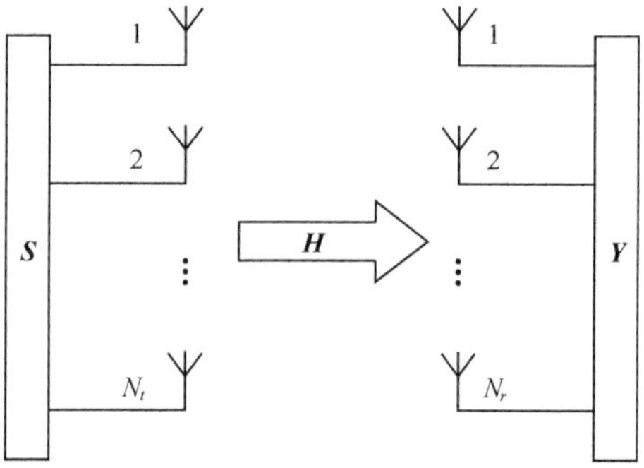

图 2-1　MIMO 系统模型

2.1.3　多天线技术应用模式

多天线技术主要有 3 种应用模式：空间复用、空时编码和波束成形。

典型的空间复用技术是贝尔实验室的 BLAST。以 V-BLAST 系统为例，它采用一种直接的天线与层的对应关系，即编码后的第 k 个子流直接送到第 k 根天线，不进行数据流与天线之间对应关系的周期改变，数据流在时间与空间上为连续的垂直列向量。由于 V-BLAST 中数据子流与天线之间只是简单的对应

关系，因此在检测过程中，只要知道数据来自哪根天线即可判断其是哪一层的数据，检测过程较为简单。

空时编码（Space-Time Coding，STC）技术在无线通信领域引起了广泛关注，空时编码的概念基于 Winters 在 20 世纪 80 年代中期所做的关于天线分集对于无线通信容量的开创性工作。空时编码是一种能获取更高数据传输率的信号编码技术，是空间传输信号和时间传输信号的结合，实质上就是空间和时间二维的处理相结合的方法。在新一代移动通信系统中，在空间上采用多发多收天线的空间分集来提高无线通信系统的容量和信息率；在时间上把不同信号在不同时隙内使用同一个天线发射，使接收端可以分集接收。用这样的方法可以获得分集和编码增益，从而实现高速率传输。空时编码的有效工作需要在发射和接收端使用多个天线，因为空时编码同时利用时间和空间两个维度来构造码字，这样能有效对抗衰落，提高功率效率，且能够在传输信道中实现并行的多路传送以提高频谱效率。空时编码主要包括空时分组编码和空时网格编码。

2.2 节将对波束成形技术进行详细介绍。

2.2　MIMO 波束成形技术

本节将从单用户和多用户两方面介绍波束成形技术。

2.2.1　单用户波束成形技术

在单用户波束成形的算法中，最常用的是特征波束成形方法，对于单用户来说其具有很好的性能 [2]。在图 2-1 所示的 MIMO 系统中，假设发送端已知信道矩阵 $\boldsymbol{H}$，则可通过对矩阵 $\boldsymbol{H}$ 进行特征分解，实现特征波束成形。

假设信道为平衰落的瑞利信道，其奇异值分解（Singular Value Decomposition，SVD）可以表示为

$$\boldsymbol{H} = \boldsymbol{U}\boldsymbol{\Sigma}\boldsymbol{V}^{\mathrm{H}} \tag{2-6}$$

其中，$\boldsymbol{U}$ 为 $N \times K$ 维酉矩阵，$\boldsymbol{V}$ 为 $M \times K$ 维酉矩阵，$\boldsymbol{\Sigma}$ 为 $K \times K$ 维对角矩阵，其对角元素为按降序排列的矩阵奇异值，分别可表示为 $\boldsymbol{U} = [\boldsymbol{u}_1\boldsymbol{u}_2 \ldots \boldsymbol{u}_K]$、$\boldsymbol{V} = [\boldsymbol{v}_1\boldsymbol{v}_2 \ldots \boldsymbol{v}_K]$ 以及式（2-7）。

$$\boldsymbol{\Sigma}=\begin{bmatrix}\lambda_1 & 0 & \cdots & 0\\ 0 & \lambda_2 & \vdots & \vdots\\ \vdots & \vdots & \ddots & 0\\ 0 & \cdots & 0 & \lambda_K\end{bmatrix} \tag{2-7}$$

其中，$\lambda_1 \geqslant \lambda_2 \geqslant \lambda_K$，且 K 为信道矩阵的秩。在发送端和接收端分别使用 $\boldsymbol{V}$ 和 $\boldsymbol{U}^{\mathrm{H}}$ 作为发送波束成形矩阵和接收波束成形矩阵，则接收信号可表示为

$$\hat{\boldsymbol{y}}=\boldsymbol{U}^{\mathrm{H}}(\boldsymbol{H}\boldsymbol{x}+\boldsymbol{\upsilon})=\boldsymbol{U}^{\mathrm{H}}\boldsymbol{H}\boldsymbol{V}\boldsymbol{s}+\boldsymbol{U}^{\mathrm{H}}\boldsymbol{\upsilon}=\boldsymbol{U}^{\mathrm{H}}\boldsymbol{U}\boldsymbol{\Sigma}\boldsymbol{V}^{\mathrm{H}}\boldsymbol{V}\boldsymbol{s}+\hat{\boldsymbol{\upsilon}}=\boldsymbol{\Sigma}\boldsymbol{s}+\hat{\boldsymbol{\upsilon}} \tag{2-8}$$

从式（2-8）可知，通过特征波束成形，MIMO 传输矩阵被转化为 K 个并行独立的标量信道，其中第 i 个信道增益为 λ_i。此时，MIMO 系统的信道容量可以表示为累加容量，即

$$C=\sum_{i=1}^{K}\mathrm{lb}\left(1+\frac{P_i}{N_0}\lambda_i^2\right) \tag{2-9}$$

其中，P_i 为分配到各子信道上的功率。通过注水功率分配算法，可获得最大的信道容量。最优功率分配表达式为

$$P_i^{\mathrm{opt}}=\left(\mu-\frac{N_0}{\lambda_i^2}\right)_+ \tag{2-10}$$

其中，$(x)_+$ 表示 $\max(x,0)$。通过选择合适的 μ，可使功率分配满足约束 $\sum_{i=1}^{K}P_i^{\mathrm{opt}}=P_s$。

2.2.2 多用户波束成形技术

当系统中存在多个用户时，为充分利用潜在的自由度，必须允许多个用户同时接入信道。为达到此目的，多数发送波束成形方案需要估计用户信道信息，并通过可靠信道将用户信道信息反馈给基站，基站再根据反馈的信道信息计算出可以消除用户间干扰的系数，并对 MIMO 系统各发射天线的信号进行加权，从而避免用户间干扰，增大接收端信噪比，以提升系统性能[3]。然而，也有少数波束成形方案不需要获取用户的信道信息，例如机会波束成形，它主要是针对慢衰落或快衰落信道提出的一种波束成形方案，其目的在于使慢变信道呈现快衰落特性，以更好地实现多用户分集。本节将重点介绍 3 种波束成形方案，即迫零波束成形、块对角化波束成形和机会波束成形。

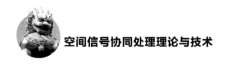

1. 多用户 MIMO 系统模型

考虑 MIMO 系统中发送端配置 n_{T} 个天线，同时支持 K 个用户，且第 i 个用户的接收天线数为 $n_{\mathrm{R}i}$。若假定信道为慢衰落瑞利信道，则第 i 个用户的接收信号可表示为

$$\boldsymbol{y}_i = \boldsymbol{H}_i \boldsymbol{x}_i + \sum_{j \neq i} \boldsymbol{H}_i \boldsymbol{x}_j + \boldsymbol{v}_i \tag{2-11}$$

其中，$\boldsymbol{H}_i$ 为基站至第 i 个用户的 $n_{\mathrm{R}i} \times n_{\mathrm{T}}$ 维信道矩阵，$\boldsymbol{x}_i$ 为基站发送的第 i 个用户的 $n_{\mathrm{T}} \times 1$ 维信号，$\boldsymbol{v}_i$ 为 $n_{\mathrm{R}i} \times 1$ 维加性高斯白噪声。

2. 迫零波束成形

迫零波束成形方法的基本思想是使用信道矩阵的广义逆矩阵作为波束矩阵对发射信号进行波束成形。在信道状态信息完全已知的情况下，该算法可以根据信道矩阵求逆，最终使信道对角化，即每个用户等效于一组单入单出信道，从而消除用户间干扰，并且随用户数增多可获得接近脏纸编码（Dirty Paper Coding，DPC）的性能表现。

3. 块对角化波束成形

块对角化波束成形是多用户 MIMO 系统中一种常用的波束成形技术。块对角化波束成形的基本思想是寻找使 $\boldsymbol{HW}$ 为分块对角阵的预处理矩阵 $\boldsymbol{W}$，从而把多用户 MIMO 下行信道分解为多个并行独立的单用户 MIMO 下行信道 [4]。这种方法所得到的等效单用户 MIMO 信道和传统的单用户 MIMO 信道具有相同的特性，所以也可以使用传统单用户 MIMO 系统的信号检测技术。

块对角化实际上是信道求逆的推广，二者的区别在于，块对角化在等效单用户 MIMO 信道的一组天线上优化分配的发射功率，而信道求逆是为每一根天线分配功率，同时，实现块对角化的条件比实现信道求逆的条件略为宽松。分块对角化需要两个方面的条件，可以总结为维数条件和信道独立性条件。应用分块对角化算法对维数要求的充分条件是发射天线的数目不小于任意 K–1 个用户接收天线的数目之和。为了向多个用户同时发送数据，块对角化还必须避免对信道高度相关的用户进行空分复用。因此，在不同时使用其他复用方式的前提下，使用这种策略将使系统中的用户数量受到限制。当使用其他多址接入方式（如 TDMA、FDMA）时，这些条件的限制便不再那样严格。例如，对于一个基站装配较少的天线而服务大量用户的情形，一个可行的方法是将 SDMA 与其他多址方式结合，例如将用户分组，使每一组内的用户满足维数条件，用户

组之间采用 SDMA 的方式，组与组之间分配不同的频带或时隙等资源。

考虑式（2-11）表述的 MIMO 多用户信号模型，若将第 i 个用户发送端波束成形矩阵表示为 $\boldsymbol{W}_i$，接收端合并矩阵为 $\boldsymbol{G}_i$，则第 i 个用户合并处理后的信号可以表示为

$$\boldsymbol{y}_i = \boldsymbol{H}_i\boldsymbol{W}_i\boldsymbol{s}_i + \sum_{j\neq i}\boldsymbol{H}_i\boldsymbol{W}_j\boldsymbol{s}_j + \boldsymbol{v}_i \tag{2-12}$$

式（2-12）中第一项为期望信号，第二项为其他用户的干扰信号。式（2-12）还可表示为

$$\boldsymbol{y}_i = \boldsymbol{H}_i\boldsymbol{W}_i\boldsymbol{s}_i + \boldsymbol{H}_i\widetilde{\boldsymbol{W}}_i\,\tilde{\boldsymbol{s}}_i + \boldsymbol{v}_i \tag{2-13}$$

其中，$\widetilde{\boldsymbol{W}}_i = [\boldsymbol{W}_1 \cdots \boldsymbol{W}_{i-1}\ \boldsymbol{W}_{i+1} \cdots \boldsymbol{W}_K]$，$\tilde{\boldsymbol{s}}_i = [\boldsymbol{s}_1^{\mathrm{H}} \cdots \boldsymbol{s}_{i-1}^{\mathrm{H}}\ \boldsymbol{s}_{i+1}^{\mathrm{H}} \cdots \boldsymbol{s}_K^{\mathrm{H}}]$。

当基站端已知每个用户的信道状态信息 $\boldsymbol{H}_i$ 时，发送端可以设计 $\boldsymbol{W}_i$，使得 $\boldsymbol{H}_i\widetilde{\boldsymbol{W}}_i\tilde{\boldsymbol{s}}_i=0$，即其他用户对用户 i 的干扰为 0，再根据注水定理进行功率分配，那么多用户 MIMO 信道就等效为并行单用户 MIMO 信道，从而可以充分利用空间资源，在不增加系统带宽和发送功率的情况下，极大地提高系统容量和频谱利用率。因此，块对角化的核心算法为如何根据 $\boldsymbol{H}_i$ 来设计 $\boldsymbol{W}_i$，使得 $\boldsymbol{H}_i\widetilde{\boldsymbol{W}}_i\tilde{\boldsymbol{s}}_i=0$，即 $\boldsymbol{H}_i\boldsymbol{W}_j=0$，$i \neq j$。

对于用户端采用单天线的系统，信道对角化必须由发送端来完成，且完全对角化只有在 $n_{\mathrm{T}} \geqslant K$ 时才可能通过信道求逆来完成。而对于每个用户采用多天线的系统，完全对角化则不是最优的，因为每个用户可以在自己的接收信号向量上采用联合检测的方式。

通过块对角化求解 $\boldsymbol{W}_i$ 可以表述为

$$\boldsymbol{W} \triangleq \left[\boldsymbol{W}_1\boldsymbol{W}_2\cdots\boldsymbol{W}_K\right] = \underset{\substack{0<\mathrm{trace}\left(\boldsymbol{W}_i\boldsymbol{W}_i^{\mathrm{H}}\right)\leqslant P_i,\\ i=1,\cdots,K}}{\arg}\ \boldsymbol{H}_i\widetilde{\boldsymbol{W}}_i\tilde{\boldsymbol{s}}_i = 0,\quad i=1,\cdots,K \tag{2-14}$$

定义 $\widetilde{\boldsymbol{H}}_i = [\boldsymbol{H}_1^{\mathrm{H}} \cdots \boldsymbol{H}_{i-1}^{\mathrm{H}} \cdots \boldsymbol{H}_{i+1}^{\mathrm{H}} \cdots \boldsymbol{H}_K^{\mathrm{H}}]^{\mathrm{H}}$。由式（2-14）可知 $\boldsymbol{W}_i$ 必然落在 $\widetilde{\boldsymbol{H}}_i$ 的零空间。由此定义出保证所有用户可以满足干扰迫零约束的维数充分条件，当 $\widetilde{\boldsymbol{H}}_i$ 的零空间维数大于 0 时，信号才可能发送给用户 i，即要满足 $\mathrm{rank}(\widetilde{\boldsymbol{H}}_i)<n_{\mathrm{T}}$。当以下条件满足时，才可能实现分块对角化。

$$\max(\mathrm{rank}(\widetilde{\boldsymbol{H}}_1),\cdots,\mathrm{rank}(\widetilde{\boldsymbol{H}}_K))<n_{\mathrm{T}} \tag{2-15}$$

假定所有用户均满足上述条件，定义 $\tilde{Z}_i = \mathrm{rank}(\widetilde{\boldsymbol{H}}_i) \leqslant n_{\mathrm{R}} - n_{\mathrm{R}i}$，其中 $n_{\mathrm{R}} = \sum_{i=1}^{K} n_{\mathrm{R}i}$，定义 SVD 分解为

$$\widetilde{\boldsymbol{H}}_i = \widetilde{\boldsymbol{U}}_i\widetilde{\Sigma}_i[\widetilde{\boldsymbol{V}}_i^{(1)}\widetilde{\boldsymbol{V}}_i^{(0)}]^{\mathrm{H}} \tag{2-16}$$

其中，$\widetilde{\boldsymbol{V}}_i^{(1)}$ 包含前 $\tilde{Z}_i$ 个右奇异值向量，$\widetilde{\boldsymbol{V}}_i^{(0)}$ 包含后 $n_{\mathrm{T}}-\widetilde{Z}_i$ 个右奇异值向量。由矩阵理论可知，$\widetilde{\boldsymbol{V}}_i^{(0)}$ 构成了矩阵 $\widetilde{\boldsymbol{H}}_i$ 零空间的正交基，而它的列就构成了第 i 个用户的波束成形矩阵 $\boldsymbol{W}_i$。

块对角化的独立性条件可以从这里推导出来：定义 $\hat{Z}_i=\mathrm{rank}(\boldsymbol{H}_i\widetilde{\boldsymbol{V}}_i^{(0)})$，当 $\hat{Z}_i \geqslant 1$ 时，信号才可能发送给用户 i，一个充分条件是矩阵 $\boldsymbol{H}_i$ 中至少有一行与矩阵 $\widetilde{\boldsymbol{H}}_i$ 的行线性无关。为了满足这个条件，系统设计应避免对多个空间相关性很强的用户进行空分复用。同时应指出的是，完全对角化要求 $\boldsymbol{H}_i$ 中所有的行均与 $\widetilde{\boldsymbol{H}}_i$ 中的行线性无关，而分块对角化则无此要求。

定义矩阵 $\hat{\boldsymbol{H}}_a$ 为

$$\hat{\boldsymbol{H}}_a=\begin{bmatrix} \boldsymbol{H}_1\widetilde{\boldsymbol{V}}_1^{(0)} & \cdots & 0 \\ \vdots & \ddots & \vdots \\ 0 & \cdots & \boldsymbol{H}_K\widetilde{\boldsymbol{V}}_K^{(0)} \end{bmatrix} \tag{2-17}$$

且 $\hat{\boldsymbol{H}}_a$ 中每个用户矩阵 $\boldsymbol{H}_i\widetilde{\boldsymbol{V}}_i^{(0)}$ 奇异值分解可以表示为

$$\boldsymbol{H}_i\widetilde{\boldsymbol{V}}_i^{(0)}=\boldsymbol{U}_i\begin{bmatrix} \boldsymbol{\Sigma}_i & 0 \\ 0 & 0 \end{bmatrix}\begin{bmatrix} \boldsymbol{V}_i^{(1)} & \boldsymbol{V}_i^{(0)} \end{bmatrix}^{\mathrm{H}} \tag{2-18}$$

其中，$\boldsymbol{\Sigma}_i$ 为 $\hat{Z}_i \times \hat{Z}_i$ 维矩阵，$\widetilde{\boldsymbol{V}}_i^{(1)}$ 为 $\boldsymbol{H}_i$ 的前 $\hat{Z}_i$ 个右奇异值向量，$\widetilde{\boldsymbol{V}}_i^{(0)}$ 为 $\boldsymbol{H}_i$ 的后 $n_{\mathrm{T}}-\widetilde{Z}_i$ 个右奇异值向量。定义

$$\boldsymbol{W}=\begin{bmatrix} \widetilde{\boldsymbol{V}}_1^{(0)}\boldsymbol{V}_1^{(1)} & \widetilde{\boldsymbol{V}}_2^{(0)}\boldsymbol{V}_2^{(1)}\cdots\widetilde{\boldsymbol{V}}_K^{(0)}\boldsymbol{V}_K^{(1)} \end{bmatrix}\boldsymbol{\Lambda}^{1/2} \tag{2-19}$$

其中，$\Lambda=\mathrm{diag}(\lambda_1,\cdots,\lambda_K)$，$\lambda_i$ 为分配至第 i 个用户的功率，可通过对 $\boldsymbol{\Sigma}=\mathrm{diag}(\boldsymbol{\Sigma}_1,\cdots,\boldsymbol{\Sigma}_K)$ 的对角元素进行注水得到。

假设系统总的发送功率为 P_s，则块对角波束成形算法总结如下。

① 对第 i（$i=1,\cdots,K$）个用户，计算矩阵 $\widetilde{\boldsymbol{H}}_i$ 的右零空间 $\widetilde{\boldsymbol{V}}_i^{(0)}$，计算奇异值分解。

$$\boldsymbol{H}_i\widetilde{\boldsymbol{V}}_i^{(0)}=\boldsymbol{U}_i\begin{bmatrix} \boldsymbol{\Sigma}_i & 0 \\ 0 & 0 \end{bmatrix}\begin{bmatrix} \boldsymbol{V}_i^{(1)} & \boldsymbol{V}_i^{(0)} \end{bmatrix}^{\mathrm{H}} \tag{2-20}$$

② 对 $\boldsymbol{\Sigma}$ 的对角元素进行注水，从而在总功率为 P_s 的情况下确定功率加权矩阵 $\boldsymbol{\Lambda}$，求得最优的功率分配。

③ 求解每个用户的波束成形矩阵为

$$\boldsymbol{W}=\begin{bmatrix} \widetilde{\boldsymbol{V}}_1^{(0)}\boldsymbol{V}_1^{(1)} & \widetilde{\boldsymbol{V}}_2^{(0)}\boldsymbol{V}_2^{(1)}\cdots\widetilde{\boldsymbol{V}}_K^{(0)}\boldsymbol{V}_K^{(1)} \end{bmatrix}\boldsymbol{\Lambda}^{1/2} \tag{2-21}$$

通过上述步骤，在发送端已知用户信道状态信息的情况下，可成功利用块对角化波束成形算法消除各用户之间的互干扰，从而将多用户 MIMO 信道转化

为并行的单用户 MIMO 信道。虽然块对角化波束成形不能达到脏纸编码的容量上限，但是由于其具有相对较低的复杂度及可实现性，所以在实际应用中具有重要的价值。

4. 机会波束成形

当信道环境为稀疏散射或慢衰落时，信号相关性大，不具有实现多用户分集的特性。此时可以使用机会波束成形技术，利用多天线产生的随机波动，将待发射信号加权，使慢变信道呈现快衰落特性，以更好地实现多用户分集，从而提高系统容量。

在蜂窝系统下行链路中，基站端使用多天线，每根天线发送同样的数据信号，但是每根天线的幅度和相位均以一种受控的伪随机方式变化。如果所有发射天线到用户的信道增益的幅度和相位都可以被跟踪和反馈，则可以使用最优波束成形技术。但是如果反馈非常受限，例如只反馈信道的总信噪比，则真正意义上的最优波束成形便无法实现。在一个具有很多用户的无线网络中，某些用户的瞬时幅度和相位与发射天线的幅度和相位出现匹配的概率较大，基于这样的事实，人们便考虑应用机会波束成形技术。当用户数量很多时，机会波束成形可以通过非常有限的反馈逼近最优波束成形的性能。

假设基站端已知每个用户的可达速率和必要的功率分配方式，基站从反馈的信息中选择最优的用户并对其服务。对于式（2-5）所示的多用户 MIMO 系统模型，由于系统每次只为一个用户提供服务，式（2-5）可以重新表示为

$$\boldsymbol{y}_i = \boldsymbol{H}_i \boldsymbol{x}_i + \boldsymbol{v}_i \tag{2-22}$$

使用 SVD 分解，信道矩阵可以表示为

$$\boldsymbol{H}_i = \boldsymbol{U}_i \boldsymbol{\Sigma}_i \boldsymbol{V}_i^{\mathrm{H}} \tag{2-23}$$

令波束成形矩阵$\boldsymbol{W}_i \in C^{n_{\mathrm{T}} \times n_{\mathrm{T}}}$，满足 $\boldsymbol{W}_i^{\mathrm{H}} \boldsymbol{W}_i = \boldsymbol{I}$，在基站处，$\boldsymbol{W}_i$ 乘以原始信号 $\boldsymbol{s}_i$ 成形 $\boldsymbol{x}_i$，其中向量 $\boldsymbol{s}_i$ 表示 n_{T} 个独立的空间数据流，其协方差矩阵 $\boldsymbol{R}_{ss}$ 为对角矩阵。值得注意的是，$\boldsymbol{s}_i$ 的元素间没有相关性，另外，$\boldsymbol{s}_i$ 元素间可以有不同的功率分配。由式（2-22）和式（2-23）可得

$$\boldsymbol{y}_i = \boldsymbol{U}_i \boldsymbol{\Sigma}_i \boldsymbol{V}_i^{\mathrm{H}} \boldsymbol{W}_i \boldsymbol{s}_i + \boldsymbol{v}_i \tag{2-24}$$

若 $\boldsymbol{V}_i^{\mathrm{H}} \boldsymbol{W}_i = \boldsymbol{I}$，则第 i 个用户使用了最优波束成形。在这种情况下，来自于其他天线的干扰将在发射机处被完全消除，其等效于基站端已知完全的信道信息并用矩阵对 $\boldsymbol{V}_i$ 信号进行预处理。

令 $\boldsymbol{H}_{\mathrm{eff},i} = \boldsymbol{U}_i \boldsymbol{\Sigma}_i \boldsymbol{V}_i^{\mathrm{H}} \boldsymbol{W}_i$ 为第 i 个用户的等效信道矩阵，式（2-24）可重新表

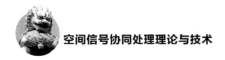

示为

$$\boldsymbol{y}_i=\boldsymbol{H}_{\text{eff},i}\boldsymbol{s}_i+\boldsymbol{v}_i \tag{2-25}$$

由于 $\boldsymbol{s}_i$ 元素间没有相关性，则可将 $\boldsymbol{s}_i$ 的每个数据流视为来自不同用户，该问题可以视为在具有 n_{T} 个独立用户的多址信道上基站向第 i 个用户发射数据的情况，且基站的发射功率限制可以等效为 n_{T} 个用户的功率和限制。因此，第 i 个用户的最大速率等效为功率和限制下的多址信道容量和。

令 $\boldsymbol{H}_{\text{eff},i}=[\boldsymbol{h}_1\ \boldsymbol{h}_2\cdots\boldsymbol{h}_{n_{\text{T}}}]$，$\boldsymbol{s}_i=[s_i(1)\cdots s_i(n_{\text{T}})]^{\text{T}}$，则式（2-25）可重新表示为

$$\boldsymbol{y}_i=\sum_{j=1}^{n_{\text{T}}}\boldsymbol{h}_j s_i(j)+\boldsymbol{v}_i \tag{2-26}$$

且第 i 个用户的最大速率可以通过求解下列优化问题得到，即

$$\max\left(\text{lb}\left|\sum_{j=1}^{n_{\text{T}}}P_j\boldsymbol{h}_j\boldsymbol{h}_j^{\text{H}}+\boldsymbol{I}\right|\right) \tag{2-27}$$

上式的约束条件为 $\sum_{j=1}^{n_{\text{T}}}P_j\leqslant P_s$，$P_j\geqslant 0$。其中，$P_s$ 为总功率，$\boldsymbol{s}_i$ 的协方差矩阵可以写为 $\boldsymbol{R}_{ss}=\text{diag}(P_1,\cdots,P_{n_{\text{T}}})$。上述优化问题可以通过使用迭代注水算法有效求解。寻找最优 P_j 的具体步骤如下。

① 对任意用户，初始化 $P_j^{(0)}=0$。

② 对第 t 次迭代，将等效用户间的干扰视为噪声，且产生的有效信道为

$$\boldsymbol{h}_j^{\text{eff}}=\left(\boldsymbol{I}+\sum_{l=1,l\neq j}P_j\boldsymbol{h}_l\boldsymbol{h}_l^{\text{H}}\right)^{-1/2}\boldsymbol{h}_j \tag{2-28}$$

将所有的有效信道视为并行无干扰的信道，对其进行注水算法得到新的一组功率分配值。

$$P_j^{(t)}=\arg(\max_{D_1,\cdots,D_{n_{\text{T}}}}\sum_{k=1}^{n_{\text{T}}}\text{lb}(1+D_k\left\|\boldsymbol{h}_k^{\text{eff}}\right\|^2)),\quad j=1,\cdots,N_t \tag{2-29}$$

其中，$D_i\geqslant 0$，$\sum_{j=1}^{n_{\text{T}}}D_i\leqslant P_s$。

③ 重复步骤②，直到达到精度要求。

总结上述过程，多用户 MIMO 系统的机会波束成形算法归纳如下。

① 基站将训练序列乘以机会波束成形矩阵 $\boldsymbol{W}_i$，然后向所有用户发射。训练序列用于信道估计，假设所有用户端已知训练序列。

② 每个用户估计等效信道 $\boldsymbol{H}_{\text{eff},i}$，并用迭代注水算法计算最大速率。

③ 每个用户的速率被反馈至基站端。

④ 基站选择具有最大速率的用户并广播告知所有用户。

⑤ 被选择的用户反馈功率分配方案。

⑥ 基站采用反馈的功率分配方案向选中的用户发送数据。

⑦ 用户采用联合干扰消除接收多个数据流。

⑧ 对每个信道实现，重复步骤①～步骤⑦。

2.3 MIMO 中继波束成形技术

2.3.1 从点对点系统到中继系统

中继技术能扩大系统的覆盖范围，提升传输性能，在现代通信中拥有广泛的应用，包括蜂窝通信系统中的中继节点、地面的微波接力通信、平流层通信中接续信号的无人机和飞艇、转接地面站信号的卫星、在太空中用激光链路互连 5 颗宽带卫星所组成的转型卫星通信系统等。

中继技术在蜂窝通信网中的应用如图 2-2 所示。在以往的蜂窝通信系统中，移动台由于遮挡和阴影效应与基站的通信可能会中断，但是如果在小区中部署了中继，那么中继不仅可以连接受到遮挡的移动台和基站，还可以作为基站，连接两个移动台。

中继技术在无线电通信系统中的应用如图 2-3 所示。在地面光纤被广泛应用于远距离干线传输之前，采用中继技术的中间站被大量地用于信息的干线传输，通常每隔几十千米就部署一个中间站中继信号。

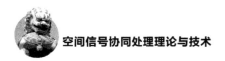

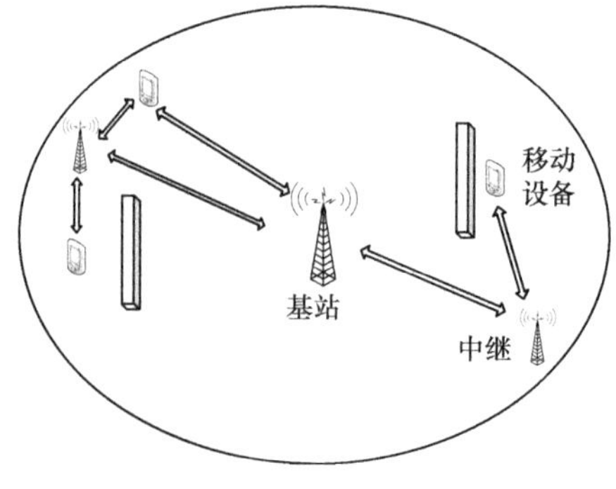

图 2-2　中继技术在蜂窝网中的应用

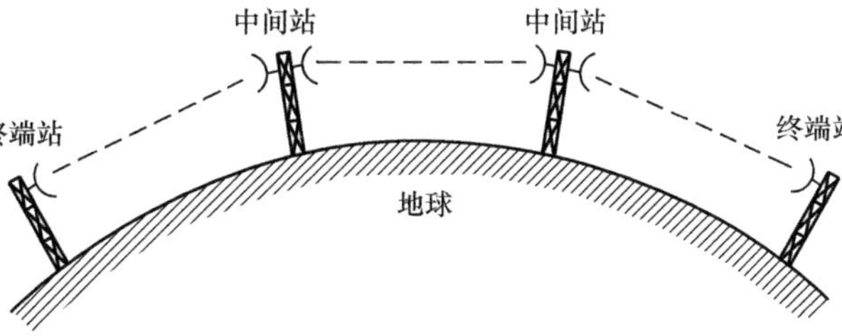

图 2-3　采用中继技术的无线电接力通信系统

平流层通信系统如图 2-4 所示。在平流层飞行的捕食者无人机和军用飞艇作为中继节点，接续地面站和通信卫星之间的通信。由于多个平流层中继平台的存在，因此可以进行中继选择，按照一定的规则选择最优的中继节点接续信号。

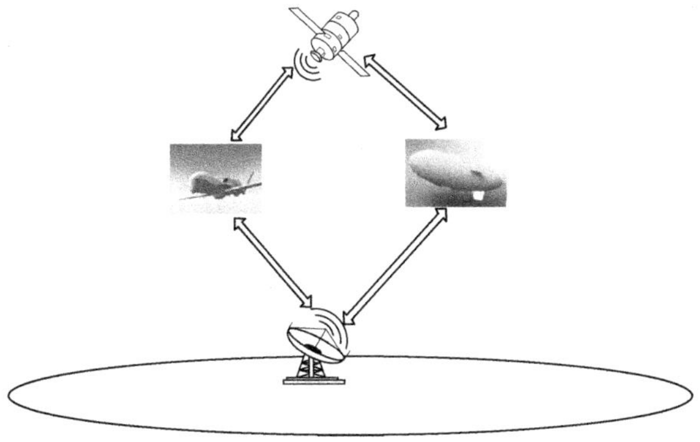

图 2-4　平流层通信系统

图 2-5 所示为典型卫星通信场景。通信卫星作为地面通信设备的中继节点，既可以采用透明转发（放大转发）方式，也可以采用星上处理（解码转发）方式转发。

在互联网技术出现后，美军开始考虑将分组交换的理念应用于卫星通信系统，设计如图 2-6 所示的转型卫星通信（Transform Satellite Telecommunication，TSAT）系统，它由太空中的 5 颗同步轨道宽带卫星组成，任何地面通信设备接入转型卫星通信系统后，不需要将信号注入地面关口站，直接通过卫星在太空中继信号后传输给地面的目的端。用中继技术连接的 5 颗卫星组成了环绕地球的信息高速公路，比传统的全球卫星通信系统效率高 50%（既不需要将信号下到源端的关口站，也不需要将信号从目的端关口站上传到卫星）。

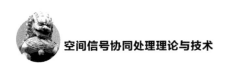

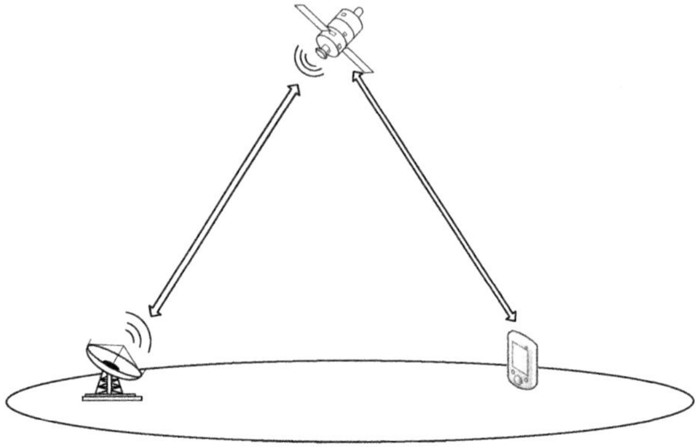

图 2-5　典型卫星通信系统

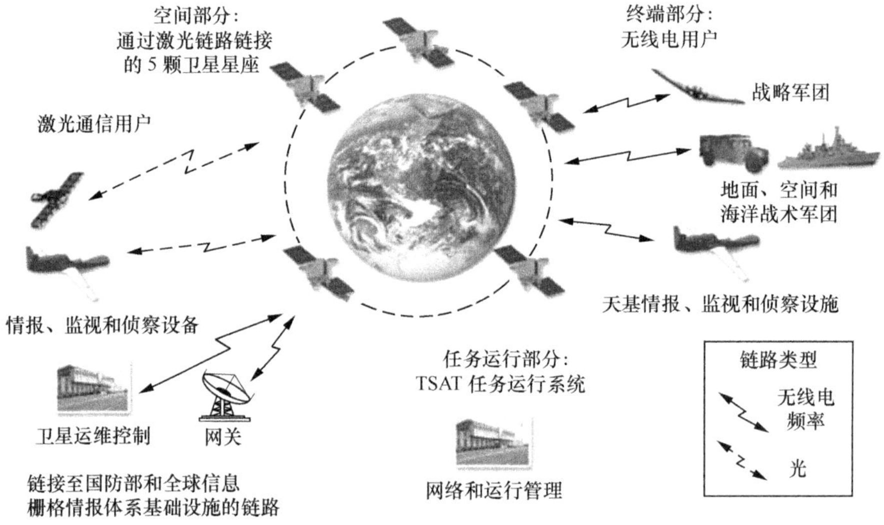

图 2-6　美军的转型卫星通信系统

2.3.2　从单天线中继系统到多天线中继系统

在信息传输由点对点系统扩展到中继系统的同时，MIMO 技术由于能够增加频谱效率并提高传输可靠性而受到广泛的关注[5]，因此在中继节点配置多天线的 MIMO 中继技术获得了学术界和工业界广泛而深入的研究和探索。中继技术可以按照不同的标准进行分类[6]，例如，按照中继端对接收到的信号的处理方式，可以分为放大转发（Amplify and Forward，AF）和解码转发（Decode and Forward，DF）；按照从源端到目的端经过的链路的数目可以分为双跳和多跳；按照传输信号所依赖的中继的数目可以分为单中继和多中继；按照传输信号的方向可以分为单向和双向；按照设备的双工方式可以分为半双工和全双工。AF 方式在中继端对信号进行了线性处理，而 DF 方式在中继端进行了解码，实际上将两条链路分割成两个独立的点对点 MIMO 链路，因此，在第 3 ～ 5 章中，集中讨论 AF 方式。按照不同的分类方式，对 MIMO 中继技术的研究现状进行分类。

（1）双跳、单中继、单向、半双工

主要研究的问题包括两类：一是在中继端和接收端进行功率约束的前提下对全局目标函数进行优化，例如，文献 [7] 和文献 [8] 以最大化容量为目标函数，文献 [9] 以最小化均方误差为目标函数；二是在满足服务质量（QoS）保证的前提下最小化功率消耗，例如文献 [10] 和文献 [11]。

（2）多跳、单中继、单向、半双工

文献 [12-15] 研究了多跳 MIMO 中继系统。文献 [12] 中的渐进容量是在假设每个中继的波束成形矩阵是加权单位阵的前提下推导得出的；文献 [13] 计算了当跳数趋近于无穷大时系统容量的尺度规则；文献 [14] 研究了当中继的波束成形矩阵采用对角阵时系统的分集增益；文献 [15] 以不考虑中继噪声为前提求解最优的波束成形矩阵。

（3）双跳、多中继、单向、半双工

文献 [16] 将源端和目的端的波束成形矩阵设定为单位阵，在功率约束的前提下优化多个中继的波束成形矩阵以最小化系统的均方误差；文献 [17] 在约束信噪比的前提下设计多个中继的波束成形矩阵以最小化功率消耗；文献 [18] 对文献 [17] 进行了扩展，求解了最优的源端和目的端的波束成形矩阵。

（4）双跳、单中继、双向、半双工

文献 [19] 在约束终端和中继功率的条件下最大化可达速率或者最小化均方误差。文献 [20] 在约束中继波束成形矩阵的前提下最大化可达速率。

（5）双跳、单中继、单向、全双工

文献 [21] 研究了全双工条件下系统性能的上界和下界；文献 [22] 提出以时域波形进行反馈信道干扰的自适应抵消；文献 [23] 中假设采用全向天线，每根天线都可以发送和接收信号，且自干扰可以完全抵消。文献 [24] 探讨了全双工中继系统的优化问题。

2.3.3 多天线中继系统的研究热点

目前有关 MIMO 中继系统波束成形技术的研究主要包括两个方面：MIMO

中继系统波束成形优化设计和 MIMO 中继系统波束成形性能分析。我们关注采用波束成形技术的 MIMO 中继系统的优化问题，以提高通信系统的可靠性，即最大化信（干）噪比为准则，优化波束成形方案，并对该方案下系统的各项指标进行性能分析。从不同的角度，中继系统也分为很多的类别，而本文聚焦于源端发射单个信号且信号单向流动，经过一个中继两跳到达目的端，采用半双工工作方式的 AF 中继系统。首先，从理论出发，考虑了理想条件下 MIMO 中继系统的波束成形方案并进行了性能分析，具体内容将在第 3 章介绍；接着，为了贴近工程实践，研究了影响通信系统性能的两大关键因素：内因——获得的信道状态信息（Channel State Information，CSI）非理想和外因——同信道干扰（Co-Channel Interference，CCI）。分别在两种条件下分析了 MIMO 中继系统的优化问题并进行了性能分析，得出了一些有意义的结果和结论，具体内容分别在第 4 章和第 5 章中进行分析。在研究的过程中，采用了与 MIMO 波束成形对比研究的方法，目的在于通过对比，找出 MIMO 中继系统与 MIMO 系统的联系。

2.4 本章小结

本章概括介绍了信号发送与波束成形技术，包括信号发送基础、MIMO 波束成形技术和 MIMO 中继波束成形技术。在第 3 ～ 5 章中，将对 MIMO 中继系统波束成形问题展开研究。

参考文献

[1] GETU B N, ANDERSEN J B, FARESROTU J R. MIMO systems: optimizing the use of eigenmodes[C]// IEEE PIMRC, 2003: 1129-1133.

[2] LOVE D J, HEATH R W. Equal gain transmission in multiple-input multiple-output wireless systems[J]. IEEE transactions on communication, 2003, 51(7): 1102-1110.

[3] SPENCER Q H, PEEL C B, SWINDLEHURST A L, et al. An introduction to the multi-user MIMO downlink[J]. IEEE communications magazine, 2004, 42(10): 60-67.

[4] SHEN Z, CHEN R, ANDREWS J G, et al. Low complexity user selection algorithms for multiuser MIMO systems with block diagonalization[J]. IEEE transactions signal process, 2006, 54(9): 3658-3663.

[5] GOLDSMITH A, JAFAR S A, JINDAL N, et al. Capacity limits of MIMO channels[J]. IEEE journal on selected areas in communications, 2003, 21(5): 684-702.

[6] LANEMAN J N, TSE D N C, WORNELL G W. Cooperative diversity in wireless networks: efficient protocols and outage behavior[J]. IEEE transactions on information theory, 2004, 50(12): 3062-3080.

[7] TANG X, HUA Y. Optimal design of non-regenerative MIMO wireless relays[J]. IEEE transactions on wireless communications, 2007, 6(4): 1398-1407.

[8] MUNOZ-MEDINA O, VIDAL J, AGUSTIN A. Linear transceiver design in non-regenerative relays with channel state information[J]. IEEE transactions on signal processing, 2007, 55(6): 2593-2604.

[9] RONG Y, TANG X, HUA Y. A unified framework for optimizing linear nonregenerative multicarrier MIMO relay communication systems[J]. IEEE transactions on signal processing, 2009, 57(12): 4837-4851.

[10] RONG Y. Multi-hop non-regenerative MIMO relays: QoS considerations[J]. IEEE transactions on signal processing, 2011, 59(1): 290-303.

[11] SANGUINETTI L, D’AMICO A A. Power allocation in two-hop amplify-and-forward MIMO relay systems with QoS requirements[J]. IEEE transactions on signal processing, 2012, 60(5): 2494-2507.

[12] YEH S, LEVEQUE O. Asymptotic capacity of multi-level amplify-and-foreard relay networks[C]// IEEE ISIT, 2007: 1-6.

[13] WAGNER J, WITTNEBEN A. On capacity scaling of (long) MIMO amplify-and-forward multi-hop networks[C]// IEEE ACSSC, 2008: 1-8.

[14] YANG S, BELFIORE J C. Diversity of MIMO multihop relay channels[J]. IEEE transactions on information theory, 2007.

[15] FAWAZ N, ZARIFI K, DEBBAH M, et al. Asymptotic capacity and optimal precoding in MIMO multi-hop relay networks[J]. IEEE transactions on information theory, 2011, 57(4): 2050-2069.

[16] BEHBABNI A, MERCHED R, ELTAWIL A. Optimizations of a MIMO relay network[J]. IEEE transactions on signal processing, 2008, 56(10):

5062-5073.

[17] GUAN W, LUO H, CHEN W. Joint MMSE transceiver design in non-regenerative MIMO relay systems[J]. IEEE communications letter, 2008, 12(7): 517-519.

[18] TODING A, KHANDAKER M, RONG Y. Optimal joint source and relay beamforming for parallel MIMO relay networks[C]// IEEE WiCOM, 2010: 1-6.

[19] LEE K J, SUNG H, PARK E, et al. Joint optimization of one and two-way MIMO AF multiple-relay systems[J]. IEEE transactions on wireless communications, 2010, 9(12): 3671-3681.

[20] XU S, HUA Y. Optimal design of spatial source-and-relay matrices for a non-regenerative two-way MIMO relay system[J]. IEEE transactions on wireless communications, 2011, 10(5): 1645-1655.

[21] DAY B P, MARGETTS A R, BLISS D W, et al. Full-duplex MIMO relaying: achievable rates under limited dynamic range[J]. IEEE journal on selected areas in communications, 2012, 30(8): 1541-1553.

[22] LOPEZ-VALCARCE R, ANTONIO-RODRIGUEZ E, MOSQUERA C, et al. An adaptive feedback canceller for full-duplex relays based on spectrum shaping[J]. IEEE journal on selected areas in communications, 2012, 30(8): 1566-1577.

[23] JU H, LIM S, KIM D, et al. Full-duplexity in beanforming-based multi-hop relay networks[J]. IEEE journal on selected areas in communications, 2012, 30(8): 1554-1565.

[24] HUA Y. An overview of beamforming and power allocation for MIMO relays[C]// IEEE MICOM, 2010: 1-7.

第3章

理想条件下 MIMO 中继系统波束成形

本章考虑在理想条件下，即拥有理想信道状态信息（Channel State Information，CSI）且没有同信道干扰（Co-Channel Interference，CCI）时，如何以提高系统的可靠性为目标，设计最优的波束成形方案并进行性能分析。首先，以最大化信噪比为目标函数，推导出源端和目的端的波束成形矢量以及中继端的波束成形矩阵。接着分析了该方案下系统的中断概率、目的端信噪比的概率密度函数、高阶矩以及平均误符号率。最后，仿真结果证明了本章设计的波束成形方案的优越性以及性能分析的有效性。由于 MIMO 中继系统波束成形技术是对点对点 MIMO 系统波束成形技术的扩展，因此，本章首先简要介绍了 MIMO 系统波束成形技术，为本章关于 MIMO 中继系统波束成形技术的研究工作提供参照。

| 3.1 MIMO 系统波束成形方案 |

考虑如图 3-1 所示的 MIMO 波束成形系统。假设发射端有 N_t 根天线，接收端有 N_r 根天线，发射端发射的信号为 $s(t)$ 且满足 $\mathrm{E}\left[\left|s(t)\right|^2\right]=1$，发射端的波束成形矢量为 $\boldsymbol{w}(N_t\times 1)$，经过 $N_t\times N_r$ 的信道 $\boldsymbol{H}$ 的传输，在接收端采用 $N_r\times 1$ 的波束成形矢量 $\boldsymbol{v}$ 进行接收，接收端的信号可以表示为

$$y(t)=\boldsymbol{v}^{\mathrm{H}}\left[\boldsymbol{H}\boldsymbol{w}\sqrt{P_s}s(t)+\boldsymbol{n}(t)\right]=\boldsymbol{v}^{\mathrm{H}}\boldsymbol{H}\boldsymbol{w}\sqrt{P_s}s(t)+\boldsymbol{v}^{\mathrm{H}}\boldsymbol{n}(t) \tag{3-1}$$

其中，P_s 是发射端的信号功率，$\boldsymbol{n}(t)$ 是接收端 $N_r\times 1$ 的噪声矢量且满足 $\mathrm{E}\left[\boldsymbol{n}(t)\boldsymbol{n}^{\mathrm{H}}(t)\right]=N_0\boldsymbol{I}_{N_r}$。接收端的信噪比可以表示为

$$\gamma=\left|\boldsymbol{v}^{\mathrm{H}}\boldsymbol{H}\boldsymbol{w}\right|^2\frac{P_s\mathrm{E}\left[\left|s(t)\right|^2\right]}{\boldsymbol{v}^{\mathrm{H}}\mathrm{E}\left[\boldsymbol{n}(t)\boldsymbol{n}^{\mathrm{H}}(t)\right]\boldsymbol{v}}=\left|\boldsymbol{v}^{\mathrm{H}}\boldsymbol{H}\boldsymbol{w}\right|^2\frac{P_s}{\boldsymbol{v}^{\mathrm{H}}N_0\boldsymbol{I}_{N_r}\boldsymbol{v}}=\left|\boldsymbol{v}^{\mathrm{H}}\boldsymbol{H}\boldsymbol{w}\right|^2\frac{P_s}{N_0}=\left|\boldsymbol{v}^{\mathrm{H}}\boldsymbol{H}\boldsymbol{w}\right|^2\gamma_s \tag{3-2}$$

其中，$\gamma_s=P_s/N_0$ 是发射端的信噪比。

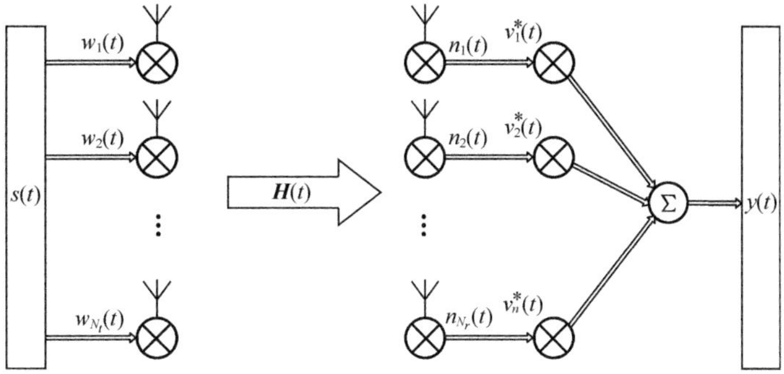

图 3-1　MIMO 波束成形系统模型

在求解使接收端的信噪比最大的 $\boldsymbol{w}$ 和 $\boldsymbol{v}$ 之前，我们首先对信道互相关矩阵进行特征值分解，即

$$\boldsymbol{H}^{\mathrm{H}}\boldsymbol{H}=\left[\boldsymbol{u}_1,\boldsymbol{u}_2,\cdots,\boldsymbol{u}_{N_t}\right]\mathrm{diag}\left(\lambda_1,\lambda_2,\cdots,\lambda_{N_t}\right)\left[\boldsymbol{u}_1,\boldsymbol{u}_2,\cdots,\boldsymbol{u}_{N_t}\right]^{\mathrm{H}} \tag{3-3}$$

其中，λ_1 是最大特征值，$\boldsymbol{u}_1$ 是最大特征值对应的特征矢量，最优的波束成形矢量和最大的接收端信噪比可以表示为

$$\boldsymbol{w}=\boldsymbol{u}_1 \tag{3-4a}$$

$$\boldsymbol{v}=\boldsymbol{H}\boldsymbol{u}_1/\left\|\boldsymbol{H}\boldsymbol{u}_1\right\|_{\mathrm{F}} \tag{3-4b}$$

$$\gamma=\lambda_1\gamma_s \tag{3-4c}$$

其中，采用式（3-4a）和式（3-4b）的波束成形方案被称为 MRT-MRC 传输方案，MRT 和 MRC 分别是最大率传输（Maximal-Ratio-Transmission）和最大合并比接收（Maximal-Ratio Combining）的缩写，该系统称为 MIMO MRC 系统。假设 $\boldsymbol{H}$ 的每个元素服从相互独立的 $\aleph_c(0,1)$ 分布，λ_1 的概率密度函数（Probability Density Function，PDF）可以表示为

$$f_{\lambda_1}(x)=\sum_{i=1}^{N_{rt}}\sum_{m=|N_r-N_t|}^{(N_t+N_r)i-2i^2}d_{i,m}\frac{i^{m+1}}{m!}x^m\exp(-ix) \tag{3-5}$$

其中，$N_{rt}=\min\left\{N_t,N_r\right\}$，$d_{i,m}$ 可以表示为

$$d_{i,m}=\frac{\Gamma(i+1)C_{i,m}}{m^{i+1}\left(\prod_{l=1}^{N_{tr}}\Gamma(N_r-l+1)\Gamma(N_t-l+1)\right)} \tag{3-6}$$

其中，$C_{i,m}$ 是文献 [1] 中 $x^m\exp(-ix)$ 项的系数，$\Gamma(\cdot)$ 是 Gamma 函数。利用式（3-5），式（3-4c）中 λ 的 PDF 和累积分布函数（Cumulative Distribution Function，CDF）可以分别表示为

$$f_{\gamma}(x)=\frac{1}{\gamma_s}f_{\lambda_1}\left(\frac{x}{\gamma_s}\right)=\sum_{i=1}^{N_{tr}}\sum_{m=|N_r-N_t|}^{(N_t+N_r)i-2i^2}d_{i,m}\left(\frac{i}{\gamma_s}\right)^{m+1}\frac{x^m}{m!}\exp\left(-\frac{i}{\gamma_s}x\right) \tag{3-7a}$$

$$F_{\gamma}(x)=\int_0^x f_{\gamma}(t)\,\mathrm{d}t=1-\sum_{i=1}^{N_{tr}}\sum_{m=|N_r-N_t|}^{(N_t+N_r)i-2i^2}d_{i,m}\exp\left(-\frac{i}{\gamma_s}x\right)\left(\sum_{t=0}^{m}\frac{i^t}{t!}\left(\frac{x}{\gamma_s}\right)^t\right) \tag{3-7b}$$

文献 [1] 除了描述目的端信噪比的统计特性外，还推导了系统的平均误符号率，此外，文献 [2] 得出了系统信道容量的闭合表达式。

3.2 MIMO 中继系统波束成形方案和性能分析

3.1 节介绍了点对点 MIMO 系统波束成形方案，即 MRT-MRC 方案，本节首先介绍前人在 MIMO 中继系统波束成形技术方面的工作，接着以信噪比最大化为准则设计了波束成形方案，最后分析了方案的各项指标。

当源端、中继端和目的端只配置一根天线时，文献 [3] 和文献 [4] 分别在瑞利（Rayleigh）信道和 Nakagami-m 信道条件下分析了 AF 中继系统的性能。中继系统中的节点配置多天线后可以显著提高系统的性能[5-6]，其中基于 CSI 的波束成形技术是一种重要的多天线技术。通常的波束成形方案是在发射端采用 MRT 技术，在接收端采用 MRC 技术以对抗阴影效应和信道衰落。文献 [7-14] 研究了中继系统的一些波束成形方案，其中，文献 [7-11] 讨论了瑞利信道条件下每跳链路的天线配置为单输入单输出（Single Input Single Output，SISO）、多输入单输出（Multiple Input Single Output，MISO）和单输入多输出（Single Input Multiple Output，SIMO）的波束成形方案以及性能分析，文献 [12-14] 则将以上的讨论扩展到 Nakagami-m 信道。文献 [7] 分析了采用固定增益的中继系统的中断概率（Outage Probability，OP）、PDF、高阶矩和矩产生函数（Moment Generating Function，MGF）。文献 [8] 研究了在源端和目的端配置多天线、在中继端配置单天线时中继系统的中断概率和平均误符号率。文献 [9] 将文献 [8] 的信道推广到了相关信道。假设拥有理想信道状态信息，文献 [10] 研究了多种波束成形方案并进行了性能分析。文献 [11] 假设中继系统的每跳采用发射天线选择和 MRC 技术，推导了信噪比的 CDF 和系统的平均误符号率（Average Symbol Error Rate，ASER）。以上文献在发射端和接收端采用的波束成形技术分别是 MRT 和 MRC，每跳链路的天线配置也只是 SISO、MISO 或者 SIMO。而每跳链路的天线配置都是 MIMO 的场景目前还没有相关的文献研究它的最优波束成形方案以及相关的性能分析，这正是本章研究的内容。

3.2.1 波束成形方案

如图 3-2 所示，中继系统的源端有 N_s 根天线，中继端有 N_r 根天线，目的端有 N_d 根天线。我们假设由于严重的阴影衰落，源端到目的端之间没有直接链路。与此同时，假设系统拥有源端到中继端和中继端到目的端两跳链路的完全 CSI，从源端到目的端的信号传输消耗两个时隙。在第一个时隙，源端将信号发送到中继端；在第二个时隙，中继端将接收到的信号发送到目的端。

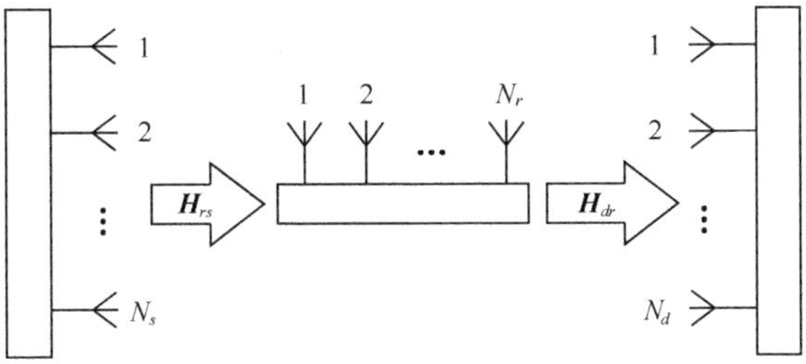

图 3-2 MIMO 中继波束成形系统模型

如果在源端采用波束成形技术，中继端接收到的信号可以表示为

$$\boldsymbol{y}_r(t)=\boldsymbol{H}_{rs}\boldsymbol{w}_s\sqrt{P_s}x_s(t)+\boldsymbol{n}_r(t) \tag{3-8}$$

其中，$x_s(t)$ 是源端发射的信号且满足 $\mathrm{E}\left[\left|x_s(t)\right|^2\right]=1$，$P_s$ 是发射功率，$\boldsymbol{w}_s$ 是 $N_s\times 1$ 维的源端波束成形矢量且满足 $\|\boldsymbol{w}_s\|_{\mathrm{F}}=1$。除此以外，$\boldsymbol{H}_{rs}(N_r\times N_s)$ 是服从瑞利衰落的信道矩阵，其每个元素 $[\boldsymbol{H}_{rs}]_{i,j}$ 满足独立同分布（i.i.d.）的 $\aleph_C(0,1)$ 复高斯分布。$\boldsymbol{n}_r(t)$ 是 $N_r\times 1$ 维的加性高斯白噪声（Additive White Gaussian Noise，AWGN）矢量，其每个元素是 i.i.d. 的且满足 $\aleph_c(0,\sigma_r^2)$。

假设中继端采用 $N_r\times N_r$ 维的波束成形矩阵 $\boldsymbol{W}_r$ 并将接收到的信号通过 $N_d\times N_r$ 维的服从瑞利衰落的信道矩阵 $\boldsymbol{H}_{dr}$ 发送到目的端，在目的端也采用波束成形技术进行处理，接收后的信号可以表示为

$$y_d(t)=\boldsymbol{w}_d^{\mathrm{H}}\left(\boldsymbol{H}_{dr}\boldsymbol{W}_r\boldsymbol{y}_r(t)+\boldsymbol{n}_d(t)\right) \tag{3-9}$$

其中，$\boldsymbol{w}_d$ 是目的端 $N_d\times 1$ 维的且满足 $\|\boldsymbol{w}_d\|_{\mathrm{F}}=1$ 的波束成形矢量。信道矩阵 $\boldsymbol{H}_{dr}$ 和目的端的 AWGN 矢量 $\boldsymbol{n}_d(t)(N_d\times 1)$ 是分别满足 $\aleph_C(0,1)$ 和 $\aleph_c(0,\sigma_d^2)$ 的 i.i.d. 随机变量。

利用式（3-8）和式（3-9），目的端的信噪比可以表示为

$$\gamma_d = \frac{P_s \boldsymbol{w}_d^{\mathrm{H}} \boldsymbol{H}_{dr} \boldsymbol{W}_r \boldsymbol{H}_{rs} \boldsymbol{w}_s \left(\boldsymbol{H}_{rs} \boldsymbol{w}_s\right)^{\mathrm{H}} \boldsymbol{W}_r^{\mathrm{H}} \left(\boldsymbol{w}_d^{\mathrm{H}} \boldsymbol{H}_{dr}\right)^{\mathrm{H}}}{\sigma_r^2 \boldsymbol{w}_d^{\mathrm{H}} \boldsymbol{H}_{dr} \boldsymbol{W}_r \boldsymbol{W}_r^{\mathrm{H}} \left(\boldsymbol{w}_d^{\mathrm{H}} \boldsymbol{H}_{dr}\right)^{\mathrm{H}} + \sigma_d^2} \tag{3-10}$$

如果中继端的信号发射功率约束为 P_r，可以得到

$$P_s \mathrm{tr}\left\{\boldsymbol{W}_r \boldsymbol{H}_{rs} \boldsymbol{w}_s \left(\boldsymbol{H}_{rs} \boldsymbol{w}_s\right)^{\mathrm{H}} \boldsymbol{W}_r^{\mathrm{H}}\right\} = P_r \tag{3-11a}$$

$$\min\left\{\mathrm{tr}\left(\boldsymbol{W}_r \boldsymbol{W}_r^{\mathrm{H}}\right)\right\} \tag{3-11b}$$

其中，式（3-11a）表示中继端对信号发射功率的约束，式（3-11b）表示最小化中继端消耗的功率。本章研究的约束优化问题就是要在式（3-11）的约束下，设计最优的 $\boldsymbol{w}_s$、$\boldsymbol{W}_r$ 和 $\boldsymbol{w}_d$ 使得式（3-10）的接收信噪比最大，表示为

$$\gamma_{\max} = \max_{\boldsymbol{W}_r, \boldsymbol{w}_s, \boldsymbol{w}_d} \frac{P_s \boldsymbol{w}_d^{\mathrm{H}} \boldsymbol{H}_{dr} \boldsymbol{W}_r \boldsymbol{H}_{rs} \boldsymbol{w}_s \left(\boldsymbol{H}_{rs} \boldsymbol{w}_s\right)^{\mathrm{H}} \boldsymbol{W}_r^{\mathrm{H}} \left(\boldsymbol{w}_d^{\mathrm{H}} \boldsymbol{H}_{dr}\right)^{\mathrm{H}}}{\sigma_r^2 \boldsymbol{w}_d^{\mathrm{H}} \boldsymbol{H}_{dr} \boldsymbol{W}_r \boldsymbol{W}_r^{\mathrm{H}} \left(\boldsymbol{w}_d^{\mathrm{H}} \boldsymbol{H}_{dr}\right)^{\mathrm{H}} + \sigma_d^2} \tag{3-12a}$$

$$\text{s.t.} \quad \mathrm{tr}\left\{\boldsymbol{W}_r \boldsymbol{H}_{rs} \boldsymbol{w}_s \left(\boldsymbol{H}_{rs} \boldsymbol{w}_s\right)^{\mathrm{H}} \boldsymbol{W}_r^{\mathrm{H}}\right\} = \frac{P_r}{P_s}$$

$$\min\left\{\mathrm{tr}\left(\boldsymbol{W}_r \boldsymbol{W}_r^{\mathrm{H}}\right)\right\}$$

$$\boldsymbol{w}_s^{\mathrm{H}} \boldsymbol{w}_s = \boldsymbol{w}_d^{\mathrm{H}} \boldsymbol{w}_d = 1 \tag{3-12b}$$

定理 3-1：式（3-12）的约束优化问题的解为

$$\boldsymbol{W}_r^{\mathrm{opt}} = \sqrt{\frac{P_r}{P_s}} \frac{\boldsymbol{H}_{dr}^{\mathrm{H}} \boldsymbol{w}_d \boldsymbol{w}_s^{\mathrm{H}} \boldsymbol{H}_{rs}^{\mathrm{H}}}{\left\|\boldsymbol{w}_d^{\mathrm{H}} \boldsymbol{H}_{dr}\right\|_{\mathrm{F}} \left\|\boldsymbol{H}_{rs} \boldsymbol{w}_s\right\|_{\mathrm{F}}^2} \tag{3-13a}$$

$$\boldsymbol{w}_s^{\mathrm{opt}} = \boldsymbol{u}_{rs,1} \tag{3-13b}$$

$$\boldsymbol{w}_d^{\mathrm{opt}} = \boldsymbol{u}_{dr,1} \tag{3-13c}$$

$$\gamma_{\max} = \frac{\left(\gamma_s \lambda_{rs,1}\right)\left(\gamma_r \lambda_{dr,1}\right)}{\gamma_s \lambda_{rs,1} + \gamma_r \lambda_{dr,1}} \tag{3-13d}$$

其中，$\gamma_s = P_s / \sigma_r^2$ 和 $\gamma_r = P_r / \sigma_d^2$ 分别是源端和中继端的信噪比，$\lambda_{rs,1}$ 和 $\boldsymbol{u}_{rs,1}$ 分别是矩阵 $\boldsymbol{H}_{rs}^{\mathrm{H}} \boldsymbol{H}_{rs}$ 的最大特征值和对应的特征矢量，$\lambda_{dr,1}$ 和 $\boldsymbol{u}_{dr,1}$ 分别是矩阵 $\boldsymbol{H}_{dr} \boldsymbol{H}_{dr}^{\mathrm{H}}$ 的最大特征值和对应的特征矢量。

定理 3-1 的证明在 3.5.1 节中。

在文献 [8] 中，中继端只配置了一根天线，两跳的信道矩阵 $\boldsymbol{H}_{rs}$ 和 $\boldsymbol{H}_{dr}$ 分别变成了 $\boldsymbol{h}_{rs}$ 和 $\boldsymbol{h}_{dr}$。发射端和接收端的波束成形矢量则根据 MRT 和 MRC 技术分别变成了 $\boldsymbol{w}_r^{\mathrm{opt}} = \boldsymbol{h}_{rs} / \left\|\boldsymbol{h}_{rs}\right\|_{\mathrm{F}}$ 和 $\boldsymbol{w}_d^{\mathrm{opt}} = \boldsymbol{h}_{dr} / \left\|\boldsymbol{h}_{dr}\right\|_{\mathrm{F}}$。另外，由于互相关矩阵 $\boldsymbol{h}_{rs} \boldsymbol{h}_{rs}^{\mathrm{H}}$ 和

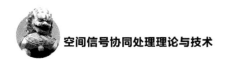

$\boldsymbol{h}_{dr}\boldsymbol{h}_{dr}^{\mathrm{H}}$ 的秩为 1，因此它们的最大特征值分别是 $\lambda_{rs,1}=\|\boldsymbol{h}_{rs}\|_{\mathrm{F}}^2$ 和 $\lambda_{dr,1}=\|\boldsymbol{h}_{dr}\|_{\mathrm{F}}^2$。因此，文献 [8] 是本章波束成形方案的特例。

如果式（3-11a）改为中继端的信号和噪声功率约束为 P_r，则约束条件改为

$$\mathrm{tr}\left\{\boldsymbol{W}_r\left[P_s\boldsymbol{H}_{rs}\boldsymbol{w}_s\left(\boldsymbol{H}_{rs}\boldsymbol{w}_s\right)^{\mathrm{H}}+\sigma_r^2\boldsymbol{I}_{N_r}\right]\boldsymbol{W}_r^{\mathrm{H}}\right\}=P_r \tag{3-14}$$

式（3-12）的约束优化问题可以重新表示为

$$\gamma_{\max}=\max_{\boldsymbol{W}_r,\boldsymbol{w}_s,\boldsymbol{w}_d}\frac{P_s\,\boldsymbol{w}_d^{\mathrm{H}}\boldsymbol{H}_{dr}\boldsymbol{W}_r\boldsymbol{H}_{rs}\boldsymbol{w}_s\left(\boldsymbol{H}_{rs}\boldsymbol{w}_s\right)^{\mathrm{H}}\boldsymbol{W}_r^{\mathrm{H}}\left(\boldsymbol{w}_d^{\mathrm{H}}\boldsymbol{H}_{dr}\right)^{\mathrm{H}}}{\sigma_r^2\boldsymbol{w}_d^{\mathrm{H}}\boldsymbol{H}_{dr}\boldsymbol{W}_r\boldsymbol{W}_r^{\mathrm{H}}\left(\boldsymbol{w}_d^{\mathrm{H}}\boldsymbol{H}_{dr}\right)^{\mathrm{H}}+\sigma_d^2} \tag{3-15a}$$

$$\text{s.t.}\quad \mathrm{tr}\left\{\boldsymbol{W}_r\left[P_s\boldsymbol{H}_{rs}\boldsymbol{w}_s\left(\boldsymbol{H}_{rs}\boldsymbol{w}_s\right)^{\mathrm{H}}+\sigma_r^2\boldsymbol{I}_{N_r}\right]\boldsymbol{W}_r^{\mathrm{H}}\right\}=P_r$$

$$\boldsymbol{w}_s^{\mathrm{H}}\boldsymbol{w}_s=\boldsymbol{w}_d^{\mathrm{H}}\boldsymbol{w}_d=1 \tag{3-15b}$$

定理 3-2：式（3-15）的约束优化问题的解为

$$\boldsymbol{W}_r^{\mathrm{opt}}=\sqrt{\frac{P_r}{P_s\left\|\boldsymbol{H}_{rs}\boldsymbol{w}_s\right\|_{\mathrm{F}}^2+\sigma_r^2}}\frac{\boldsymbol{H}_{dr}^{\mathrm{H}}\boldsymbol{w}_d\boldsymbol{w}_s^{\mathrm{H}}\boldsymbol{H}_{rs}^{\mathrm{H}}}{\left\|\boldsymbol{w}_d^{\mathrm{H}}\boldsymbol{H}_{dr}\right\|_{\mathrm{F}}\left\|\boldsymbol{H}_{rs}\boldsymbol{w}_s\right\|_{\mathrm{F}}} \tag{3-16a}$$

$$\boldsymbol{w}_s^{\mathrm{opt}}=\boldsymbol{u}_{rs,1} \tag{3-16b}$$

$$\boldsymbol{w}_d^{\mathrm{opt}}=\boldsymbol{u}_{dr,1} \tag{3-16c}$$

$$\gamma_{\max}=\frac{\left(\gamma_s\lambda_{rs,1}\right)\left(\gamma_r\lambda_{dr,1}\right)}{\gamma_s\lambda_{rs,1}+\gamma_r\lambda_{dr,1}+1} \tag{3-16d}$$

定理 3-2 的证明与 3.5.1 节中的证明过程类似。

下面分析式（3-12）和式（3-15）约束优化问题的物理意义。先将式（3-13a）和式（3-16a）分别表示成

$$\boldsymbol{W}_r^{\mathrm{opt}}=\underbrace{\frac{\left(\boldsymbol{w}_d^{\mathrm{H}}\boldsymbol{H}_{dr}\right)^{\mathrm{H}}}{\left\|\boldsymbol{w}_d^{\mathrm{H}}\boldsymbol{H}_{dr}\right\|_{\mathrm{F}}}}_{\boldsymbol{w}_{t2}}\underbrace{\sqrt{\frac{P_r}{P_s\left\|\boldsymbol{H}_{rs}\boldsymbol{w}_s\right\|_{\mathrm{F}}^2}}}_{G}\underbrace{\frac{\left(\boldsymbol{H}_{rs}\boldsymbol{w}_s\right)^{\mathrm{H}}}{\left\|\boldsymbol{H}_{rs}\boldsymbol{w}_s\right\|_{\mathrm{F}}}}_{\boldsymbol{w}_{r1}^{\mathrm{H}}} \tag{3-17a}$$

$$\boldsymbol{W}_r^{\mathrm{opt}}=\underbrace{\frac{\left(\boldsymbol{w}_d^{\mathrm{H}}\boldsymbol{H}_{dr}\right)^{\mathrm{H}}}{\left\|\boldsymbol{w}_d^{\mathrm{H}}\boldsymbol{H}_{dr}\right\|_{\mathrm{F}}}}_{\boldsymbol{w}_{t2}}\underbrace{\sqrt{\frac{P_r}{P_s\left\|\boldsymbol{H}_{rs}\boldsymbol{w}_s\right\|_{\mathrm{F}}^2+\sigma_r^2}}}_{G}\underbrace{\frac{\left(\boldsymbol{H}_{rs}\boldsymbol{w}_s\right)^{\mathrm{H}}}{\left\|\boldsymbol{H}_{rs}\boldsymbol{w}_s\right\|_{\mathrm{F}}}}_{\boldsymbol{w}_{r1}^{\mathrm{H}}} \tag{3-17b}$$

另外，将源端和目的端的波束成形矢量分别表示为

$$\boldsymbol{w}_{t1}=\boldsymbol{w}_s^{\mathrm{opt}} \tag{3-18a}$$

$$\boldsymbol{w}_{r2}=\boldsymbol{w}_d^{\text{opt}} \tag{3-18b}$$

其中，$\boldsymbol{w}_{t1}$ 和 $\boldsymbol{w}_{r1}$ 分别表示源端到中继端链路的发射和接收波束成形矢量，$\boldsymbol{w}_{t2}$ 和 $\boldsymbol{w}_{r2}$ 分别表示中继端到目的端链路的发射和接收波束成形矢量。G 表示中继端所采用的等效增益，因此，式（3-9）可以重新表示为

$$y_d(t)=\underbrace{\boldsymbol{w}_{r2}^{\text{H}}\boldsymbol{H}_{dr}\boldsymbol{w}_{t2}}_{h_{dr}}G\left(\underbrace{\boldsymbol{w}_{r1}^{\text{H}}\boldsymbol{H}_{rs}\boldsymbol{w}_{t1}}_{h_{rs}}\sqrt{P_s}x_s(t)+\underbrace{\boldsymbol{w}_{r1}^{\text{H}}\boldsymbol{n}_r(t)}_{n_r}\right)+\underbrace{\boldsymbol{w}_{r2}^{\text{H}}\boldsymbol{n}_d(t)}_{n_d} \tag{3-19}$$

其中，h_{rs} 和 h_{dr} 分别是源端到中继端和中继端到目的端的等效 SISO 信道。$\boldsymbol{n}_r$ 和 $\boldsymbol{n}_d$ 分别是中继端和目的端的等效噪声。从式（3-17）～式（3-19）可以看出，MIMO 中继系统最优的波束成形方案就是两个采用 MRT-MRC 波束成形技术的点对点 MIMO 系统的级联，这就是在采用波束成形技术下，点对点 MIMO 系统和 MIMO 中继系统的关系。而式（3-17）中，等效增益的区别来自于中继端功率的约束是否包含噪声，如果不包含噪声，中继的波束成形矩阵和目的端的信噪比表达式分别是式（3-13a）和式（3-13d）；如果包含噪声，中继的波束成形矩阵和目的端的信噪比表达式分别是式（3-16a）和式（3-16d）。对应到式（3-19）的等效 SISO 信道，式（3-17）中的等效增益 G 可以重新表示为

$$G=\sqrt{\frac{P_r}{P_s\left|\boldsymbol{h}_{rs}\right|^2}} \tag{3-20a}$$

$$G=\sqrt{\frac{P_r}{P_s\left|\boldsymbol{h}_{rs}\right|^2+\sigma_r^2}} \tag{3-20b}$$

由此可以看出，最优波束成形方案的等效增益是可变增益，根据是否在约束中考虑中继端的噪声，等效增益可以分为式（3-20a）的信道辅助可变增益和式（3-20b）的信道和噪声辅助可变增益[9]。由于当中继端噪声功率为 0 时，不包含噪声的功率约束是包含噪声的功率约束的一种特例，因此，本文在考虑其他场景时都采用包含噪声的功率约束，并在包含噪声的功率约束下进行统一的性能比较。

3.2.2 性能分析

本节分析基于信噪比最大准则设计的波束成形方案下系统的中断概率、目的端信噪比的概率密度函数、高阶矩以及平均误符号率。首先将目的端的信噪

比式（3-13d）重新表示为

$$\gamma_{\max}=\frac{\left(\gamma_s\lambda_{rs,1}\right)\left(\gamma_r\lambda_{dr,1}\right)}{\gamma_s\lambda_{rs,1}+\gamma_r\lambda_{dr,1}}=\frac{\alpha\beta}{\alpha+\beta} \tag{3-21}$$

其中，$\alpha=\gamma_s\lambda_{rs,1}$，$\beta=\gamma_r\lambda_{dr,1}$。为了简化表示方式，用 γ 来代替 $\gamma_{\max}$。由于式（3-13d）是式（3-16d）的上界，因此本节也是式（3-16d）上界的性能分析。

1. 中断概率

由于 $\boldsymbol{H}_{rs}$ 和 $\boldsymbol{H}_{dr}$ 的每个元素都服从 i.i.d. 的 $\aleph_C(0,1)$，参考式（3-7a），可以将 α 和 β 的 PDF 表示为

$$f_\alpha(x)=\sum_{m=1}^{N_{rs}}\sum_{i=\left|N_r-N_s\right|}^{\left(N_r+N_s\right)m-2m^2}\frac{d_{m,i}}{i!}\left(\frac{m}{\gamma_s}\right)^{i+1}x^i\exp\left(-\frac{mx}{\gamma_s}\right) \tag{3-22a}$$

$$f_\beta(x)=\sum_{n=1}^{N_{dr}}\sum_{j=\left|N_d-N_r\right|}^{\left(N_d+N_r\right)n-2n^2}\frac{d_{n,j}}{j!}\left(\frac{n}{\gamma_r}\right)^{j+1}x^j\exp\left(-\frac{nx}{\gamma_r}\right) \tag{3-22b}$$

其中，$N_{rs}=\min\left\{N_r,N_s\right\}$，$N_{dr}=\min\left\{N_d,N_r\right\}$。系数 $d_{m,i}$ 和 $d_{n,j}$ 与链路的发射—接收天线配置 (N_r,N_s) 和 (N_d,N_r) 相关，可以表示为

$$d_{m,i}=\frac{\Gamma(i+1)C_{m,i}}{m^{i+1}\left(\prod_{l=1}^{N_{rs}}\Gamma\left(N_r-l+1\right)\Gamma\left(N_s-l+1\right)\right)} \tag{3-23a}$$

$$d_{n,j}=\frac{\Gamma(j+1)C_{n,j}}{n^{j+1}\left(\prod_{l=1}^{N_{dr}}\Gamma\left(N_d-l+1\right)\Gamma\left(N_r-l+1\right)\right)} \tag{3-23b}$$

其中，$C_{m,i}$ 和 $C_{n,j}$ 分别是 $x^i\exp(-mx)$ 和 $x^i\exp(-nx)$ 的系数 [1]。

为了推导中继系统的中断概率，本章首先给出以下定理。

定理 3-3：γ 的 CDF 可以表示为

$$F_\gamma(z)=Pr\{\gamma\leqslant z\}=1-2\sum_{m=1}^{N_{rs}}\sum_{n=1}^{N_{dr}}\sum_{i=\left|N_r-N_s\right|}^{\left(N_r+N_s\right)m-2m^2}\sum_{j=\left|N_d-N_r\right|}^{\left(N_d+N_r\right)n-2n^2}\varXi\left(m,n,i,j,\gamma_s,\gamma_r\right)\cdot z^{l+i+1}\exp\left[-\left(\frac{m}{\gamma_s}+\frac{n}{\gamma_r}\right)z\right]K_{q-p+1}\left(2\sqrt{\frac{mn}{\gamma_s\gamma_r}}z\right) \tag{3-24}$$

其中，$K_q(\cdot)$ 表示 q 阶的第二类改进 Bessel 函数，系数 $\varXi\left(m,n,i,j,\gamma_s,\gamma_r\right)$ 表示为

$$\varXi\left(m,n,i,j,\gamma_s,\gamma_r\right)=\sum_{l=0}^{j}\sum_{p=0}^{l}\sum_{q=0}^{i}d_{m,i}d_{n,j}\left(\frac{m}{\gamma_s}\right)^{i+1}\left(\frac{n}{\gamma_r}\right)^{l}\left(\frac{n}{m}\frac{\gamma_s}{\gamma_r}\right)^{\frac{q-p+1}{2}}\frac{C_l^pC_i^q}{l!i!} \tag{3-25}$$

定理 3-3 的证明在 3.5.2 节中。

中断概率定义为目的端的信噪比 γ 低于某一门限 γ_{th} 的概率，即

$$P_{\text{out}}=Pr\{\gamma\leqslant\gamma_{\text{th}}\}=F_\gamma\left(\gamma_{\text{th}}\right) \tag{3-26}$$

将式（3-24）中的 z 用 γ_{th} 代替，中断概率可以由式（3-24）表示。如果源端、中继端和目的端都配置单天线，则式（3-24）中所有的系数，除了 $d_{1,0}=1$ 以外，其他都为 0。因此，中断概率可以简化为

$$F_\gamma\left(\gamma_{\text{th}}\right)=1-\frac{2\gamma_{\text{th}}}{\sqrt{\gamma_s\gamma_r}}\exp\left[-\left(\frac{1}{\gamma_s}+\frac{1}{\gamma_r}\right)\gamma_{\text{th}}\right]K_1\left(\frac{2}{\sqrt{\gamma_s\gamma_r}}\gamma_{\text{th}}\right) \tag{3-27}$$

式（3-27）的结果与文献 [3] 一致，证明了文献 [3] 研究的单天线场景是本章的特例。

2. 概率密度函数

对 CDF 的自变量求导即可得到 PDF，利用等式 [15, eq. (8.486.12)]。

$$z\frac{\mathrm{d}}{\mathrm{d}z}K_\nu\left(z\right)+\nu K_\nu\left(z\right)=-zK_{\nu-1}\left(z\right) \tag{3-28}$$

对式（3-24）求导，PDF 可以表示为

$$\begin{aligned}f_\gamma\left(z\right)=2\sum_{m=1}^{N_{rs}}\sum_{n=1}^{N_{dr}}\sum_{i=\left|N_r-N_s\right|}^{\left(N_r+N_s\right)m-2m^2}\sum_{j=\left|N_d-N_r\right|}^{\left(N_d+N_r\right)n-2n^2}\varXi\left(m,n,i,j,\gamma_s,\gamma_r\right)z^{l+i+1}\exp\left[-\left(\frac{m}{\gamma_s}+\frac{n}{\gamma_r}\right)z\right]\cdot\\ \left\{\left[\left(\frac{m}{\gamma_s}+\frac{n}{\gamma_r}\right)+\left(q-p-l-i\right)z^{-1}\right]K_{q-p+1}\left(2\sqrt{\frac{mn}{\gamma_s\gamma_r}}z\right)+2\sqrt{\frac{mn}{\gamma_s\gamma_r}}K_{q-p}\left(2\sqrt{\frac{mn}{\gamma_s\gamma_r}}z\right)\right\}\end{aligned} \tag{3-29}$$

3. 高阶矩

目的端信噪比 γ 的一阶矩和二阶矩可以表示它的均值和方差，而高阶矩可以用来分析高信噪比下通信系统的尾部分布，任意阶矩的定义和计算方法为

$$\mathrm{E}\left[\gamma^\eta\right]=\int_0^\infty z^\eta f_\gamma\left(z\right)\mathrm{d}z=\eta\int_0^\infty z^{\eta-1}\left(1-F_\gamma\left(z\right)\right)\mathrm{d}z \tag{3-30}$$

利用式（3-24）中 的 CDF，式（3-30）可以表示为

$$\begin{aligned}\mathrm{E}\left[\gamma^{\eta}\right]=2\eta\sum_{m=1}^{N_{rs}}\sum_{n=1}^{N_{dr}}\sum_{i=\left|N_r-N_s\right|}^{\left(N_r+N_s\right)m-2m^2}\sum_{j=\left|N_d-N_r\right|}^{\left(N_d+N_r\right)n-2n^2}\varXi\left(m,n,i,j,\gamma_s,\gamma_r\right)\cdot\\ \int_0^{\infty}z^{l+i+\eta}\exp\left[-\left(\frac{m}{\gamma_s}+\frac{n}{\gamma_r}\right)z\right]K_{q-p+1}\left(2\sqrt{\frac{mn}{\gamma_s\gamma_r}}z\right)\mathrm{d}z\end{aligned}\tag{3-31}$$

式（3-31）中的积分的计算可以利用以下等式 [15, eq.(6.621.3)]。

$$\begin{aligned}\int_0^{\infty}x^{\mu-1}\mathrm{e}^{-\alpha x}K_v\left(\beta x\right)\mathrm{d}x=\frac{\sqrt{\pi}\left(2\beta\right)^v}{\left(\alpha+\beta\right)^{\mu+v}}\frac{\Gamma\left(\mu+v\right)\Gamma\left(\mu-v\right)}{\Gamma\left(\mu+1/2\right)}\cdot\\ {}_2F_1\left(\mu+v,v+1/2;\mu+1/2;\frac{\alpha-\beta}{\alpha+\beta}\right)\end{aligned}\tag{3-32}$$

式（3-31）的闭合表达式为

$$\begin{aligned}\mathrm{E}\left[\gamma^{\eta}\right]=2\sqrt{\pi}\eta\sum_{m=1}^{N_{rs}}\sum_{n=1}^{N_{dr}}\sum_{i=\left|N_r-N_s\right|}^{\left(N_r+N_s\right)m-2m^2}\sum_{j=\left|N_d-N_r\right|}^{\left(N_d+N_r\right)n-2n^2}\varXi\left(m,n,i,j,\gamma_s,\gamma_r\right)\frac{\xi_1^{M_1}}{\xi_2^{M_2+\eta+2}}\cdot\\ \frac{\Gamma\left(M_2+\eta+2\right)\Gamma\left(M_3+\eta\right)}{\Gamma\left(M_4+\eta+3/2\right)}{}_2F_1\left(M_2+\eta+2,M_5;M_4+\eta+3/2;\frac{\xi_3}{\xi_2}\right)\end{aligned}\tag{3-33}$$

其中，$\xi_1=4\sqrt{mn/\gamma_s\gamma_r}$，$\xi_2=\left(\sqrt{m/\gamma_s}+\sqrt{n/\gamma_r}\right)^2$，$\xi_3=\left(\sqrt{m/\gamma_s}-\sqrt{n/\gamma_r}\right)^2$，$M_1=q-p+1$，$M_2=l+i+q-p$，$M_3=l+i+p-q$，$M_4=l+i$，$M_5=q-p+3/2$，${}_2F_1(a,b;c;d)$ 是高斯超几何函数。

4. 平均误符号率

常用的线性调制在 AWGN 信道中的误符号率可以表示为

$$P_s\left(\gamma\middle|a,b\right)=aQ\left(\sqrt{2b\gamma}\right)\tag{3-34}$$

其中，a 和 b 与调制方式有关。例如，对于 M 进制幅度调制（M-ary Pulse Amplitude Modulation，M-PAM），$a=2(M-1)/M$，$b=3/(M^2-1)$；对于 M 进制相位调制（M-ary Phase Shift Keying，M-PSK）的近似表达式，$a=2$，$b=\sin^2(\pi/M)$；对于 M 进制幅度相位调制（M-ary Quadrature Amplitude Modulation，M-QAM）的紧致上界，$a=4$，$b=3/2(M-3)$。因此，衰落信道中的平均误符号率可以表示为

$$P_s(e)=E_\gamma\{P_s(\gamma|a,b)\}=\int_0^\infty aQ(\sqrt{2bz})f_\gamma(z)\mathrm{d}z=\frac{a\sqrt{b}}{2\sqrt{\pi}}\int_0^\infty\frac{\exp(-bu)}{\sqrt{u}}F_\gamma(u)\mathrm{d}u \tag{3-35}$$

以 M-PAM 信号为例，式（3-35）中的参数用以下参数替代：$a=2(M-1)/M$ 和 $b=3/(M^2-1)$。将式（3-24）代入式（3-35）并利用式（3-32），可以得到

$$\begin{aligned}P_{\text{M-PAM}}(e)=&\frac{M-1}{M}-\frac{2(M-1)}{M}\sqrt{\frac{3}{M^2-1}}\sum_{m=1}^{N_{rs}}\sum_{n=1}^{N_{dr}}\sum_{i=|N_r-N_s|}^{(N_r+N_s)m-2m^2}\sum_{j=|N_d-N_r|}^{(N_d+N_r)n-2n^2}\\&\Xi(m,n,i,j,\gamma_s,\gamma_r)\cdot\frac{\xi_1^{M_1}}{\left[\xi_2+3/(M^2-1)\right]^{M_2+5/2}}\cdot\\&\frac{\Gamma(M_2+5/2)\Gamma(M_3+1/2)}{\Gamma(M_4+2)}\cdot\\&{}_2F_1\left(M_2+5/2,M_5;\ M_4+2;\frac{\xi_3+3/(M^2-1)}{\xi_2+3/(M^2-1)}\right)\end{aligned} \tag{3-36}$$

3.3 仿真结果

本节采用蒙特卡罗（Monte Carlo）仿真来验证性能分析的有效性，通过与现有波束成形方案的比较，来体现本章设计波束成形方案的优越性。在仿真中，考虑对称信道（$\gamma_s=\gamma_r=\gamma$）。（N_s,N_r,N_d）表示中继系统中源端、中继端和目的端天线数量的组合。

首先，考虑目的端信噪比的统计特性。图 3-3 在对称信道 $\gamma_s=\gamma_r=10$ dB 条件下，描述了不同天线配置下系统的中断概率。利用推导出的表达式的中断概率曲线用“性能分析”标注，从图中可以看出，在不同的天线配置下，蒙特卡罗仿真的曲线与性能分析的曲线高度吻合，证明了推导的中断概率表达式能有效计算系统的中断概率。图 3-3 表明随着天线数量的增加，系统性能得到了显著的提升，证明了在中继系统中采用多天线波束成形技术的优越性。与此同时，需要注意的是，即使中继系统中配置的天线总数相同，中继系统的性能也会因为天线在 3 个通信节点中具体配置的不同而不同。例如，当 3 个节点的天线总数为 8 时，采用天线配置为（2, 4, 2）的中继系统比采用天线配置为（4, 2, 2）的系统有 2 dB 的性能优势，这是由于在中继端配置更多的天线所带来的系统分集增益。图 3-4 和图 3-5 分别描述了目的端信噪比的 PDF 和高阶矩。从图 3-4 和图

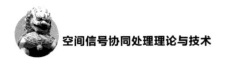

3-5 中可以得出与图 3-3 类似的结论，即性能分析曲线与蒙特卡罗仿真曲线一致。此外，系统性能随着天线数量的增加都有显著的提高。

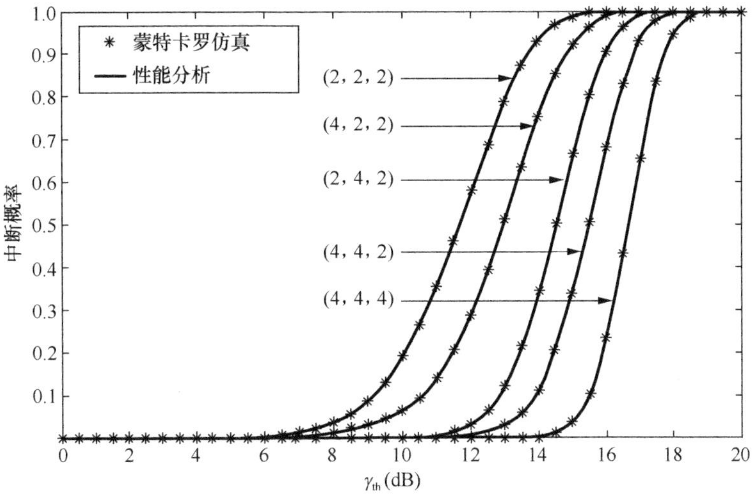

图 3-3　$\gamma_s=\gamma_r=10$ dB 时不同天线配置下中继系统的中断概率

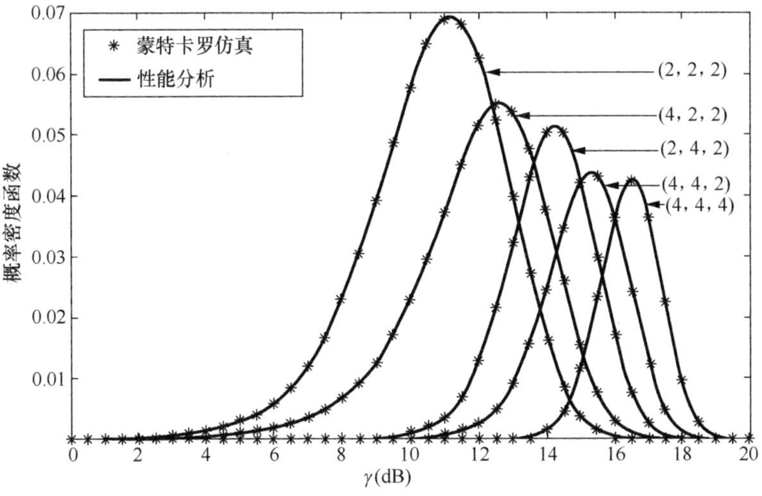

图 3-4　$\gamma_s=\gamma_r=10$ dB 时不同天线配置下中继系统的 PDF

其次，本节验证了推导出的平均误符号率近似闭合表达式的有效性。由于精确的平均误符号率与近似表达式的差别主要体现在低信噪比区域，选取 [–10 dB, 10 dB] 作为仿真区间。图 3-6 展示了采用 8PSK 调制的对称信道条件下蒙特卡罗仿真与近似性能分析结果的对比。其中，近似曲线用式（3-35）进行计算。可以看出，除了信噪比为负的部分外，式（3-35）的结果与蒙特卡罗仿真的结果非常匹配。

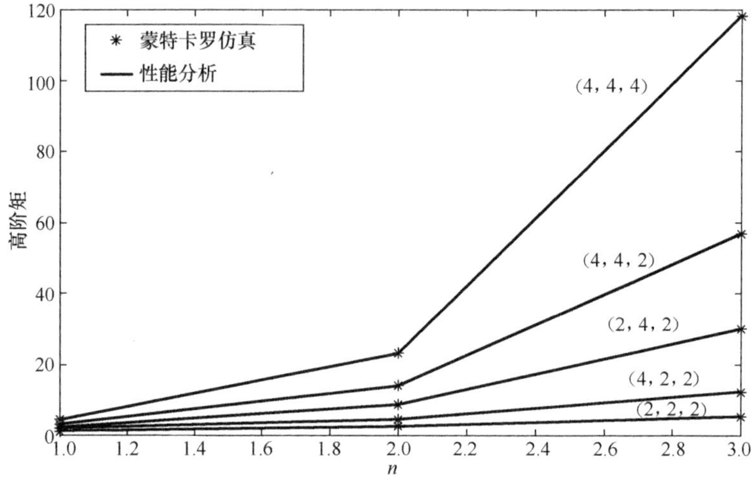

图 3-5　$\gamma_s=\gamma_r=10$ dB 时不同天线配置下信噪比的高阶矩

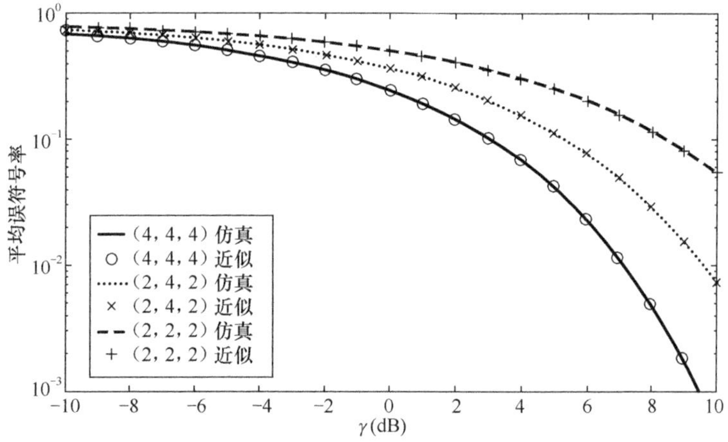

图 3-6　$\gamma_s=\gamma_r=10$ dB 且采用 8PSK 调制时不同天线配置下中继系统平均误符号率的蒙特卡罗仿真与理论近似表达式的对比

最后，对本章所设计的波束成形优化方案与其他两种常用的波束成形方案进行了比较，分别是文献 [8] 中的 TBF/MRC（发射波束成形 / 最大合并比接收）方案和文献 [11] 中的 TAS/MRC（发射天线选择 / 最大合并比接收）方案。图 3-7 和图 3-8 分别描述了 8-PSK 和 16-QAM 调制下中继系统的平均误符号率，当中继系统天线总数为 8 时，天线配置为（4, 2, 2）的本章所设计的波束成形方案比天线配置为（4, 1, 3）的 TBF/MRC 方案和天线配置为（4, 2, 2）的

TAS/MRC 方案性能更好，体现了方案的优越性。天线配置为（2，4，2）的系统性能要优于天线配置为（4，2，2）的性能，表明了为提高系统的性能需要在中继端配置更多的天线。此外，与前面的仿真类似，系统的性能随着天线总数的增加而提升证明了在中继系统中配置多天线的好处。

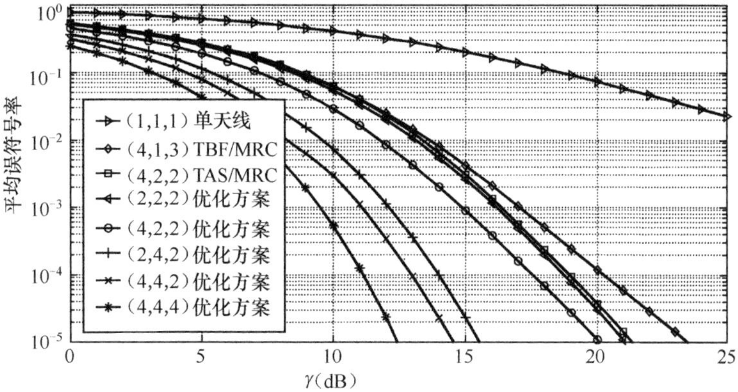

图 3-7 $\gamma_s=\gamma_r=\gamma$ 且采用 8PSK 调制时不同天线配置下本章设计方案与现有其他两种方案平均误符号率性能的对比

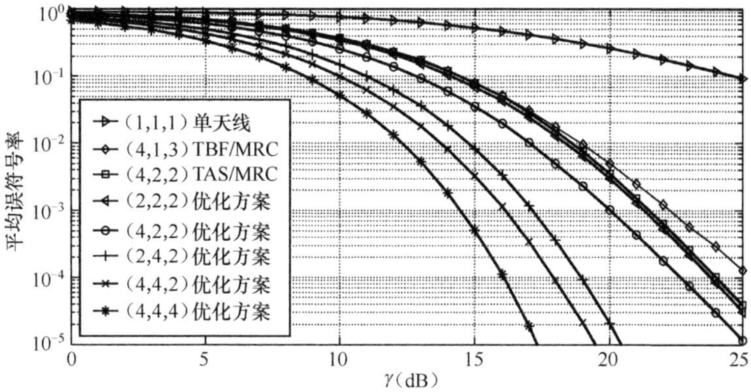

图 3-8 $\gamma_s=\gamma_r=\gamma$ 且采用 16-QAM 调制时不同天线配置下本章设计方案与现有其他两种方案平均误符号率性能的对比

3.4 本章小结

本章研究了在无线中继系统的源端、中继端和目的端都配置多天线时的波束成形问题。首先，设计了以最大化信噪比为目标的最优的波束成形方案：采用可变增益的两个采用 MRT-MRC 波束成形技术的点对点 MIMO 系统的级联。接着，在假设信道服从瑞利分布的前提下推导了系统的中断概率、PDF 和高阶矩。同时还推导了线性调制下系统平均误符号率的闭合表达式。最后，计算机仿真证明了我们设计方案的优越性和性能分析的有效性。

3.5 附录

3.5.1 定理 3-1 的证明

在推导式（3-12）的优化问题之前，首先引入以下两个引理[16]。

引理 3-1：假设 $\boldsymbol{A}$ 和 $\boldsymbol{B}$ 是两个半正定的 Hermitian 矩阵，则以下不等式成立，即

$$\mathrm{tr}(\boldsymbol{AB}) \leqslant \mathrm{tr}(\boldsymbol{B})\mathrm{tr}(\boldsymbol{B}) \tag{3-37}$$

引理 3-2：假设 $\boldsymbol{A}$ 和 $\boldsymbol{B}$ 是两个半正定的 Hermitian 矩阵，对它们进行特征值分解（Eigenvalue Decomposition，EVD）得到 $\boldsymbol{A}=\boldsymbol{U}_A\boldsymbol{D}_A\boldsymbol{U}_A^{\mathrm{H}}$ 和 $\boldsymbol{B}=\boldsymbol{U}_B\boldsymbol{D}_B\boldsymbol{U}_B^{\mathrm{H}}$，则以下不等式成立，即

$$\mathrm{tr}(\boldsymbol{AB}) \leqslant \mathrm{tr}(\boldsymbol{D}_A\boldsymbol{D}_B) \tag{3-38}$$

等式成立必须满足以下条件，即

$$\boldsymbol{U}_A=\boldsymbol{U}_B \tag{3-39}$$

以下的推导将利用这两个引理来证明定理 3-1。首先，利用等式（3-40）可以将式（3-12a）中的优化目标表示为式（3-41）。

$$\mathrm{tr}(\boldsymbol{AB}) \leqslant \mathrm{tr}(\boldsymbol{BA}) \tag{3-40}$$

$$\gamma=\frac{P_s\,\mathrm{tr}\left\{\boldsymbol{H}_{rs}\boldsymbol{w}_s\left(\boldsymbol{H}_{rs}\boldsymbol{w}_s\right)^{\mathrm{H}}\boldsymbol{W}_r^{\mathrm{H}}\left(\boldsymbol{w}_d^{\mathrm{H}}\boldsymbol{H}_{dr}\right)^{\mathrm{H}}\boldsymbol{w}_d^{\mathrm{H}}\boldsymbol{H}_{dr}\boldsymbol{W}_r\right\}}{\sigma_r^2\,\mathrm{tr}\left\{\boldsymbol{W}_r^{\mathrm{H}}\left(\boldsymbol{w}_d^{\mathrm{H}}\boldsymbol{H}_{dr}\right)^{\mathrm{H}}\boldsymbol{w}_d^{\mathrm{H}}\boldsymbol{H}_{dr}\boldsymbol{W}_r\right\}+\sigma_d^2} \tag{3-41}$$

将 $\boldsymbol{A}=\boldsymbol{H}_{rs}\boldsymbol{w}_s\left(\boldsymbol{H}_{rs}\boldsymbol{w}_s\right)^{\mathrm{H}}$ 和 $\boldsymbol{B}=\boldsymbol{W}_r^{\mathrm{H}}\left(\boldsymbol{w}_d^{\mathrm{H}}\boldsymbol{H}_{dr}\right)^{\mathrm{H}}\boldsymbol{w}_d^{\mathrm{H}}\boldsymbol{H}_{dr}\boldsymbol{W}_r$ 代入式（3-37）得

$$\begin{aligned}&\mathrm{tr}\left\{\boldsymbol{H}_{rs}\boldsymbol{w}_s\left(\boldsymbol{H}_{rs}\boldsymbol{w}_s\right)^{\mathrm{H}}\boldsymbol{W}_r^{\mathrm{H}}\left(\boldsymbol{w}_d^{\mathrm{H}}\boldsymbol{H}_{dr}\right)^{\mathrm{H}}\boldsymbol{w}_d^{\mathrm{H}}\boldsymbol{H}_{dr}\boldsymbol{W}_r\right\}\leqslant\\&\mathrm{tr}\left\{\boldsymbol{H}_{rs}\boldsymbol{w}_s\left(\boldsymbol{H}_{rs}\boldsymbol{w}_s\right)^{\mathrm{H}}\right\}\mathrm{tr}\left\{\boldsymbol{W}_r^{\mathrm{H}}\left(\boldsymbol{w}_d^{\mathrm{H}}\boldsymbol{H}_{dr}\right)^{\mathrm{H}}\boldsymbol{w}_d^{\mathrm{H}}\boldsymbol{H}_{dr}\boldsymbol{W}_r\right\}\end{aligned} \tag{3-42}$$

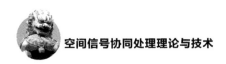

将式（3-42）代入式（3-41）得到

$$\gamma \leqslant \gamma_u = \frac{P_s \operatorname{tr}\left\{\boldsymbol{H}_{rs}\boldsymbol{w}_s\left(\boldsymbol{H}_{rs}\boldsymbol{w}_s\right)^{\mathrm{H}}\right\}\operatorname{tr}\left\{\left(\boldsymbol{w}_d^{\mathrm{H}}\boldsymbol{H}_{dr}\right)^{\mathrm{H}}\boldsymbol{w}_d^{\mathrm{H}}\boldsymbol{H}_{dr}\boldsymbol{W}_r\boldsymbol{W}_r^{\mathrm{H}}\right\}}{\sigma_r^2 \operatorname{tr}\left\{\left(\boldsymbol{w}_d^{\mathrm{H}}\boldsymbol{H}_{dr}\right)^{\mathrm{H}}\boldsymbol{w}_d^{\mathrm{H}}\boldsymbol{H}_{dr}\boldsymbol{W}_r\boldsymbol{W}_r^{\mathrm{H}}\right\}+\sigma_d^2} \tag{3-43}$$

其中，γ_u代表目的端信噪比的上界，在最大化γ之前，先考虑γ_u的最大化。在给定$\boldsymbol{w}_s$的条件下，由于γ_u随着$\operatorname{tr}\left\{\left(\boldsymbol{w}_d^{\mathrm{H}}\boldsymbol{H}_{dr}\right)^{\mathrm{H}}\boldsymbol{w}_d^{\mathrm{H}}\boldsymbol{H}_{dr}\boldsymbol{W}_r\boldsymbol{W}_r^{\mathrm{H}}\right\}$的增大而增大，因此，为了最大化$\gamma_u$，需要最大化$\operatorname{tr}\left\{\left(\boldsymbol{w}_d^{\mathrm{H}}\boldsymbol{H}_{dr}\right)^{\mathrm{H}}\boldsymbol{w}_d^{\mathrm{H}}\boldsymbol{H}_{dr}\boldsymbol{W}_r\boldsymbol{W}_r^{\mathrm{H}}\right\}$。为了达到这个目标，我们先对$\left(\boldsymbol{w}_d^{\mathrm{H}}\boldsymbol{H}_{dr}\right)^{\mathrm{H}}\boldsymbol{w}_d^{\mathrm{H}}\boldsymbol{H}_{dr}$进行特征值分解，即

$$\left(\boldsymbol{w}_d^{\mathrm{H}}\boldsymbol{H}_{dr}\right)^{\mathrm{H}}\boldsymbol{w}_d^{\mathrm{H}}\boldsymbol{H}_{dr} = \boldsymbol{U}_d\boldsymbol{D}_d\boldsymbol{U}_d^{\mathrm{H}} \tag{3-44a}$$

$$\boldsymbol{D}_d = \operatorname{diag}\left(\left\|\boldsymbol{w}_d^{\mathrm{H}}\boldsymbol{H}_{dr}\right\|_{\mathrm{F}}^2, 0, \cdots, 0\right) \tag{3-44b}$$

其中，$\boldsymbol{U}_d = \left[\boldsymbol{u}_{d,1}, \boldsymbol{u}_{d,2}, \cdots, \boldsymbol{u}_{d,N_r}\right]$是酉矩阵且满足$\boldsymbol{u}_{d,1} = \left(\boldsymbol{w}_d^{\mathrm{H}}\boldsymbol{H}_{dr}\right)^{\mathrm{H}} \Big/ \left\|\boldsymbol{w}_d^{\mathrm{H}}\boldsymbol{H}_{dr}\right\|_{\mathrm{F}}$。对$\boldsymbol{W}_r$进行奇异值分解可以得到

$$\boldsymbol{W}_r = \boldsymbol{U}_r\boldsymbol{\Lambda}_r\boldsymbol{V}_r^{\mathrm{H}} \tag{3-45a}$$

$$\boldsymbol{\Lambda}_r = \operatorname{diag}\left(\delta_1, \delta_2, \cdots, \delta_{N_r}\right) \tag{3-45b}$$

其中，$\boldsymbol{U}_r$和$\boldsymbol{V}_r$都是酉矩阵，$\boldsymbol{\Lambda}_r$是对角阵且满足$\delta_1 \geqslant \delta_2 \geqslant \cdots \geqslant \delta_{Nr} \geqslant 0$。因此，可以得到

$$\boldsymbol{W}_r\boldsymbol{W}_r^{\mathrm{H}} = \boldsymbol{U}_r\boldsymbol{D}_r\boldsymbol{U}_r^{\mathrm{H}} \tag{3-46a}$$

$$\boldsymbol{D}_r = \operatorname{diag}\left(\delta_1^2, \delta_2^2, \cdots, \delta_{N_r}^2\right) \tag{3-46b}$$

将$\boldsymbol{A} = \left(\boldsymbol{w}_d^{\mathrm{H}}\boldsymbol{H}_{dr}\right)^{\mathrm{H}}\boldsymbol{w}_d^{\mathrm{H}}\boldsymbol{H}_{dr}$和$\boldsymbol{B} = \boldsymbol{W}_r\boldsymbol{W}_r^{\mathrm{H}}$代入式（3-38），可以得出

$$\operatorname{tr}\left\{\left(\boldsymbol{w}_d^{\mathrm{H}}\boldsymbol{H}_{dr}\right)^{\mathrm{H}}\boldsymbol{w}_d^{\mathrm{H}}\boldsymbol{H}_{dr}\boldsymbol{W}_r\boldsymbol{W}_r^{\mathrm{H}}\right\} \leqslant \operatorname{tr}\left(\boldsymbol{D}_d\boldsymbol{D}_r\right) = \delta_1^2\left\|\boldsymbol{w}_d^{\mathrm{H}}\boldsymbol{H}_{dr}\right\|_{\mathrm{F}}^2 \tag{3-47}$$

等式成立的条件为

$$\boldsymbol{U}_r = \boldsymbol{U}_d \tag{3-48}$$

将式（3-44）、式（3-45）和式（3-48）代入式（3-42）的左边，可以得到

$$\begin{aligned}&\operatorname{tr}\left\{\boldsymbol{H}_{rs}\boldsymbol{w}_s\left(\boldsymbol{H}_{rs}\boldsymbol{w}_s\right)^{\mathrm{H}}\boldsymbol{W}_r^{\mathrm{H}}\left(\boldsymbol{w}_d^{\mathrm{H}}\boldsymbol{H}_{dr}\right)^{\mathrm{H}}\boldsymbol{w}_d^{\mathrm{H}}\boldsymbol{H}_{dr}\boldsymbol{W}_r\right\}=\\&\delta_1^2\left\|\boldsymbol{w}_d^{\mathrm{H}}\boldsymbol{H}_{dr}\right\|_{\mathrm{F}}^2\operatorname{tr}\left\{\boldsymbol{H}_{rs}\boldsymbol{w}_s\left(\boldsymbol{H}_{rs}\boldsymbol{w}_s\right)^{\mathrm{H}}\boldsymbol{V}_r\boldsymbol{V}_r^{\mathrm{H}}\right\}\end{aligned} \tag{3-49}$$

对$\boldsymbol{H}_{rs}\boldsymbol{w}_s\left(\boldsymbol{H}_{rs}\boldsymbol{w}_s\right)^{\mathrm{H}}$进行特征值分解得出

$$\boldsymbol{H}_{rs}\boldsymbol{w}_s\left(\boldsymbol{H}_{rs}\boldsymbol{w}_s\right)^{\mathrm{H}} = \boldsymbol{U}_s\boldsymbol{D}_s\boldsymbol{U}_s^{\mathrm{H}} \tag{3-50a}$$

$$\boldsymbol{D}_s = \text{diag}\left(\left\|\boldsymbol{H}_{rs}\boldsymbol{w}_s\right\|_{\text{F}}^2, 0, \cdots, 0\right) \tag{3-50b}$$

其中，$\boldsymbol{U}_s = \left[\boldsymbol{u}_{s,1}, \boldsymbol{u}_{s,2}, \cdots, \boldsymbol{u}_{s,N_r}\right]$是酉矩阵且满足$\boldsymbol{u}_{s,1} = \boldsymbol{H}_{rs}\boldsymbol{w}_s / \left\|\boldsymbol{H}_{rs}\boldsymbol{w}_s\right\|_{\text{F}}$。将$\boldsymbol{A} = \boldsymbol{H}_{rs}\boldsymbol{w}_s\left(\boldsymbol{H}_{rs}\boldsymbol{w}_s\right)^{\text{H}}$和$\boldsymbol{B} = \boldsymbol{V}_r\boldsymbol{V}_r^{\text{H}} = \boldsymbol{V}_r\boldsymbol{I}_{N_r}\boldsymbol{V}_r^{\text{H}}$代入式（3-38），可以将式（3-49）重新表示为

$$\begin{aligned}&\text{tr}\left\{\boldsymbol{H}_{rs}\boldsymbol{w}_s\left(\boldsymbol{H}_{rs}\boldsymbol{w}_s\right)^{\text{H}}\boldsymbol{W}_r^{\text{H}}\left(\boldsymbol{w}_d^{\text{H}}\boldsymbol{H}_{dr}\right)^{\text{H}}\boldsymbol{w}_d^{\text{H}}\boldsymbol{H}_{dr}\boldsymbol{W}_r\right\} \leqslant \\ &\delta_1^2\left\|\boldsymbol{w}_d^{\text{H}}\boldsymbol{H}_{dr}\right\|_{\text{F}}^2 \text{tr}\left\{\boldsymbol{D}_s\boldsymbol{I}_{N_r}\right\} = \delta_1^2\left\|\boldsymbol{w}_d^{\text{H}}\boldsymbol{H}_{dr}\right\|_{\text{F}}^2\left\|\boldsymbol{H}_{rs}\boldsymbol{w}_s\right\|_{\text{F}}^2\end{aligned} \tag{3-51}$$

等式成立的条件是

$$\boldsymbol{V}_r = \boldsymbol{U}_s \tag{3-52}$$

将式（3-44）、式（3-45）和式（3-48）代入式（3-42）的右边，可以得到

$$\text{tr}\left\{\boldsymbol{H}_{rs}\boldsymbol{w}_s\left(\boldsymbol{H}_{rs}\boldsymbol{w}_s\right)^{\text{H}}\right\}\text{tr}\left\{\boldsymbol{W}_r^{\text{H}}\left(\boldsymbol{w}_d^{\text{H}}\boldsymbol{H}_{dr}\right)^{\text{H}}\boldsymbol{w}_d^{\text{H}}\boldsymbol{H}_{dr}\boldsymbol{W}_r\right\} = \delta_1^2\left\|\boldsymbol{w}_d^{\text{H}}\boldsymbol{H}_{dr}\right\|_{\text{F}}^2\left\|\boldsymbol{H}_{rs}\boldsymbol{w}_s\right\|_{\text{F}}^2 \tag{3-53}$$

从式（3-42）、式（3-51）和式（3-53）可以看出，最大化γ需要同时满足式（3-42）、式（3-45）和式（3-49）。根据式（3-45a），满足条件的中继端波束成形矩阵为

$$\boldsymbol{W}_r = \boldsymbol{U}_d\boldsymbol{\Lambda}_r\boldsymbol{U}_s^{\text{H}} \tag{3-54}$$

将式（3-50）和式（3-45）代入式（3-12b）的约束条件，可以得到

$$\begin{aligned}\text{tr}\left\{\boldsymbol{W}_r\boldsymbol{H}_{rs}\boldsymbol{w}_s\left(\boldsymbol{H}_{rs}\boldsymbol{w}_s\right)^{\text{H}}\boldsymbol{W}_r^{\text{H}}\right\} &= \text{tr}\left\{\boldsymbol{H}_{rs}\boldsymbol{w}_s\left(\boldsymbol{H}_{rs}\boldsymbol{w}_s\right)^{\text{H}}\boldsymbol{W}_r^{\text{H}}\boldsymbol{W}_r\right\} \\ &= \text{tr}\left(\boldsymbol{D}_s\boldsymbol{\Lambda}_r\boldsymbol{\Lambda}_r\right) = \delta_1^2\left\|\boldsymbol{H}_{rs}\boldsymbol{w}_s\right\|_{\text{F}}^2 = P_r/P_s\end{aligned} \tag{3-55}$$

根据式（3-55），可得

$$\delta_1^2 = \frac{P_r}{P_s\left\|\boldsymbol{H}_{rs}\boldsymbol{w}_s\right\|_{\text{F}}^2} \tag{3-56}$$

将式（3-56）代入式（3-12b）的另一个约束条件，可以得到

$$\text{tr}\left(\boldsymbol{W}_r\boldsymbol{W}_r^{\text{H}}\right) = \sum_{i=1}^{N_r}\delta_i^2 \geqslant \delta_1^2 \tag{3-57}$$

因此，

$$\min\left\{\mathrm{tr}\left(\boldsymbol{W}_r\boldsymbol{W}_r^{\mathrm{H}}\right)\right\}=\delta_1^2=\frac{P_r}{P_s\left\|\boldsymbol{H}_{rs}\boldsymbol{w}_s\right\|_{\mathrm{F}}^2}\tag{3-58}$$

式（3-58）成立的条件是

$$\delta_2=\delta_3=\cdots=\delta_{Nr}=0\tag{3-59}$$

根据式（3-54）、式（3-58）和式（3-59），可以得出使得γ最大的中继端波束成形矩阵是

$$\boldsymbol{W}_r^{\mathrm{opt}}=\boldsymbol{U}_d\mathrm{diag}\left(\delta_1^2,0,\cdots,0\right)\boldsymbol{U}_s^{\mathrm{H}}=\sqrt{\frac{P_r}{P_s}}\frac{\boldsymbol{H}_{dr}^{\mathrm{H}}\boldsymbol{w}_d\boldsymbol{w}_s^{\mathrm{H}}\boldsymbol{H}_{rs}^{\mathrm{H}}}{\left\|\boldsymbol{w}_d^{\mathrm{H}}\boldsymbol{H}_{dr}\right\|_{\mathrm{F}}\left\|\boldsymbol{H}_{rs}\boldsymbol{w}_s\right\|_{\mathrm{F}}^2}\tag{3-60}$$

最后，为了得出最优的源端和目的端波束成形矢量，将式（3-60）代入式（3-12），约束优化问题可以简化为

$$\gamma=\max_{\boldsymbol{w}_s,\boldsymbol{w}_d}\frac{\frac{P_s}{\sigma_r^2}\left(\boldsymbol{w}_s^{\mathrm{H}}\boldsymbol{H}_{rs}^{\mathrm{H}}\boldsymbol{H}_{rs}\boldsymbol{w}_s\right)\frac{P_r}{\sigma_d^2}\left(\boldsymbol{w}_d^{\mathrm{H}}\boldsymbol{H}_{dr}\boldsymbol{H}_{dr}^{\mathrm{H}}\boldsymbol{w}_d\right)}{\frac{P_s}{\sigma_r^2}\left(\boldsymbol{w}_s^{\mathrm{H}}\boldsymbol{H}_{rs}^{\mathrm{H}}\boldsymbol{H}_{rs}\boldsymbol{w}_s\right)+\frac{P_r}{\sigma_d^2}\left(\boldsymbol{w}_d^{\mathrm{H}}\boldsymbol{H}_{dr}\boldsymbol{H}_{dr}^{\mathrm{H}}\boldsymbol{w}_d\right)}\tag{3-61a}$$

$$\text{s.t.}\quad \boldsymbol{w}_s^{\mathrm{H}}\boldsymbol{w}_s=\boldsymbol{w}_d^{\mathrm{H}}\boldsymbol{w}_d=1\tag{3-61b}$$

显然，式（3-61）可以等效地表示为以下两个约束优化问题。

$$\max_{\boldsymbol{w}_s}\boldsymbol{w}_s^{\mathrm{H}}\boldsymbol{H}_{rs}^{\mathrm{H}}\boldsymbol{H}_{rs}\boldsymbol{w}_s\qquad \text{s.t.}\quad \boldsymbol{w}_s^{\mathrm{H}}\boldsymbol{w}_s=1\tag{3-62a}$$

$$\max_{\boldsymbol{w}_d}\boldsymbol{w}_d^{\mathrm{H}}\boldsymbol{H}_{dr}\boldsymbol{H}_{dr}^{\mathrm{H}}\boldsymbol{w}_d\qquad \text{s.t.}\quad \boldsymbol{w}_d^{\mathrm{H}}\boldsymbol{w}_d=1\tag{3-62b}$$

首先求解式（3-62a），对$\boldsymbol{H}_{rs}^{\mathrm{H}}\boldsymbol{H}_{rs}$进行特征值分解得到

$$\boldsymbol{H}_{rs}^{\mathrm{H}}\boldsymbol{H}_{rs}=\boldsymbol{U}_{rs}\boldsymbol{D}_{rs}\boldsymbol{U}_{rs}^{\mathrm{H}}\tag{3-63a}$$

$$\boldsymbol{D}_{rs}=\mathrm{diag}\left(\lambda_{rs,1},\lambda_{rs,2},\cdots,\lambda_{rs,N_s}\right)\tag{3-63b}$$

其中，$\boldsymbol{U}_{rs}=\left[\boldsymbol{u}_{rs,1},\boldsymbol{u}_{rs,2},\cdots,\boldsymbol{u}_{rs,N_s}\right]$是酉矩阵，$\boldsymbol{D}_{rs}$的特征值以降序的方式排列，由于

$$\frac{\boldsymbol{w}_s^{\mathrm{H}}\boldsymbol{H}_{rs}^{\mathrm{H}}\boldsymbol{H}_{rs}\boldsymbol{w}_s}{\boldsymbol{w}_s^{\mathrm{H}}\boldsymbol{w}_s}\leqslant\lambda_{rs,1}\tag{3-64}$$

等式成立的条件是

$$\boldsymbol{w}_s=\boldsymbol{u}_{rs,1}\tag{3-65}$$

为了求解式（3-62b），对$\boldsymbol{H}_{dr}\boldsymbol{H}_{dr}^{\mathrm{H}}$进行特征值分解得到

$$\boldsymbol{H}_{dr}\boldsymbol{H}_{dr}^{\mathrm{H}} = \boldsymbol{U}_{dr}\boldsymbol{D}_{dr}\boldsymbol{U}_{dr}^{\mathrm{H}} \tag{3-66a}$$

$$\boldsymbol{D}_{dr} = \mathrm{diag}\left(\lambda_{dr,1}, \lambda_{dr,2}, \cdots, \lambda_{dr,N_d}\right) \tag{3-66b}$$

其中，$\boldsymbol{U}_{dr} = \left[\boldsymbol{u}_{dr,1}, \boldsymbol{u}_{dr,2}, \cdots, \boldsymbol{u}_{dr,N_d}\right]$是酉矩阵，$\boldsymbol{D}_{dr}$的特征值以降序的方式排列，由于

$$\frac{\boldsymbol{w}_d^{\mathrm{H}}\boldsymbol{H}_{dr}\boldsymbol{H}_{dr}^{\mathrm{H}}\boldsymbol{w}_d}{\boldsymbol{w}_d^{\mathrm{H}}\boldsymbol{w}_d} \leqslant \lambda_{dr,1} \tag{3-67}$$

等式成立的条件是

$$\boldsymbol{w}_d = \boldsymbol{u}_{dr,1} \tag{3-68}$$

根据式（3-60）、式（3-65）和式（3-68）、式（3-12）约束优化问题的解是

$$\boldsymbol{W}_r^{\mathrm{opt}} = \sqrt{\frac{P_r}{P_s}} \frac{\boldsymbol{H}_{dr}^{\mathrm{H}}\boldsymbol{w}_d\boldsymbol{w}_s^{\mathrm{H}}\boldsymbol{H}_{rs}^{\mathrm{H}}}{\left\|\boldsymbol{w}_d^{\mathrm{H}}\boldsymbol{H}_{dr}\right\|_{\mathrm{F}}\left\|\boldsymbol{H}_{rs}\boldsymbol{w}_s\right\|_{\mathrm{F}}^2} \tag{3-69a}$$

$$\boldsymbol{w}_s^{\mathrm{opt}} = \boldsymbol{u}_{rs,1} \tag{3-69b}$$

$$\boldsymbol{w}_d^{\mathrm{opt}} = \boldsymbol{u}_{dr,1} \tag{3-69c}$$

将式（3-69）代入式（3-12），目的端信噪比可以表示为

$$\gamma_{\max} = \frac{\left(\gamma_s\lambda_{rs,1}\right)\left(\gamma_r\lambda_{dr,1}\right)}{\gamma_s\lambda_{rs,1} + \gamma_r\lambda_{dr,1}} \tag{3-70}$$

其中，$\gamma_s = P_s/\sigma_r^2$ 和 $\gamma_r = P_r/\sigma_d^2$ 分别是源端和中继端的信噪比。

3.5.2 定理 3-3 的证明

为了推导γ的 CDF，利用式（3-21），可以得出

$$\begin{aligned} F_\gamma(z) = Pr(\gamma < z) = &\\ &\int_0^z Pr\left(\beta > \frac{zx}{x-z}\right) f_\alpha(x)\mathrm{d}x + \int_z^\infty Pr\left(\beta < \frac{zx}{x-z}\right) f_\alpha(x)\mathrm{d}x = \\ &1 - \int_z^\infty f_\alpha(x)\mathrm{d}x + \int_z^\infty F_\beta\left(\frac{zx}{x-z}\right) f_\alpha(x)\mathrm{d}x = \\ &1 - \int_z^\infty \left[1 - F_\beta\left(\frac{zx}{x-z}\right)\right] f_\alpha(x)\mathrm{d}x \end{aligned} \tag{3-71}$$

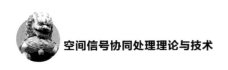

其中，$F_\beta(x)$ 是 β 的 CDF。利用式（3-22b），可以得出

$$F_\beta(x)=\int_0^x f_\beta(t)\,\mathrm{d}t=\sum_{n=1}^{N_{dr}}\sum_{j=|N_d-N_r|}^{(N_d+N_r)n-2n^2} d_{n,j}\left[1-\exp\left(-\frac{nx}{\gamma_r}\right)\left(\sum_{l=0}^{j}\frac{j^l}{l!}\left(\frac{x}{\gamma_r}\right)^l\right)\right] \tag{3-72}$$

将式（3-22a）和式（3-72）代入式（3-71），可以得到

$$\begin{aligned}F_\gamma(z)=&1-\int_z^\infty\left\{1-\sum_{n=1}^{N_{dr}}\sum_{j=|N_d-N_r|}^{(N_d+N_r)n-2n^2} d_{n,j}\left[1-\exp\left[-\frac{n}{\gamma_r}\left(\frac{zx}{x-z}\right)\right]\left(\sum_{l=0}^{j}\frac{1}{l!}\left(\frac{n}{\gamma_r}\right)^l\left(\frac{zx}{x-z}\right)^l\right)\right]\right\}\cdot\\&\sum_{m=1}^{N_{rs}}\sum_{i=|N_r-N_s|}^{(N_r+N_s)m-2m^2} d_{m,i}\left(\frac{m}{\gamma_s}\right)^{i+1}\frac{1}{i!}x^i\exp\left(-\frac{nx}{\gamma_s}\right)\mathrm{d}x=\\&1-\sum_{n=1}^{N_{dr}}\sum_{j=|N_d-N_r|}^{(N_d+N_r)n-2n^2}\sum_{m=1}^{N_{rs}}\sum_{i=|N_r-N_s|}^{(N_r+N_s)m-2m^2} d_{n,j}d_{m,i}\left(\frac{m}{\gamma_s}\right)^{i+1}\frac{1}{i!}\sum_{l=0}^{j}\frac{1}{l!}\left(\frac{n}{\gamma_r}\right)^l\cdot\\&\underbrace{\int_\gamma^\infty\left(\frac{zx}{x-z}\right)^l x^i\exp\left[-\frac{n}{\gamma_r}\left(\frac{zx}{x-z}\right)\right]\exp\left(-\frac{mx}{\gamma_s}\right)\mathrm{d}x}_{I}\end{aligned} \tag{3-73}$$

为了简化式（3-72），采用以下等式。

$$\begin{aligned}F_\beta(\infty)=&\lim_{x\to\infty}\sum_{n=1}^{N_{dr}}\sum_{j=|N_d-N_r|}^{(N_d+N_r)n-2n^2} d_{n,j}-\sum_{n=1}^{N_{dr}}\sum_{j=|N_d-N_r|}^{(N_d+N_r)n-2n^2} d_{n,j}\exp\left(-\frac{nx}{\gamma_r}\right)\left(\sum_{l=0}^{j}\frac{j^l}{l!}\left(\frac{x}{\gamma_r}\right)^l\right)=\\&\sum_{n=1}^{N_{dr}}\sum_{j=|N_d-N_r|}^{(N_d+N_r)n-2n^2} d_{n,j}=1\end{aligned} \tag{3-74}$$

式（3-73）中的积分可以表示为

$$\begin{aligned}I=&\int_\gamma^\infty\left(\frac{zx}{x-z}\right)^l x^i\exp\left[-\frac{n}{\gamma_r}\left(\frac{zx}{x-z}\right)\right]\exp\left(-\frac{mx}{\gamma_s}\right)\mathrm{d}x\ \underline{\underline{u=x-z}}\\&\int_0^\infty\left(\frac{z(u+z)}{u}\right)^l(u+z)^i\exp\left[-\frac{n}{\gamma_r}\frac{z(u+z)}{u}\right]\exp\left[-\frac{m}{\gamma_s}(u+z)\right]\mathrm{d}u=\\&\int_0^\infty z^l\left(\frac{z}{u}+1\right)^l(u+z)^i\exp\left(-\frac{n}{\gamma_r}z\right)\exp\left(-\frac{n}{\gamma_r}\frac{z^2}{u}\right)\exp\left(-\frac{m}{\gamma_s}u\right)\exp\left(-\frac{m}{\gamma_s}z\right)\mathrm{d}u=\\&z^l\exp\left[-\left(\frac{m}{\gamma_s}+\frac{n}{\gamma_r}\right)z\right]\int_0^\infty\sum_{p=0}^{l}C_l^p\left(\frac{z}{u}\right)^p\sum_{q=0}^{i}C_i^q u^q z^{i-q}\exp\left[-\left(\frac{n}{\gamma_r}\frac{z^2}{u}+\frac{m}{\gamma_s}u\right)\right]\mathrm{d}u=\\&\exp\left[-\left(\frac{m}{\gamma_s}+\frac{n}{\gamma_r}\right)z\right]\sum_{p=0}^{l}\sum_{q=0}^{i}z^{l+p+i-q}C_l^pC_i^q\int_0^\infty u^{q-p}\exp\left[-\left(\frac{n}{\gamma_r}\frac{z^2}{u}+\frac{m}{\gamma_s}u\right)\right]\mathrm{d}u\end{aligned} \tag{3-75}$$

利用等式 [15, Eq. (3.471.9)] 可得

$$\int_0^{\infty} x^{v-1}\exp\left(-\frac{\beta}{x}-\lambda x\right)\mathrm{d}x = 2\left(\frac{\beta}{\lambda}\right)^{\frac{v}{2}} K_v\left(2\sqrt{\beta\lambda}\right) \tag{3-76}$$

式（3-75）可以表示为

$$I = 2z^{l+i+1}\exp\left[-\left(\frac{m}{\gamma_s}+\frac{n}{\gamma_r}\right)z\right]K_{q-p+1}\left(2\sqrt{\frac{mn}{\gamma_s\gamma_r}z}\right)\sum_{p=0}^{l}\sum_{q=0}^{i}C_l^p C_i^q\left(\frac{n}{m}\frac{\gamma_s}{\gamma_r}\right)^{\frac{q-p+1}{2}} \tag{3-77}$$

将式（3-77）代入式（3-73），可以得到

$$\begin{aligned} F_\gamma(z) = 1 - 2\sum_{m=1}^{N_{rs}}\sum_{n=1}^{N_{dr}}\sum_{i=|N_r-N_s|}^{(N_r+N_s)m-2m^2}\sum_{j=|N_d-N_r|}^{(N_d+N_r)n-2n^2}\sum_{l=0}^{j}\sum_{p=0}^{l}\sum_{q=0}^{i} d_{m,i}d_{n,j}\left(\frac{m}{\gamma_s}\right)^{i+1}\left(\frac{n}{\gamma_r}\right)^{l}\left(\frac{n}{m}\frac{\gamma_s}{\gamma_r}\right)^{\frac{q-p+1}{2}} \cdot \\ \frac{1}{i!}\frac{1}{l!}C_l^p C_i^q z^{l+i+1}\exp\left[-\left(\frac{m}{\gamma_s}+\frac{n}{\gamma_r}\right)z\right]K_{q-p+1}\left(2\sqrt{\frac{mn}{\gamma_s\gamma_r}z}\right) \end{aligned} \tag{3-78}$$

如果定义以下参数

$$\varXi(m,n,i,j,\gamma_s,\gamma_r) = \sum_{l=0}^{j}\sum_{p=0}^{l}\sum_{q=0}^{i} d_{m,i}d_{n,j}\left(\frac{m}{\gamma_s}\right)^{i+1}\left(\frac{n}{\gamma_r}\right)^{l}\left(\frac{n}{m}\frac{\gamma_s}{\gamma_r}\right)^{\frac{q-p+1}{2}}\frac{C_l^p C_i^q}{l!i!} \tag{3-79}$$

则 CDF 可以简化为

$$\begin{aligned} F_\gamma(z) = 1 - 2\sum_{m=1}^{N_{rs}}\sum_{n=1}^{N_{dr}}\sum_{i=|N_r-N_s|}^{(N_r+N_s)m-2m^2}\sum_{j=|N_d-N_r|}^{(N_d+N_r)n-2n^2} \varXi(m,n,i,j,\gamma_s,\gamma_r) \cdot \\ z^{l+i+1}\exp\left[-\left(\frac{m}{\gamma_s}+\frac{n}{\gamma_r}\right)z\right]K_{q-p+1}\left(2\sqrt{\frac{mn}{\gamma_s\gamma_r}z}\right) \end{aligned} \tag{3-80}$$

参考文献

[1] DIGHE P A, MALLIK R K, JAMUAR S S. Analysis of transmit-receive diversity in Rayleigh fading[J]. IEEE transactions on communications, 2003, 51(4): 694-703.

[2] MAAREF A, AISSA S. Closed-form expressions for the outage and ergodic Shannon capacity of MIMO MRC systems[J]. IEEE transactions on communications, 2005, 56(7): 1092-1095.

[3] HASNA M O, ALOUINI M S. End-to-end performance of transmission systems with relays over Rayleigh-fading channels[J]. IEEE transactions on wireless communications, 2003, 2(6): 1126-1131.

[4] TSIFTIS T A, KARAGIANNIDIS G K, MATHIOPOULOS P T, et al. Nonregenerative dual-hop cooperative links with selection diversity[J]. EURASIP journal on wireless communications and networking, 2006: 1-8.

[5] KHOSHNEVIS B, YU W, ADVE R. Grassmannian beamforming for MIMO amplify-and-forward relaying[J]. IEEE journal on selected areas in communications, 2008, 26(8): 1397-1407.

[6] HUANG Y M, YANG L X, BENGTSSON M, et al. A limited feedback joint precoding for amplify-and-forward relaying[J]. IEEE transactions on signal processing, 2010, 58(3): 1347-1357.

[7] COSTA D B DA, AISSA S. Beamforming in dual-hop fixed gain relaying systems[C]// IEEE ICC, 2009: 1-6.

[8] LOUIE R H Y, LI Y, VUCETIC B. Performance analysis of beam-forming in two hop amplify and forward relay networks[C]// IEEE ICC, 2010: 1-8.

[9] LOUIE R H Y, LI Y, SURAWEERA H, et al. Performance analysis of beamforming in two hop amplify and forward relay networks with antenna correlation[J]. IEEE transactions on wireless communications, 2009, 8(6): 3132-3141.

[10] KIM J B, KIM D. Performance of dual-hop amplify-and-forward beamforming and its equivalent systems in Rayleigh fading channels[J]. IEEE transactions on communications, 2010, 58(3): 729-732.

[11] YEOH P L, ELKASHLAN M, COLLINGS I B. Exact and asymptotic SER of distributed TAS/MRC in MIMO relaying networks[J]. IEEE transactions on wireless communications, 2011, 10(3): 751-756.

[12] DUONG T Q, ZEPERNICK H J, BAO V N Q. Symbol error probability of hop- by-hop beamforming in Nakagami-m fading[J]. Electronics letters, 2009, 45(20): 1042-1044.

[13] COSTA D B DA, AISSA S. Cooperative dual-hop relaying systems with beamforming over Nakagami-m fading channels[J]. IEEE transactions on wireless communications, 2009, 8(8): 3950-3954.

[14] YANG N, ELKASHLAN M, YUAN J H, et al. On the SER of fixed gain amplify- and-forward relaying with beamforming in Nakagami-m fading[J].

IEEE comm- unications letters, 2010, 14(10): 942-944.

[15] GRADSHTEYN I S, RYZHIK I M, JEFFREY A. Table of integrals, series, and products[M] (6th ed). U.S.: Academic Press, 2000.

[16] HORN R A, JOHNSON C R. Matrix analysis[M]. Cambridge, U. K.: Cambridge University. Press, 1985.

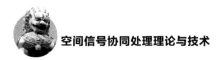

第 4 章

非理想 CSI 条件下 MIMO 中继系统波束成形

本章考虑非理想 CSI 条件下，如何以提高系统的可靠性为目标，设计最优的波束成形方案并进行性能分析。首先，简要介绍非理想 CSI 下点对点 MIMO 系统波束成形技术，为本章关于 MIMO 中继系统波束成形技术的分析提供参照；接着，以最大化目的端信干噪比（Signal-to-Interference-Plus-Noise Ratio，SINR）为目标函数，推导出非理想 CSI 下 MIMO 中继系统最优的波束成形方案并分析了其性能上限；最后，通过仿真验证了设计的波束成形方案的优越性和性能分析的有效性。

| 4.1 非理想 CSI 条件下 MIMO 系统的波束成形方案 |

考虑如图 4-1 所示的非理想 CSI 下的 MIMO 波束成形系统模型，由于在现实中，CSI 是在接收端进行估计后再反馈到发射端，因此，发射端和接收端的波束成形矢量都是根据存在估计误差和反馈时延的 CSI 进行计算的。本章考虑造成 CSI 非理想的因素主要是信道估计误差和反馈时延。假设发射端有 N_t 根天线，接收端有 N_r 根天线，存在信道估计误差和反馈时延的 MIMO 信道模型 $\boldsymbol{H}(t)(N_r \times N_t)$ 可以表示为 [1, 2]

$$\boldsymbol{H}(t) = \rho_d \hat{\boldsymbol{H}}(t - T_d) + \boldsymbol{E}_e + \boldsymbol{E}_d \tag{4-1}$$

其中，T_d 是反馈时延，$\hat{\boldsymbol{H}}(t)$ 是接收端的信道估计矩阵且满足 $\left[\hat{\boldsymbol{H}}(t)\right]_{i,j} \sim \aleph_c(0, 1-\sigma_e^2)$，$\boldsymbol{E}_e = \boldsymbol{H}(t) - \hat{\boldsymbol{H}}(t)$ 是信道估计误差矩阵且满足 $\left[\boldsymbol{E}_e\right]_{i,j} \sim \aleph_c(0, \sigma_e^2)$。在式（4-1）中，$\boldsymbol{E}_d = \hat{\boldsymbol{H}}(t) - \rho_d \hat{\boldsymbol{H}}(t - T_d)$ 是由于反馈时延造成的附加信道估计误差矩阵且满足 $\left[\boldsymbol{E}_d\right]_{i,j} \sim \aleph_c(0, (1-|\rho_d|^2)(1-\sigma_e^2))$。其中，$\rho_d$ 表示 $\left[\hat{\boldsymbol{H}}(t)\right]_{i,j}$ 和其延迟样本 $\left[\hat{\boldsymbol{H}}(t - T_d)\right]_{i,j}$ 的归一化相关系数，表示为

$$\rho_d = \frac{E\left\{\left[\hat{\boldsymbol{H}}(t)\right]_{i,j} \left[\hat{\boldsymbol{H}}(t - T_d)\right]_{i,j}^*\right\}}{1 - \sigma_e^2} \tag{4-2}$$

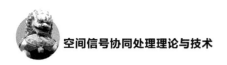

显然，$\boldsymbol{E}_e$ 与 $\hat{\boldsymbol{H}}(t)$ 和 $\boldsymbol{E}_d$ 相互独立。令 $\hat{\boldsymbol{H}}(t-T_d)=\sqrt{1-\sigma_e^2}\tilde{\boldsymbol{H}}(t-T_d)$，则 $\tilde{\boldsymbol{H}}(t-T_d)$ 的每个元素为 i.i.d. 的且满足 $\aleph_C(0,1)$。定义信道误差矩阵为 $\boldsymbol{E}=\boldsymbol{E}_d+\boldsymbol{E}_a$，$\boldsymbol{E}$ 与 $\tilde{\boldsymbol{H}}(t-T_d)$ 相互独立且其每个元素为 i.i.d. 的且满足 $\aleph_C\left(0,1-|\rho_d|^2\left(1-\sigma_e^2\right)\right)$。式（4-1）的信道矩阵可以重新表示为

$$\boldsymbol{H}(t)=\rho_d\sqrt{1-\sigma_e^2}\tilde{\boldsymbol{H}}(t-T_d)+\boldsymbol{E} \tag{4-3}$$

其中，归一化的时延估计 CSI 是发射端和接收端共同已知的 CSI。

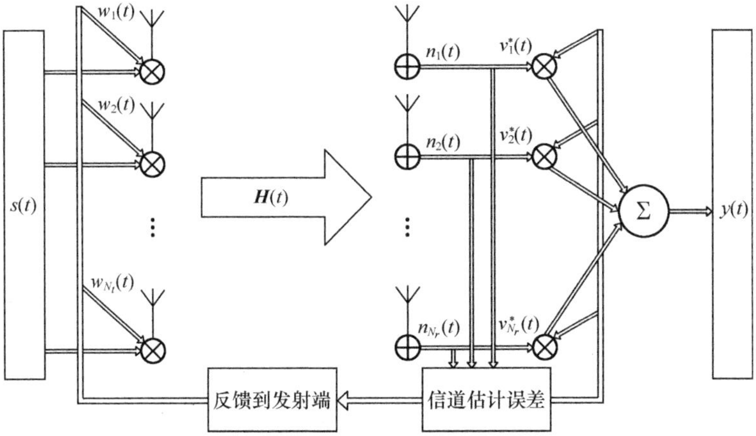

图 4-1　存在信道估计误差和反馈时延的 MIMO 波束成形系统模型

发射端发射的信号为 $s(t)$ 且满足 $\mathrm{E}\left[|s(t)|^2\right]=1$，发射端的波束成形矢量为 $\boldsymbol{w}(t)(N_t\times 1)$，经过 $N_r\times N_t$ 的信道 $\boldsymbol{H}(t)$ 的传输，在接收端采用 $N_r\times 1$ 的波束成形矢量 $\boldsymbol{v}(t)$ 进行接收，接收端的信号可以表示为

$$y(t)=\boldsymbol{v}^{\mathrm{H}}(t)\left[\boldsymbol{H}(t)\boldsymbol{w}(t)\sqrt{P_s}s(t)+\boldsymbol{n}(t)\right]=\boldsymbol{v}^{\mathrm{H}}(t)\boldsymbol{H}(t)\boldsymbol{w}(t)\sqrt{P_s}s(t)+\boldsymbol{v}^{\mathrm{H}}(t)\boldsymbol{n}(t) \tag{4-4}$$

其中，P_s 是发射端的信号功率，$n(t)$ 是接收端 $N_r\times 1$ 的噪声矢量且满足 $\mathrm{E}\left[\boldsymbol{n}(t)\boldsymbol{n}^{\mathrm{H}}(t)\right]=N_0\boldsymbol{I}_{N_r}$。将式（4-1）代入式（4-4）后，接收端的信号可以重新表示为

$$\begin{aligned}y(t)=&\boldsymbol{v}^{\mathrm{H}}(t)\left(\rho_d\sqrt{1-\sigma_e^2}\tilde{\boldsymbol{H}}(t-T_d)+\boldsymbol{E}\right)\boldsymbol{w}(t)\sqrt{P_s}s(t)+\boldsymbol{v}^{\mathrm{H}}(t)\boldsymbol{n}(t)=\\&\underbrace{\rho_d\sqrt{1-\sigma_e^2}\boldsymbol{v}^{\mathrm{H}}(t)\tilde{\boldsymbol{H}}(t-T_d)\boldsymbol{w}(t)\sqrt{P_s}s(t)}_{\text{信号}}+\underbrace{\boldsymbol{v}^{\mathrm{H}}(t)\boldsymbol{E}\boldsymbol{w}(t)\sqrt{P_s}s(t)}_{\text{干扰}}+\underbrace{\boldsymbol{v}^{\mathrm{H}}(t)\boldsymbol{n}(t)}_{\text{噪声}}\end{aligned} \tag{4-5}$$

其中，由于相干检测采用匹配信道的方式来检测信号[3]，在发射端和接收端都已知的归一化时延估计CSI $\tilde{\boldsymbol{H}}(t-T_d)$的条件下，发射端和接收端分别采用 $\boldsymbol{w}(t)$

和 $\boldsymbol{v}(t)$ 来匹配 $\tilde{\boldsymbol{H}}(t-T_d)$，因此第一项是信号（Signal）项；由于信道误差矩阵 $\boldsymbol{E}$ 是未知的，因此发射端和接收端的波束成形矢量无法匹配它，且该项与信号相关，本节将第二项称为干扰（Interference）项；最后一项只是接收端对噪声的处理，把它作为噪声（Noise）项。根据这 3 项，接收端的信干噪比可以表示为

$$\begin{aligned}\gamma &= \frac{|\rho_d|^2(1-\sigma_e^2)\left|\boldsymbol{v}^{\mathrm{H}}(t)\tilde{\boldsymbol{H}}(t-T_d)\boldsymbol{w}(t)\right|^2 P_s\mathrm{E}\left[|s(t)|^2\right]}{\mathrm{E}\left[\left|\boldsymbol{v}^{\mathrm{H}}(t)\boldsymbol{E}\boldsymbol{w}(t)\right|^2\right]P_s\mathrm{E}\left[|s(t)|^2\right]+\boldsymbol{v}^{\mathrm{H}}(t)\mathrm{E}\left[\boldsymbol{n}(t)\boldsymbol{n}^{\mathrm{H}}(t)\right]\boldsymbol{v}(t)} = \\ &\frac{|\rho_d|^2(1-\sigma_e^2)\left|\boldsymbol{v}^{\mathrm{H}}(t)\tilde{\boldsymbol{H}}(t-T_d)\boldsymbol{w}(t)\right|^2 P_s}{\left(1-|\rho_d|^2(1-\sigma_e^2)\right)P_s+N_0} = \\ &\frac{|\rho_d|^2(1-\sigma_e^2)\left|\boldsymbol{v}^{\mathrm{H}}(t)\tilde{\boldsymbol{H}}(t-T_d)\boldsymbol{w}(t)\right|^2 \gamma_s}{\left(1-|\rho_d|^2(1-\sigma_e^2)\right)\gamma_s+1}\end{aligned} \tag{4-6}$$

其中，$\gamma_s=P_s/N_0$ 是发射端的信噪比。为了使得 $\boldsymbol{w}(t)$ 和 $\boldsymbol{v}(t)$ 匹配 $\tilde{\boldsymbol{H}}(t-T_d)$，首先对 $\tilde{\boldsymbol{H}}^{\mathrm{H}}(t)\tilde{\boldsymbol{H}}(t)$ 进行特征值分解，即

$$\tilde{\boldsymbol{H}}^{\mathrm{H}}(t)\tilde{\boldsymbol{H}}(t)=\tilde{\boldsymbol{U}}(t)\tilde{\boldsymbol{D}}(t)\tilde{\boldsymbol{U}}^{\mathrm{H}}(t) \tag{4-7a}$$

$$\tilde{\boldsymbol{U}}(t)=\left[\tilde{\boldsymbol{u}}_1(t) \quad \tilde{\boldsymbol{u}}_2(t) \quad \cdots \quad \tilde{\boldsymbol{u}}_{N_t}(t)\right] \tag{4-7b}$$

$$\tilde{\boldsymbol{D}}(t)=\mathrm{diag}\left(\tilde{\lambda}_1(t),\tilde{\lambda}_2(t),\cdots,\tilde{\lambda}_{N_t}(t)\right) \tag{4-7c}$$

其中，$\tilde{\boldsymbol{D}}(t)$ 中的特征值按从大到小的顺序排列。由式（4-6）可以看出，要使 γ 最大必须使得 $\left|\boldsymbol{v}^{\mathrm{H}}(t)\tilde{\boldsymbol{H}}(t-T_d)\boldsymbol{w}(t)\right|$ 最大，而根据式（3-4），最优的 $\boldsymbol{w}(t)$ 和 $\boldsymbol{v}(t)$ 以及最大的 SINR 分别为

$$\boldsymbol{w}(t)=\tilde{\boldsymbol{u}}_1(t-T_d) \tag{4-8a}$$

$$\boldsymbol{v}(t)=\tilde{\boldsymbol{H}}(t-T_d)\tilde{\boldsymbol{u}}_1(t-T_d)\Big/\left\|\tilde{\boldsymbol{H}}(t-T_d)\tilde{\boldsymbol{u}}_1(t-T_d)\right\|_{\mathrm{F}} \tag{4-8b}$$

$$\gamma(t)=\frac{|\rho_d|^2(1-\sigma_e^2)\gamma_s}{\left(1-|\rho_d|^2(1-\sigma_e^2)\right)\gamma_s+1}\tilde{\lambda}_1(t-T_d) \tag{4-8c}$$

从式（4-8a）和式（4-8b）中可以看出，最优的波束成形方案仍然是 MRT-MRC，即 MIMO MRC 系统。只是匹配的信道是 $\tilde{\boldsymbol{H}}(t-T_d)$，而非理想 CSI 条件下的 $\boldsymbol{H}(t)$。由于在相同的信道条件下，式（4-8c）中的 $\tilde{\lambda}_1(t-T_d)$ 和式（3-4c）

中的 λ_1 有相同的统计特性，因此在理想 CSI 条件下的性能分析结果可以直接应用到非理想 CSI 条件下。从式（4-8c）可以看出，随着发射端信噪比 γ_s 的增大，接收端 SINR 的上限是

$$\lim_{\gamma_s \to \infty} \gamma(t) = \frac{|\rho_d|^2 (1-\sigma_e^2)}{1-|\rho_d|^2 (1-\sigma_e^2)} \tilde{\lambda}_1 (t-T_d) \tag{4-9}$$

由于 SINR 存在上限，因此在 CSI 非理想的条件下，采用相干检测的 MIMO 系统的各项性能指标也存在上限，即截止效应。

| 4.2　非理想 CSI 条件下 MIMO 中继系统波束成形方案及性能 |

4.2.1　波束成形方案

如图 4-2 所示，中继系统的源端有 N_s 根天线，中继端有 N_r 根天线，目的端有 N_d 根天线。为了设计波束成形方案，中继端需要将源端至中继端的 CSI 进行信道估计后反馈到发射端，目的端需要将中继端至目的端的 CSI 进行信道估计后反馈到中继端。由于存在信道估计误差和反馈时延，参考式（4-3），源端到中继端的信道模型为

$$\boldsymbol{H}_{rs}(t) = \rho_{d1}\sqrt{1-\sigma_{e1}^2}\,\tilde{\boldsymbol{H}}_{rs}(t-T_{d1}) + \boldsymbol{E}_{rs} \tag{4-10}$$

其中，T_{d1} 是第一跳链路的反馈时延，$\hat{\boldsymbol{H}}_{rs}(t)$ 是中继端的信道估计矩阵且满足 $\left[\hat{\boldsymbol{H}}_{rs}(t)\right]_{i,j} \sim \aleph_c(0,1-\sigma_{e1}^2)$，$\rho_{d1}$ 表示 $\left[\hat{\boldsymbol{H}}_{rs}(t)\right]_{i,j}$ 和其延迟样本 $\left[\hat{\boldsymbol{H}}_{rs}(t-T_d)\right]_{i,j}$ 的归一化相关系数。令 $\hat{\boldsymbol{H}}_{rs}(t-T_{d1}) = \sqrt{1-\sigma_e^2}\,\tilde{\boldsymbol{H}}_{rs}(t-T_{d1})$，则 $\tilde{\boldsymbol{H}}_{rs}(t-T_{d1})$ 的每个元素为 i.i.d. 的且满足 $\aleph_C(0,1)$。定义信道误差矩阵为 $\boldsymbol{E}_{rs}$，$\boldsymbol{E}_{rs}$ 与 $\tilde{\boldsymbol{H}}_{rs}(t-T_{d1})$ 相互独立且其每个元素为 i.i.d. 的且满足 $\aleph_C\left(0,1-|\rho_{d1}|^2(1-\sigma_{e1}^2)\right)$。令 $\rho_1 = \rho_{d1}\sqrt{1-\sigma_{e1}^2}$，$\boldsymbol{H}_{rs} = \boldsymbol{H}_{rs}(t)$ 和 $\tilde{\boldsymbol{H}}_{rs} = \tilde{\boldsymbol{H}}_{rs}(t-T_{d1})$，则式（4-10）可以简化表示为

$$\boldsymbol{H}_{rs} = \rho_1 \tilde{\boldsymbol{H}}_{rs} + \boldsymbol{E}_{rs} \tag{4-11}$$

其中，$[\boldsymbol{E}_{rs}]_{i,j} \sim \aleph_C\left(0,1-|\rho_1|^2\right)$。同理，中继端到目的端的信道建模为

$$\boldsymbol{H}_{dr} = \rho_2 \tilde{\boldsymbol{H}}_{dr} + \boldsymbol{E}_{dr} \tag{4-12}$$

其中，$\rho_2 = \rho_{d2}\sqrt{1-\sigma_{e2}^2}$，与对式（4-10）中参数的定义类似，$\rho_{d2}$ 和 σ_{e2}^2 分别由第二跳链路的反馈时延和估计误差决定。$\tilde{\boldsymbol{H}}_{dr}$ 的每个元素为 i.i.d. 的且满足 $\aleph_C(0,1)$。信道误差矩阵为 $\boldsymbol{E}_{dr}$ 与 $\tilde{\boldsymbol{H}}_{dr}$ 相互独立且其每个元素为 i.i.d. 的，满足 $[\boldsymbol{E}_{dr}]_{i,j} \sim \aleph_C\left(0,1-|\rho_2|^2\right)$。

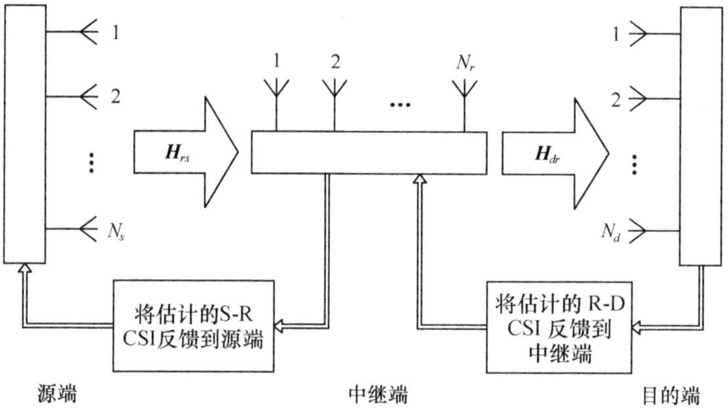

图 4-2　存在信道估计误差和反馈时延的 MIMO 中继系统波束成形系统模型

假设发射端和接收端的波束成形矢量分别为 $\boldsymbol{w}_s$ 和 $\boldsymbol{w}_d$，中继端的波束成形矩阵为 $\boldsymbol{W}_r$，与式（3-9）类似，目的端的信号可以表示为

$$y_d(t) = \boldsymbol{w}_d^{\mathrm{H}}\boldsymbol{H}_{dr}\boldsymbol{W}_r\boldsymbol{H}_{rs}\boldsymbol{w}_s\sqrt{P_s}x_s(t) + \boldsymbol{w}_d^{\mathrm{H}}\boldsymbol{H}_{dr}\boldsymbol{W}_r\boldsymbol{n}_r(t) + \boldsymbol{w}_d^{\mathrm{H}}\boldsymbol{n}_d(t) \tag{4-13}$$

将式（4-11）和式（4-12）代入式（4-13），可以得到

$$\begin{aligned} y_d(t) = &\underbrace{\rho_1\rho_2\boldsymbol{w}_d^{\mathrm{H}}\tilde{\boldsymbol{H}}_{dr}\boldsymbol{W}_r\tilde{\boldsymbol{H}}_{rs}\boldsymbol{w}_s\sqrt{P_s}x_s(t)}_{\text{信号}} + \\ &\underbrace{\rho_1\boldsymbol{w}_d^{\mathrm{H}}\boldsymbol{E}_{dr}\boldsymbol{W}_r\tilde{\boldsymbol{H}}_{rs}\boldsymbol{w}_s\sqrt{P_s}x_s(t) + \rho_1\boldsymbol{w}_d^{\mathrm{H}}\tilde{\boldsymbol{H}}_{dr}\boldsymbol{W}_r\boldsymbol{E}_{rs}\boldsymbol{w}_s\sqrt{P_s}x_s(t) + \boldsymbol{w}_d^{\mathrm{H}}\boldsymbol{E}_{dr}\boldsymbol{W}_r\boldsymbol{E}_{rs}\boldsymbol{w}_s\sqrt{P_s}x_s(t)}_{\text{干扰}} = \\ &\underbrace{\rho_2\boldsymbol{w}_d^{\mathrm{H}}\tilde{\boldsymbol{H}}_{dr}\boldsymbol{W}_r\boldsymbol{n}_r(t) + \boldsymbol{w}_d^{\mathrm{H}}\boldsymbol{E}_{dr}\boldsymbol{W}_r\boldsymbol{n}_r(t) + \boldsymbol{w}_d^{\mathrm{H}}\boldsymbol{n}_d(t)}_{\text{噪声}} \end{aligned} \tag{4-14}$$

其中，第一项为信号项，这是因为 $\tilde{\boldsymbol{H}}_{rs}$ 和 $\tilde{\boldsymbol{H}}_{dr}$ 已知的条件下，采用相干检测的波束成形 $\boldsymbol{w}_s$、$\boldsymbol{w}_d$ 和 $\boldsymbol{W}_t$ 匹配信道 $\tilde{\boldsymbol{H}}_{rs}$ 和 $\tilde{\boldsymbol{H}}_{dr}$；第二项为干扰项，这是由于 $\boldsymbol{E}_{rs}$ 和 $\boldsymbol{E}_{dr}$ 未知，波束成形系数 $\boldsymbol{w}_s$、$\boldsymbol{w}_d$ 和 $\boldsymbol{W}_r$ 无法匹配它们，且该项与信号有关；第三项为噪声项，是因为该项与噪声矢量 $\boldsymbol{n}_r(t)$ 和 $\boldsymbol{n}_d(t)$ 有关。根据式（4-14），目的端的 SINR 为

$$\gamma=\frac{c_1\boldsymbol{w}_d^{\mathrm{H}}\tilde{\boldsymbol{H}}_{dr}\boldsymbol{W}_r\tilde{\boldsymbol{H}}_{rs}\boldsymbol{w}_s\left(\tilde{\boldsymbol{H}}_{rs}\boldsymbol{w}_s\right)^{\mathrm{H}}\boldsymbol{W}_r^{\mathrm{H}}\tilde{\boldsymbol{H}}_{dr}^{\mathrm{H}}\boldsymbol{w}_d}{c_2\boldsymbol{w}_s^{\mathrm{H}}\tilde{\boldsymbol{H}}_r^{\mathrm{H}}\boldsymbol{W}_r^{\mathrm{H}}\boldsymbol{W}_r\tilde{\boldsymbol{H}}_{rs}\boldsymbol{w}_s+c_3\boldsymbol{w}_d^{\mathrm{H}}\tilde{\boldsymbol{H}}_{dr}\boldsymbol{W}_r\boldsymbol{W}_r^{\mathrm{H}}\tilde{\boldsymbol{H}}_{dr}^{\mathrm{H}}\boldsymbol{w}_d+c_4\mathrm{tr}\left\{\boldsymbol{W}_r^{\mathrm{H}}\boldsymbol{W}_r\right\}+\sigma_d^2} \tag{4-15}$$

其中，相关参数定义为 $c_1=P_s\left|\rho_1\right|^2\left|\rho_2\right|^2$，$c_2=P_s\left|\rho_1\right|^2\left(1-\left|\rho_2\right|^2\right)$，$c_3=\left|\rho_2\right|^2\left[P_s\cdot\left(1-\left|\rho_1\right|^2\right)+\sigma_r^2\right]$ 和 $c_4=\left(1-\left|\rho_2\right|^2\right)\left[P_s\left(1-\left|\rho_1\right|^2\right)+\sigma_r^2\right]$。由于需要约束中继端的总功率，有以下等式。

$$\begin{aligned}&E_{\boldsymbol{E}_{rs}}\left\{\mathrm{tr}\left\{P_s\boldsymbol{W}_r\tilde{\boldsymbol{H}}_{rs}\boldsymbol{w}_s\left(\tilde{\boldsymbol{H}}_{rs}\boldsymbol{w}_s\right)^{\mathrm{H}}\boldsymbol{W}_r^{\mathrm{H}}+\sigma_r^2\boldsymbol{W}_r\boldsymbol{W}_r^{\mathrm{H}}\right\}\right\}=\\&\mathrm{tr}\left\{P_s\boldsymbol{W}_rE_{\boldsymbol{E}_{rs}}\left\{\left(\rho_1\tilde{\boldsymbol{H}}_{rs}\boldsymbol{w}_s+\boldsymbol{E}_{rs}\boldsymbol{w}_s\right)\left(\rho_1^*\left(\tilde{\boldsymbol{H}}_{rs}\boldsymbol{w}_s\right)^{\mathrm{H}}+\left(\boldsymbol{E}_{rs}\boldsymbol{w}_s\right)^{\mathrm{H}}\right)\right\}\boldsymbol{W}_r^{\mathrm{H}}+\sigma_r^2\boldsymbol{W}_r\boldsymbol{W}_r^{\mathrm{H}}\right\}=\\&\mathrm{tr}\left\{P_s\boldsymbol{W}_r\left[\left|\rho_1\right|^2\tilde{\boldsymbol{H}}_{rs}\boldsymbol{w}_s\left(\tilde{\boldsymbol{H}}_{rs}\boldsymbol{w}_s\right)^{\mathrm{H}}+\left(1-\left|\rho_1\right|^2\right)\boldsymbol{I}_{N_r}\right]\boldsymbol{W}_r^{\mathrm{H}}+\sigma_r^2\boldsymbol{W}_r\boldsymbol{W}_r^{\mathrm{H}}\right\}=\\&\mathrm{tr}\left\{\boldsymbol{W}_r\left[P_s\left|\rho_1\right|^2\tilde{\boldsymbol{H}}_{rs}\boldsymbol{w}_s\left(\tilde{\boldsymbol{H}}_{rs}\boldsymbol{w}_s\right)^{\mathrm{H}}+\left(P_s\left(1-\left|\rho_1\right|^2\right)+\sigma_r^2\right)\boldsymbol{I}_{N_r}\right]\boldsymbol{W}_r^{\mathrm{H}}\right\}=P_r\end{aligned} \tag{4-16}$$

根据式（4-15）和式（4-16），在非理想 CSI 条件下，采用相干检测并以最大化目的端 SINR 为目标的 MIMO 中继系统波束成形约束优化问题可以表示为

$$\gamma_{\max}=\max_{\boldsymbol{W}_r,\boldsymbol{w}_s,\boldsymbol{w}_d}\frac{c_1\boldsymbol{w}_d^{\mathrm{H}}\tilde{\boldsymbol{H}}_{dr}\boldsymbol{W}_r\tilde{\boldsymbol{H}}_{rs}\boldsymbol{w}_s\left(\tilde{\boldsymbol{H}}_{rs}\boldsymbol{w}_s\right)^{\mathrm{H}}\boldsymbol{W}_r^{\mathrm{H}}\tilde{\boldsymbol{H}}_{dr}^{\mathrm{H}}\boldsymbol{w}_d}{c_2\boldsymbol{w}_s^{\mathrm{H}}\tilde{\boldsymbol{H}}_{rs}^{\mathrm{H}}\boldsymbol{W}_r^{\mathrm{H}}\boldsymbol{W}_r\tilde{\boldsymbol{H}}_{rs}\boldsymbol{w}_s+c_3\boldsymbol{w}_d^{\mathrm{H}}\tilde{\boldsymbol{H}}_{dr}\boldsymbol{W}_r\boldsymbol{W}_r^{\mathrm{H}}\tilde{\boldsymbol{H}}_{dr}^{\mathrm{H}}\boldsymbol{w}_d+c_4\mathrm{tr}\left\{\boldsymbol{W}_r^{\mathrm{H}}\boldsymbol{W}_r\right\}+\sigma_d^2}$$

$$\text{s.t.}\quad\mathrm{tr}\left\{\boldsymbol{W}_r\left[P_s\left|\rho_1\right|^2\tilde{\boldsymbol{H}}_{rs}\boldsymbol{w}_s\left(\tilde{\boldsymbol{H}}_{rs}\boldsymbol{w}_s\right)^{\mathrm{H}}+\left(P_s\left(1-\left|\rho_1\right|^2\right)+\sigma_r^2\right)\boldsymbol{I}_{N_r}\right]\boldsymbol{W}_r^{\mathrm{H}}\right\}=P_r \tag{4-17a}$$

$$\boldsymbol{w}_s^{\mathrm{H}}\boldsymbol{w}_s=\boldsymbol{w}_d^{\mathrm{H}}\boldsymbol{w}_d=1 \tag{4-17b}$$

定理 4-1：式（4-17）的约束优化问题的解为

$$\boldsymbol{W}_r^{\mathrm{opt}}=\sqrt{\frac{P_r}{P_s\left(\left|\rho_1\right|^2\left\|\tilde{\boldsymbol{H}}_{rs}\boldsymbol{w}_s\right\|_{\mathrm{F}}^2+1-\left|\rho_1\right|^2\right)+\sigma_r^2}}\frac{\widetilde{\boldsymbol{H}}_{dr}^{\mathrm{H}}\boldsymbol{w}_d\boldsymbol{w}_s^{\mathrm{H}}\tilde{\boldsymbol{H}}_{rs}^{\mathrm{H}}}{\left\|\tilde{\boldsymbol{H}}_{rs}\boldsymbol{w}_s\right\|_{\mathrm{F}}\left\|\tilde{\boldsymbol{H}}_{dr}^{\mathrm{H}}\boldsymbol{w}_d\right\|_{\mathrm{F}}} \tag{4-18a}$$

$$\boldsymbol{w}_s^{\mathrm{opt}}=\tilde{\boldsymbol{u}}_{rs,1} \tag{4-18b}$$

$$\boldsymbol{w}_d^{\mathrm{opt}}=\tilde{\boldsymbol{u}}_{dr,1} \tag{4-18c}$$

$$\gamma_{\max}=\frac{\hat{\gamma}_s\tilde{\lambda}_{rs,1}\hat{\gamma}_r\tilde{\lambda}_{dr,1}}{\hat{\gamma}_s\tilde{\lambda}_{rs,1}+\hat{\gamma}_r\tilde{\lambda}_{dr,1}+1} \tag{4-18d}$$

其中，$\tilde{\lambda}_{rs,1}$ 和 $\tilde{\boldsymbol{u}}_{dr,1}$ 分别是 $\tilde{\boldsymbol{H}}_{rs}^{\mathrm{H}}\tilde{\boldsymbol{H}}_{rs}$ 的最大特征值和对应的特征矢量；$\tilde{\lambda}_{dr,1}$ 和 $\tilde{\boldsymbol{u}}_{dr,1}$ 分别是 $\tilde{\boldsymbol{H}}_{dr}\tilde{\boldsymbol{H}}_{dr}^{\mathrm{H}}$ 的最大特征值和对应的特征矢量；$\hat{\gamma}_s=\dfrac{\gamma_s\left|\rho_1\right|^2}{\gamma_s\left(1-\left|\rho_1\right|^2\right)+1}$ 和

$\hat{\gamma}_r = \dfrac{\gamma_r |\rho_2|^2}{\gamma_r \left(1-|\rho_2|^2\right)+1}$ 中的 $\gamma_s = P_s / \sigma_r^2$ 和 $\gamma_r = P_r / \sigma_d^2$ 分别是源端和中继端的信噪比。

定理 4-1 在 4.5 节中证明。

假设中继系统拥有理想 CSI，则 $\rho_1 = \rho_2 = 1$，$\sigma_{e1}^2 = \sigma_{e2}^2$，因此式（4-18）与式（3-16）一致，说明理想 CSI 条件下设计的波束成形方案只是非理想 CSI 条件下设计的波束成形方案的特例。

下面说明式（4-18）的物理意义。首先将式（4-18a）表示为

$$\boldsymbol{W}_r^{\text{opt}} = \underbrace{\frac{\left(\boldsymbol{w}_d^{\text{H}} \tilde{\boldsymbol{H}}_{dr}\right)^{\text{H}}}{\left\|\boldsymbol{w}_d^{\text{H}} \tilde{\boldsymbol{H}}_{dr}\right\|_{\text{F}}}}_{\boldsymbol{w}_{t2}} \underbrace{\sqrt{\frac{P_r}{P_s\left(|\rho_1|^2 \left\|\tilde{\boldsymbol{H}}_{rs}\boldsymbol{w}_s\right\|_{\text{F}}^2 + 1 - |\rho_1|^2\right) + \sigma_r^2}}}_{G} \underbrace{\frac{\left(\tilde{\boldsymbol{H}}_{rs}\boldsymbol{w}_s\right)^{\text{H}}}{\left\|\tilde{\boldsymbol{H}}_{rs}\boldsymbol{w}_s\right\|_{\text{F}}}}_{\boldsymbol{w}_{r1}^{\text{H}}} \tag{4-19}$$

另外，将源端和目的端的波束成形矢量分别表示为

$$\boldsymbol{w}_{t1} = \boldsymbol{w}_s^{\text{opt}} \tag{4-20a}$$

$$\boldsymbol{w}_{r2} = \boldsymbol{w}_d^{\text{opt}} \tag{4-20b}$$

其中，$\boldsymbol{w}_{t1}$ 和 $\boldsymbol{w}_{r2}$ 分别表示源端到中继端链路的发射和接收波束成形矢量，$\boldsymbol{w}_{t2}$ 和 $\boldsymbol{w}_{r1}$ 分别表示中继端到目的端链路的发射和接收波束成形矢量。G 表示中继端所采用的等效增益。从式（4-8）可以看出，非理想 CSI 下采用相干检测 MIMO 中继系统最优的波束成形方案就是两个非理想 CSI 下采用相干检测的点对点 MIMO 系统的最优波束成形方案级联，增益采用可变增益方案，这就是在采用波束成形技术时，点对点 MIMO 系统和 MIMO 中继系统的关系。

文献 [4] 提出了非理想 CSI 条件下的波束成形方案，表示为

$$\boldsymbol{W}_r^{\text{opt}} = \sqrt{\frac{P_r}{P_s\left\|\tilde{\boldsymbol{H}}_{rs}\boldsymbol{w}_s\right\|_{\text{F}}^2 + \sigma_r^2}} \frac{\tilde{\boldsymbol{H}}_{dr}^{\text{H}} \boldsymbol{w}_d \boldsymbol{w}_s^{\text{H}} \tilde{\boldsymbol{H}}_{rs}^{\text{H}}}{\left\|\tilde{\boldsymbol{H}}_{rs}\boldsymbol{w}_s\right\|_{\text{F}} \left\|\tilde{\boldsymbol{H}}_{dr}^{\text{H}}\boldsymbol{w}_d\right\|_{\text{F}}} \tag{4-21a}$$

$$\boldsymbol{w}_s^{\text{opt}} = \tilde{\boldsymbol{u}}_{rs,1} \tag{4-21b}$$

$$\boldsymbol{w}_d^{\text{opt}} = \tilde{\boldsymbol{u}}_{dr,1} \tag{4-21c}$$

从式（3-16）可以看出，当 CSI 非理想时，由于中继系统获得的 CSI 只有 $\tilde{\boldsymbol{H}}_{rs}$ 和 $\tilde{\boldsymbol{H}}_{dr}$，第 2 章中基于理想 CSI 条件下设计的波束成形方案与式（4-21）一致，因此，文献 [4] 提出的波束成形方案就是基于理想 CSI 条件下设计的波束成形方案在非理想 CSI 条件下的实现方式。

4.2.2　性能分析

式（4-18d）中的 $\hat{\gamma}_s$ 和 $\hat{\gamma}_r$ 可以分别表示为

$$\hat{\gamma}_s = \frac{\gamma_s |\rho_1|^2}{\gamma_s \left(1-|\rho_1|^2\right)+1} \tag{4-22a}$$

$$\hat{\gamma}_r = \frac{\gamma_r |\rho_2|^2}{\gamma_r \left(1-|\rho_2|^2\right)+1} \tag{4-22b}$$

随着 γ_s 和 γ_r 的增大，$\hat{\gamma}_s$ 和 $\hat{\gamma}_r$ 分别趋近于

$$\lim_{\gamma_s \to \infty} \hat{\gamma}_s = \frac{|\rho_1|^2}{1-|\rho_1|^2} \tag{4-23a}$$

$$\lim_{\gamma_r \to \infty} \hat{\gamma}_r = \frac{|\rho_2|^2}{1-|\rho_2|^2} \tag{4-23b}$$

因此，随着 γ_s 和 γ_r 的增大，非理想 CSI 条件下设计的 MIMO 中继系统存在性能上限。为了对系统进行性能分析，下面给出 OP 和 PDF 的闭合表达式。首先将目的端的 SINR 表示为

$$\gamma = \frac{\alpha\beta}{\alpha+\beta+1} \tag{4-24}$$

其中，$\alpha = \hat{\gamma}_s \tilde{\lambda}_{rs,1}$，$\beta = \hat{\gamma}_r \tilde{\lambda}_{dr,1}$，则 γ 的 CDF 可以表示为

$$\begin{aligned} F_\gamma(z) &= Pr\left\{\frac{\alpha\beta}{\alpha+\beta+1} \leqslant z\right\} = \\ &\int_0^z Pr\left(\beta > \frac{z(x+1)}{x-z}\right) f_a(x)\mathrm{d}x + \int_z^\infty Pr\left(\beta < \frac{z(x+1)}{x-z}\right) f_a(x)\mathrm{d}x = \\ &1-\int_z^\infty f_a(x)\mathrm{d}x + \int_z^\infty F_\beta\left(\frac{z(x+1)}{x-z}\right) f_a(x)\mathrm{d}x = \\ &1-\int_z^\infty \left[1-F_\beta\left(\frac{z(x+1)}{x-z}\right)\right] f_a(x)\mathrm{d}x \end{aligned} \tag{4-25}$$

其中，$f_\alpha(x)$ 和 $F_\beta(x)$ 分别表示为

$$f_\alpha(x)=\sum_{m=1}^{N_{rs}}\sum_{i=|N_r-N_s|}^{(N_r+N_s)m-2m^2}\frac{d_{m,i}}{i!}\left(\frac{m}{\hat{\gamma}_s}\right)^{i+1}x^i\exp\left(-\frac{m}{\hat{\gamma}_s}x\right) \tag{4-26a}$$

$$F_\beta(x)=1-\sum_{n=1}^{N_{dr}}\sum_{j=|N_d-N_r|}^{(N_d+N_r)n-2n^2}\sum_{l=0}^{j}d_{n,j}\frac{n^l}{l!}\left(\frac{x}{\hat{\gamma}_r}\right)^l\exp\left(-\frac{n}{\hat{\gamma}_r}x\right) \tag{4-26b}$$

将式（4-26）代入式（4-25），可以得到

$$\begin{aligned}F_\gamma(z)=1-2\sum_{m=1}^{N_{rs}}\sum_{n=1}^{N_{dr}}\sum_{i=|N_r-N_s|}^{(N_r+N_s)m-2m^2}\sum_{j=|N_d-N_r|}^{(N_d+N_r)n-2n^2}\Xi\left(m,n,i,j,\hat{\gamma}_s,\hat{\gamma}_r\right)\cdot\\ z^{\frac{2l+2i-p-q+1}{2}}(z+1)^{\frac{p+q+1}{2}}\exp\left[-\left(\frac{m}{\hat{\gamma}_s}+\frac{n}{\hat{\gamma}_r}\right)z\right]K_{q-p+1}\left(2\sqrt{\frac{mn}{\hat{\gamma}_s\hat{\gamma}_r}z(z+1)}\right)\end{aligned} \tag{4-27}$$

其中，$\Xi\left(m,n,i,j,\hat{\gamma}_s,\hat{\gamma}_r\right)$可以表示为

$$\Xi\left(m,n,i,j,\hat{\gamma}_s,\hat{\gamma}_r\right)=\sum_{l=0}^{j}\sum_{p=0}^{l}\sum_{q=0}^{i}d_{m,i}d_{n,j}\left(\frac{m}{\hat{\gamma}_s}\right)^{i+1}\left(\frac{n}{\hat{\gamma}_r}\right)^{l}\left(\frac{n\,\hat{\gamma}_s}{m\,\hat{\gamma}_r}\right)^{\frac{q-p+1}{2}}\frac{C_l^pC_i^q}{l!i!} \tag{4-28}$$

系统中断概率的闭合表达式为

$$P_{\text{out}}=Pr(\gamma\leqslant\gamma_{\text{th}})=F_\gamma(\gamma_{\text{th}}) \tag{4-29}$$

对 CDF 求导，并利用式（4-28），可以得到 PDF 的闭合表达式为

$$\begin{aligned}f_\gamma(z)=2\sum_{m=1}^{N_{rs}}\sum_{n=1}^{N_{dr}}\sum_{i=|N_r-N_s|}^{(N_r+N_s)m-2m^2}\sum_{j=|N_d-N_r|}^{(N_d+N_r)n-2n^2}\Xi\left(m,n,i,j,\hat{\gamma}_s,\hat{\gamma}_r\right)\cdot\\ \left\{\left[\left(\frac{m}{\hat{\gamma}_s}+\frac{n}{\hat{\gamma}_r}\right)z^2+(q-p-l-i)z+(q-l-i)\right]K_{q-p+1}\left(2\sqrt{\frac{mn}{\hat{\gamma}_s\hat{\gamma}_r}z(z+1)}\right)+\right.\\ \left.\sqrt{\frac{mn}{\hat{\gamma}_s\hat{\gamma}_r}}(2z+1)K_{q-p}\left(2\sqrt{\frac{mn}{\hat{\gamma}_s\hat{\gamma}_r}z(z+1)}\right)\right\}z^{\frac{2l+2i-p-q-1}{2}}(z+1)^{\frac{p+q-1}{2}}\exp\left[-\left(\frac{m}{\hat{\gamma}_s}+\frac{n}{\hat{\gamma}_r}\right)z\right]\end{aligned} \tag{4-30}$$

4.3 仿真结果

本节采用计算机仿真来说明设计的波束成形方案的优越性以及信道误差和天线配置对 MIMO 中继系统性能的影响。比较了两种方案：本文提出的优化设计方案，即式（4-18）的优化设计；文献 [4] 提出的非理想 CSI 条件下的波束

成形方案，即式（4-21）所示方案。（N_s,N_r,N_d）表示源端、中继端和目的端天线的组合，考虑对称信道，即 $\gamma_s=\gamma_r=\gamma$。

首先研究信道误差对 MIMO 中继系统中断概率性能的影响。仿真中研究的天线配置是（2, 4, 2），考虑 4 种信道误差（包括信道估计误差和反馈时延）：① 理想 CSI，即 $\rho_1=\rho_2=1$；② 信道存在小误差，即 $\rho_1=\rho_2=0.9$；③ 信道存在中等误差，即 $\rho_1=\rho_2=0.8$；④ 信道存在严重误差，即 $\rho_1=\rho_2=0.7$。如图 4-3 所示，对于本章设计的波束成形方案性能分析的结果与蒙特卡罗仿真高度一致，性能分析有效。对于任何一种波束成形方案，理想 CSI 的性能最好，随着信道误差的增加性能变差。理想 CSI 场景和存在信道误差场景性能的差异体现了信道估计误差和反馈时延对系统性能的重大影响。例如，当中断概率等于 10^{-3} 时，理想 CSI 和信道存在中等误差场景的信噪比差异是 6 dB。本章设计的波束成形方案始终比文献 [4] 的波束成形方案性能要好，说明了本章优化设计的优越性。另外，低信噪比情况下两种波束成形方案性能的差距比高信噪比情况下两种波束成形方案性能的差距要大，可以推测得出本章设计的优化方案在中低信噪比情况下更有效。

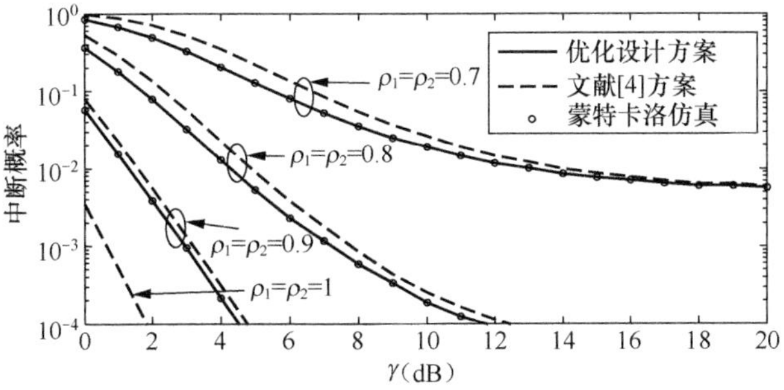

图 4-3 不同信道误差条件下两种波束成形方案的中断概率性能比较

接着，讨论天线配置对中继系统中断概率的影响。在图 4-4 中，考虑天线总数为 8 的 3 组天线配置为（4, 2, 2）、（2, 4, 2）和（2, 2, 4）。考虑信道存在严重误差的场景，即 $\rho_1=\rho_2=0.7$。在不同的天线配置下，蒙特卡罗仿真的结果与本章优化设计方案性能分析的结果一致，证明了本章优化设计方案性能分析的有效性。在任何天线配置下，本章优化设计方案的性能都比文献 [4] 要好。例如，当中断概率等于 10^{-1} 时，（2, 4, 2）配置下两种波束成形方案的信噪比差距是 1.1 dB，展示了设计优化方案的优越性。当信噪比趋近于无穷大时，不同天线配置下中断概率都出现了截止效应。对于不同的波束成形方案，（2, 4, 2）的性能要好于（4, 2, 2）和（2, 2, 4），体现了在中继端采用多天线技术的意义。除此以外，（4, 2, 2）

的第一跳有 8 条链路而第二跳有 4 条链路；（2, 2, 4）的第一跳有 4 条链路而第二跳有 8 条链路。因此，（4, 2, 2）的分集增益主要在第一跳链路；而（2, 2, 4）的分集增益主要在第二跳链路。对于文献 [4] 设计的方案，（2, 2, 4）的性能要好过（4, 2, 2）的性能，说明了其波束成形方案下，第二跳链路比第一跳链路更重要。但是对于本章优化设计方案，（2, 2, 4）和（4, 2, 2）的性能一致，说明了本章优化设计方案条件下对称的天线配置拥有相同的性能。

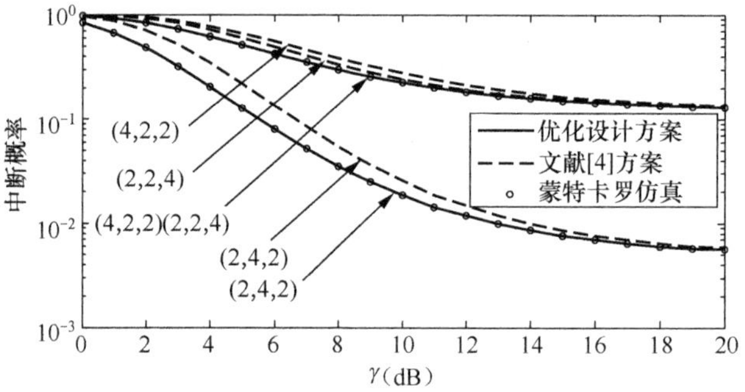

图 4-4 不同天线配置下两种波束成形方案的中断概率性能比较

再次，图 4-5 展示了 $\gamma_s=\gamma_r=10$ dB 且不同场景下（2, 4, 2）的 PDF。蒙特卡罗仿真和性能分析的精确匹配表明了 PDF 公式的有效性。在严重信道误差场景下，PDF 曲线集中于信干噪比的低值区间；在较小信道误差场景下，PDF 曲线集中于信干噪比的高值区间，展示了信道误差对目的端信干噪比统计特性的影响。

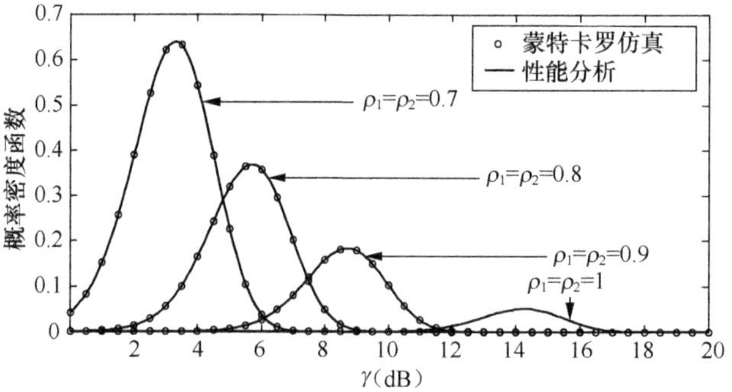

图 4-5 不同信道误差条件下本章优化设计方案的目的端 SINR 的概率密度函数

最后，我们研究了信道误差和天线配置对中继系统平均误符号率（ASER）的影响，分别如图 4-6 和图 4-7 所示。图 4-6 中的天线配置是（4, 6, 4），采用 BPSK 调制，同样也考虑了图 4-3 中的 4 种场景。同理，理想 CSI 场景和存在信道误差场景性能的巨大差异体现了信道估计误差和反馈时延对系统性能的巨大影响。而本章优化设计方案和文献 [4] 设计方案的差异则表明了本章优化设计的优越性。另外，不同天线配置下系统的性能如图 4-7 中所示，包括天线总数为 14 的 3 种天线配置，即（6, 4, 4）、（4, 6, 4）和（4, 4, 6）。图 4-7 中得出的结论与图 4-4 类似。随着信噪比的增大，性能出现了截止效应。

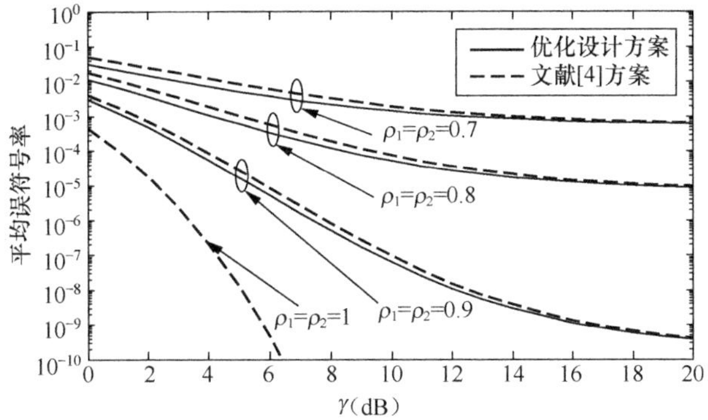

图 4-6　不同信道误差条件下两种波束成形方案的平均误符号率性能比较

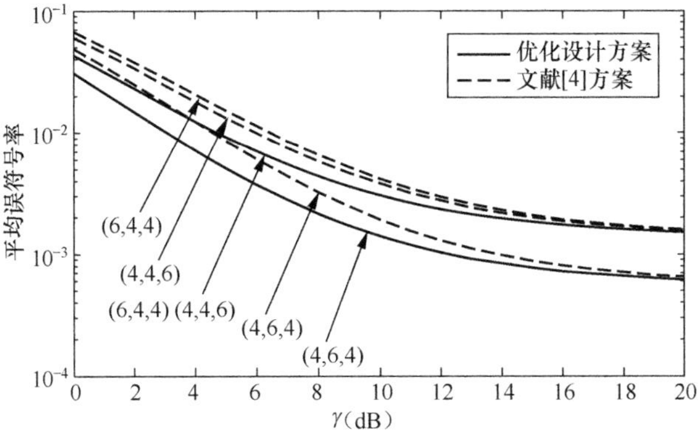

图 4-7　不同天线配置下两种波束成形方案的平均误符号率性能比较

4.4　本章小结

本章研究了两跳链路都存在信道估计误差和反馈时延时的 MIMO 中继系统，以最大化目的端信干噪比为目标函数设计的最优波束成形方案。推导了目的端信干噪比的 PDF 和系统中断概率的闭合表达式，分析了随着信噪比的增大，系统出现的性能截止效应。仿真体现了信道误差对系统性能的影响，通过波束成形方案的对比说明了本章优化设计方案的优越性。

4.5 附录

定理 4.1 的证明如下。

式（4.17a）中的目标函数可以表示为

$$\gamma=\frac{c_1\boldsymbol{w}_d^{\mathrm{H}}\tilde{\boldsymbol{H}}_{dr}\boldsymbol{W}_r\tilde{\boldsymbol{H}}_{rs}\boldsymbol{w}_s\left(\tilde{\boldsymbol{H}}_{rs}\boldsymbol{w}_s\right)^{\mathrm{H}}\boldsymbol{W}_r^{\mathrm{H}}\tilde{\boldsymbol{H}}_{dr}^{\mathrm{H}}\boldsymbol{w}_d}{c_2\boldsymbol{w}_s^{\mathrm{H}}\tilde{\boldsymbol{H}}_{rs}^{\mathrm{H}}\boldsymbol{W}_r^{\mathrm{H}}\tilde{\boldsymbol{H}}_{rs}\boldsymbol{w}_s+c_3\boldsymbol{w}_d^{\mathrm{H}}\tilde{\boldsymbol{H}}_{dr}\boldsymbol{W}_r\boldsymbol{W}_r^{\mathrm{H}}\tilde{\boldsymbol{H}}_{dr}^{\mathrm{H}}\boldsymbol{w}_d+c_4\mathrm{tr}\left\{\boldsymbol{W}_r^{\mathrm{H}}\boldsymbol{W}_r\right\}+\sigma_d^2}=$$

$$\frac{c_1\mathrm{tr}\left\{\boldsymbol{w}_d^{\mathrm{H}}\tilde{\boldsymbol{H}}_{dr}\boldsymbol{W}_r\tilde{\boldsymbol{H}}_{rs}\boldsymbol{w}_s\left(\tilde{\boldsymbol{H}}_{rs}\boldsymbol{w}_s\right)^{\mathrm{H}}\boldsymbol{W}_r^{\mathrm{H}}\tilde{\boldsymbol{H}}_{dr}^{\mathrm{H}}\boldsymbol{w}_d\right\}}{c_2\mathrm{tr}\left\{\boldsymbol{w}_s^{\mathrm{H}}\tilde{\boldsymbol{H}}_{rs}^{\mathrm{H}}\boldsymbol{W}_r^{\mathrm{H}}\boldsymbol{W}_r\tilde{\boldsymbol{H}}_{rs}\boldsymbol{w}_s\right\}+c_3\mathrm{tr}\left\{\boldsymbol{w}_d^{\mathrm{H}}\tilde{\boldsymbol{H}}_{dr}\boldsymbol{W}_r\boldsymbol{W}_r^{\mathrm{H}}\tilde{\boldsymbol{H}}_{dr}^{\mathrm{H}}\boldsymbol{w}_d\right\}+c_4\mathrm{tr}\left\{\boldsymbol{W}_r^{\mathrm{H}}\boldsymbol{W}_r\right\}+\sigma_d^2}= \tag{4-31}$$

$$\frac{c_1\mathrm{tr}\left\{\tilde{\boldsymbol{H}}_{rs}\boldsymbol{w}_s\left(\tilde{\boldsymbol{H}}_{rs}\boldsymbol{w}_s\right)^{\mathrm{H}}\boldsymbol{W}_r^{\mathrm{H}}\tilde{\boldsymbol{H}}_{dr}^{\mathrm{H}}\boldsymbol{w}_d\boldsymbol{w}_d^{\mathrm{H}}\tilde{\boldsymbol{H}}_{dr}\boldsymbol{W}_r\right\}}{c_2\mathrm{tr}\left\{\boldsymbol{w}_s^{\mathrm{H}}\tilde{\boldsymbol{H}}_{rs}^{\mathrm{H}}\boldsymbol{W}_r^{\mathrm{H}}\boldsymbol{W}_r\tilde{\boldsymbol{H}}_{rs}\boldsymbol{w}_s\right\}+c_3\mathrm{tr}\left\{\left(\boldsymbol{w}_d^{\mathrm{H}}\tilde{\boldsymbol{H}}_{dr}\right)^{\mathrm{H}}\boldsymbol{w}_d^{\mathrm{H}}\tilde{\boldsymbol{H}}_{dr}\boldsymbol{W}_r\boldsymbol{W}_r^{\mathrm{H}}\right\}+c_4\mathrm{tr}\left\{\boldsymbol{W}_r^{\mathrm{H}}\boldsymbol{W}_r\right\}+\sigma_d^2}$$

其中，式（4-31）利用了等式 $\mathrm{tr}(\boldsymbol{AB})=\mathrm{tr}(\boldsymbol{BA})$。假设 $\boldsymbol{A}$ 和 $\boldsymbol{B}$ 都是半正定的 Hermitian 矩阵，则以下不等式成立 [5]。

$$\mathrm{tr}\left(\boldsymbol{AB}\right)\leqslant\mathrm{tr}\left(\boldsymbol{A}\right)\mathrm{tr}\left(\boldsymbol{B}\right) \tag{4-32}$$

将 $\boldsymbol{A}=\tilde{\boldsymbol{H}}_{rs}\boldsymbol{w}_s\left(\tilde{\boldsymbol{H}}_{rs}\boldsymbol{w}_s\right)^{\mathrm{H}}$ 和 $\boldsymbol{B}=\boldsymbol{W}_r^{\mathrm{H}}\tilde{\boldsymbol{H}}_{dr}^{\mathrm{H}}\boldsymbol{w}_d\boldsymbol{w}_d^{\mathrm{H}}\tilde{\boldsymbol{H}}_{ds}\boldsymbol{W}_r$ 代入式（4-32），式（4-31）中分子的上界可以表示为

$$\mathrm{tr}\left\{\tilde{\boldsymbol{H}}_{rs}\boldsymbol{w}_s\left(\tilde{\boldsymbol{H}}_{rs}\boldsymbol{w}_s\right)^{\mathrm{H}}\boldsymbol{W}_r^{\mathrm{H}}\left(\boldsymbol{w}_d^{\mathrm{H}}\tilde{\boldsymbol{H}}_{dr}\right)^{\mathrm{H}}\boldsymbol{w}_d^{\mathrm{H}}\tilde{\boldsymbol{H}}_{dr}\boldsymbol{W}_r\right\}\leqslant$$
$$\mathrm{tr}\left\{\tilde{\boldsymbol{H}}_{rs}\boldsymbol{w}_s\left(\tilde{\boldsymbol{H}}_{rs}\boldsymbol{w}_s\right)^{\mathrm{H}}\right\}\mathrm{tr}\left\{\boldsymbol{W}_r^{\mathrm{H}}\left(\boldsymbol{w}_d^{\mathrm{H}}\tilde{\boldsymbol{H}}_{dr}\right)^{\mathrm{H}}\boldsymbol{w}_d^{\mathrm{H}}\tilde{\boldsymbol{H}}_{dr}\boldsymbol{W}_r\right\} \tag{4-33}$$

将式（4-33）代入式（4-31），可以得到

$$\gamma\leqslant\frac{c_1\mathrm{tr}\left\{\tilde{\boldsymbol{H}}_{rs}\boldsymbol{w}_s\left(\tilde{\boldsymbol{H}}_{rs}\boldsymbol{w}_s\right)^{\mathrm{H}}\right\}\mathrm{tr}\left\{\boldsymbol{W}_r^{\mathrm{H}}\left(\boldsymbol{w}_d^{\mathrm{H}}\tilde{\boldsymbol{H}}_{dr}\right)^{\mathrm{H}}\boldsymbol{w}_d^{\mathrm{H}}\tilde{\boldsymbol{H}}_{dr}\boldsymbol{W}_r\right\}}{c_2\mathrm{tr}\left\{\boldsymbol{w}_s^{\mathrm{H}}\tilde{\boldsymbol{H}}_{rs}^{\mathrm{H}}\boldsymbol{W}_r^{\mathrm{H}}\boldsymbol{W}_r\tilde{\boldsymbol{H}}_{rs}\boldsymbol{w}_s\right\}+c_3\mathrm{tr}\left\{\left(\boldsymbol{w}_d^{\mathrm{H}}\tilde{\boldsymbol{H}}_{dr}\right)^{\mathrm{H}}\boldsymbol{w}_d^{\mathrm{H}}\tilde{\boldsymbol{H}}_{dr}\boldsymbol{W}_r\boldsymbol{W}_r^{\mathrm{H}}\right\}+c_4\mathrm{tr}\left\{\boldsymbol{W}_r^{\mathrm{H}}\boldsymbol{W}_r\right\}+\sigma_d^2}=$$
$$\frac{c_1\mathrm{tr}\left\{\tilde{\boldsymbol{H}}_{rs}\boldsymbol{w}_s\left(\tilde{\boldsymbol{H}}_{rs}\boldsymbol{w}_s\right)^{\mathrm{H}}\right\}\mathrm{tr}\left\{\left(\boldsymbol{w}_d^{\mathrm{H}}\tilde{\boldsymbol{H}}_{dr}\right)^{\mathrm{H}}\boldsymbol{w}_d^{\mathrm{H}}\tilde{\boldsymbol{H}}_{dr}\boldsymbol{W}_r\boldsymbol{W}_r^{\mathrm{H}}\right\}}{c_2\mathrm{tr}\left\{\tilde{\boldsymbol{H}}_{rs}\boldsymbol{w}_s\left(\tilde{\boldsymbol{H}}_{rs}\boldsymbol{w}_s\right)^{\mathrm{H}}\boldsymbol{W}_r^{\mathrm{H}}\boldsymbol{W}_r\right\}+c_3\mathrm{tr}\left\{\left(\boldsymbol{w}_d^{\mathrm{H}}\tilde{\boldsymbol{H}}_{dr}\right)^{\mathrm{H}}\boldsymbol{w}_d^{\mathrm{H}}\tilde{\boldsymbol{H}}_{dr}\boldsymbol{W}_r\boldsymbol{W}_r^{\mathrm{H}}\right\}+c_4\mathrm{tr}\left\{\boldsymbol{W}_r^{\mathrm{H}}\boldsymbol{W}_r\right\}+\sigma_d^2}=\gamma_{u1} \tag{4-34}$$

根据特征值分解，式（4-34）中的 $\tilde{\boldsymbol{H}}_{rs}\boldsymbol{w}_s\left(\tilde{\boldsymbol{H}}_{rs}\boldsymbol{w}_s\right)^{\mathrm{H}}$ 可以表示为

$$\tilde{\boldsymbol{H}}_{rs}\boldsymbol{w}_s\left(\tilde{\boldsymbol{H}}_{rs}\boldsymbol{w}_s\right)^{\mathrm{H}}=\tilde{\boldsymbol{U}}_s\tilde{\boldsymbol{D}}_s\tilde{\boldsymbol{U}}_s^{\mathrm{H}} \tag{4-35a}$$

$$\tilde{\boldsymbol{D}}_s=\operatorname{diag}\left(\left\|\tilde{\boldsymbol{H}}_{rs}\boldsymbol{w}_s\right\|_{\mathrm{F}}^2,0,\cdots,0\right) \tag{4-35b}$$

其中，$\tilde{\boldsymbol{U}}_s=\left[\tilde{\boldsymbol{u}}_{s,1},\tilde{\boldsymbol{u}}_{s,2},\cdots,\tilde{\boldsymbol{u}}_{s,N_r}\right]$是酉矩阵且满足 $\tilde{\boldsymbol{u}}_{s,1}=\tilde{\boldsymbol{H}}_{rs}\boldsymbol{w}_s\Big/\left\|\tilde{\boldsymbol{H}}_{rs}\boldsymbol{w}_s\right\|_{\mathrm{F}}$。同样对 $\left(\boldsymbol{w}_d^{\mathrm{H}}\tilde{\boldsymbol{H}}_{dr}\right)^{\mathrm{H}}\boldsymbol{w}_d^{\mathrm{H}}\tilde{\boldsymbol{H}}_{dr}$ 进行特征值分解，可以得到

$$\left(\boldsymbol{w}_d^{\mathrm{H}}\tilde{\boldsymbol{H}}_{dr}\right)^{\mathrm{H}}\boldsymbol{w}_d^{\mathrm{H}}\tilde{\boldsymbol{H}}_{dr}=\tilde{\boldsymbol{U}}_d\tilde{\boldsymbol{D}}_d\tilde{\boldsymbol{U}}_d^{\mathrm{H}} \tag{4-36a}$$

$$\tilde{\boldsymbol{D}}_d=\operatorname{diag}\left(\left\|\boldsymbol{w}_d^{\mathrm{H}}\tilde{\boldsymbol{H}}_{dr}\right\|_{\mathrm{F}}^2,0,\cdots,0\right) \tag{4-36b}$$

其中，$\tilde{\boldsymbol{U}}_d=\left[\tilde{\boldsymbol{u}}_{d,1},\tilde{\boldsymbol{u}}_{d,2},\cdots,\tilde{\boldsymbol{u}}_{d,N_r}\right]$是酉矩阵且满足 $\tilde{\boldsymbol{u}}_{d,1}=\left(\boldsymbol{w}_d^{\mathrm{H}}\tilde{\boldsymbol{H}}_{dr}\right)^{\mathrm{H}}\Big/\left\|\boldsymbol{w}_d^{\mathrm{H}}\tilde{\boldsymbol{H}}_{dr}\right\|_{\mathrm{F}}$。在对 $\boldsymbol{W}_r\boldsymbol{W}_r^{\mathrm{H}}$ 和 $\boldsymbol{W}_r^{\mathrm{H}}\boldsymbol{W}_r$ 进行特征值分解之前，先对 $\boldsymbol{W}_r$ 进行奇异值分解

$$\boldsymbol{W}_r=\boldsymbol{U}_r\boldsymbol{\varLambda}_r\boldsymbol{V}_r^{\mathrm{H}} \tag{4-37a}$$

$$\varLambda_r=\operatorname{diag}\left(\delta_1,\delta_2,\cdots,\delta_{N_r}\right) \tag{4-37b}$$

其中，$\boldsymbol{U}_r$ 和 $\boldsymbol{V}_r$ 都是酉矩阵，$\boldsymbol{\varLambda}_r$ 是对角阵且满足 $\delta_1\geqslant\delta_2\geqslant\cdots\geqslant\delta_{Nr}\geqslant 0$。根据式（4-37），可以得到

$$\boldsymbol{W}_r\boldsymbol{W}_r^{\mathrm{H}}=\boldsymbol{U}_r\boldsymbol{D}_r\boldsymbol{U}_r^{\mathrm{H}} \tag{4-38a}$$

$$\boldsymbol{D}_r=\operatorname{diag}\left(\delta_1^2,\delta_2^2,\cdots,\delta_{N_r}^2\right) \tag{4-38b}$$

$$\boldsymbol{W}_r^{\mathrm{H}}\boldsymbol{W}_r=\boldsymbol{V}_r\boldsymbol{D}_r\boldsymbol{V}_r^{\mathrm{H}} \tag{4-39a}$$

$$\boldsymbol{D}_r=\operatorname{diag}\left(\delta_1^2,\delta_2^2,\cdots,\delta_{N_r}^2\right) \tag{4-39b}$$

将式（4-35）、式（4-36）、式（4-38）和式（4-39）代入式（4-34），可以得到

$$\gamma_{u1}=\frac{c_1\operatorname{tr}\left\{\tilde{\boldsymbol{D}}_s\right\}\operatorname{tr}\left(\tilde{\boldsymbol{U}}_d\tilde{\boldsymbol{D}}_d\tilde{\boldsymbol{U}}_d^{\mathrm{H}}\boldsymbol{U}_r\boldsymbol{D}_r\boldsymbol{U}_r^{\mathrm{H}}\right)}{c_2\operatorname{tr}\left(\tilde{\boldsymbol{U}}_s\tilde{\boldsymbol{D}}_s\tilde{\boldsymbol{U}}_s^{\mathrm{H}}\boldsymbol{V}_r\boldsymbol{D}_r\boldsymbol{V}_r^{\mathrm{H}}\right)+c_3\operatorname{tr}\left(\tilde{\boldsymbol{U}}_d\tilde{\boldsymbol{D}}_d\tilde{\boldsymbol{U}}_d^{\mathrm{H}}\boldsymbol{U}_r\boldsymbol{D}_r\boldsymbol{U}_r^{\mathrm{H}}\right)+c_4\operatorname{tr}\left\{\boldsymbol{D}_r\right\}+\sigma_d^2} \tag{4-40}$$

在给定式（4-35）和式（4-36）参数的前提下，首先求解最优的式（4-37）中 $\boldsymbol{W}_r$ 的参数以最大化式（4-40）中的 γ_{u1}。由于 γ_{u1} 随着 $\operatorname{tr}\left\{\tilde{\boldsymbol{U}}_d\tilde{\boldsymbol{D}}_d\tilde{\boldsymbol{U}}_d^{\mathrm{H}}\boldsymbol{U}_r\boldsymbol{D}_r\boldsymbol{U}_r^{\mathrm{H}}\right\}$的增大而增大，因此首先寻找能最大化 $\operatorname{tr}\left\{\tilde{\boldsymbol{U}}_d\tilde{\boldsymbol{D}}_d\tilde{\boldsymbol{U}}_d^{\mathrm{H}}\boldsymbol{U}_r\boldsymbol{D}_r\boldsymbol{U}_r^{\mathrm{H}}\right\}$的 $\boldsymbol{U}_r$。在此之前，首先引入以下引理[5]。

假设 $\boldsymbol{A}$ 和 $\boldsymbol{B}$ 是两个半正定的 Hermitian 矩阵，对它们进行特征值分解得到

$\boldsymbol{A}=\boldsymbol{U}_A\boldsymbol{D}_A\boldsymbol{U}_A^{\mathrm{H}}$ 和 $\boldsymbol{B}=\boldsymbol{U}_B\boldsymbol{D}_B\boldsymbol{U}_B^{\mathrm{H}}$，则以下不等式成立。

$$\mathrm{tr}(\boldsymbol{AB})\leqslant\mathrm{tr}(\boldsymbol{D}_A\boldsymbol{D}_B) \tag{4-41}$$

等式成立必须满足以下条件，即

$$\boldsymbol{U}_A=\boldsymbol{U}_B \tag{4-42}$$

根据式(4-36a)和式(4-38a)，将 $\boldsymbol{A}=\tilde{\boldsymbol{U}}_d\tilde{\boldsymbol{D}}_d\tilde{\boldsymbol{U}}_d^{\mathrm{H}}$ 和 $\boldsymbol{B}=\boldsymbol{U}_r\boldsymbol{D}_r\boldsymbol{U}_r^{\mathrm{H}}$ 代入式(4-41)，可以得到使 γ_{u1} 最大的条件是

$$\boldsymbol{U}_r=\tilde{\boldsymbol{U}}_d \tag{4-43}$$

因此，式（4-37a）中 $\boldsymbol{W}_r$ 的左奇异矩阵 $\boldsymbol{U}_r$ 已经得出，但是右奇异矩阵 $\boldsymbol{V}_r$ 尚未求解。将式（4-31）重新表示为

$$\gamma=\frac{c_1\mathrm{tr}\left\{\boldsymbol{W}_r\tilde{\boldsymbol{H}}_{rs}\boldsymbol{w}_s\left(\tilde{\boldsymbol{H}}_{rs}\boldsymbol{w}_s\right)^{\mathrm{H}}\boldsymbol{W}_r^{\mathrm{H}}\tilde{\boldsymbol{H}}_{dr}^{\mathrm{H}}\boldsymbol{w}_d\boldsymbol{w}_d^{\mathrm{H}}\tilde{\boldsymbol{H}}_{ds}\right\}}{c_2\mathrm{tr}\left\{\boldsymbol{w}_s^{\mathrm{H}}\tilde{\boldsymbol{H}}_{rs}^{\mathrm{H}}\boldsymbol{W}_r^{\mathrm{H}}\boldsymbol{W}_r\tilde{\boldsymbol{H}}_{rs}\boldsymbol{w}_s\right\}+c_3\mathrm{tr}\left\{\left(\boldsymbol{w}_d^{\mathrm{H}}\tilde{\boldsymbol{H}}_{ds}\right)^{\mathrm{H}}\boldsymbol{w}_d^{\mathrm{H}}\tilde{\boldsymbol{H}}_{dr}\boldsymbol{W}_r\boldsymbol{W}_r^{\mathrm{H}}\right\}+c_4\mathrm{tr}\left\{\boldsymbol{W}_r^{\mathrm{H}}\boldsymbol{W}_r\right\}+\sigma_d^2} \tag{4-44}$$

将 $\boldsymbol{A}=\boldsymbol{W}_r\tilde{\boldsymbol{H}}_{rs}\boldsymbol{w}_s\left(\tilde{\boldsymbol{H}}_{rs}\boldsymbol{w}_s\right)^{\mathrm{H}}\boldsymbol{W}_r^{\mathrm{H}}$ 和 $\boldsymbol{B}=\tilde{\boldsymbol{H}}_{dr}^{\mathrm{H}}\boldsymbol{w}_d\boldsymbol{w}_d^{\mathrm{H}}\tilde{\boldsymbol{H}}_{dr}$ 代入式（4-32），式（4-44）中分子的上界可以表示为

$$\begin{aligned}&\mathrm{tr}\left\{\boldsymbol{W}_r\tilde{\boldsymbol{H}}_{rs}\boldsymbol{w}_s\left(\tilde{\boldsymbol{H}}_{rs}\boldsymbol{w}_s\right)^{\mathrm{H}}\boldsymbol{W}_r^{\mathrm{H}}\tilde{\boldsymbol{H}}_{dr}^{\mathrm{H}}\boldsymbol{w}_d\boldsymbol{w}_d^{\mathrm{H}}\tilde{\boldsymbol{H}}_{dr}\right\}\leqslant\\&\mathrm{tr}\left\{\boldsymbol{W}_r\tilde{\boldsymbol{H}}_{rs}\boldsymbol{w}_s\left(\tilde{\boldsymbol{H}}_{rs}\boldsymbol{w}_s\right)^{\mathrm{H}}\boldsymbol{W}_r^{\mathrm{H}}\right\}\mathrm{tr}\left\{\tilde{\boldsymbol{H}}_{dr}^{\mathrm{H}}\boldsymbol{w}_d\boldsymbol{w}_d^{\mathrm{H}}\tilde{\boldsymbol{H}}_{dr}\right\}\end{aligned} \tag{4-45}$$

将式（4-45）代入式（4-44），可以得到

$$\begin{aligned}\gamma&\leqslant\frac{c_1\mathrm{tr}\left\{\boldsymbol{W}_r\tilde{\boldsymbol{H}}_{rs}\boldsymbol{w}_s\left(\tilde{\boldsymbol{H}}_{rs}\boldsymbol{w}_s\right)^{\mathrm{H}}\boldsymbol{W}_r^{\mathrm{H}}\right\}\mathrm{tr}\left\{\tilde{\boldsymbol{H}}_{dr}^{\mathrm{H}}\boldsymbol{w}_d\boldsymbol{w}_d^{\mathrm{H}}\tilde{\boldsymbol{H}}_{dr}\right\}}{c_2\mathrm{tr}\left\{\boldsymbol{w}_s^{\mathrm{H}}\tilde{\boldsymbol{H}}_{rs}^{\mathrm{H}}\boldsymbol{W}_r^{\mathrm{H}}\boldsymbol{W}_r\tilde{\boldsymbol{H}}_{rs}\boldsymbol{w}_s\right\}+c_3\mathrm{tr}\left\{\left(\boldsymbol{w}_d^{\mathrm{H}}\tilde{\boldsymbol{H}}_{dr}\right)^{\mathrm{H}}\boldsymbol{w}_d^{\mathrm{H}}\tilde{\boldsymbol{H}}_{dr}\boldsymbol{W}_r\boldsymbol{W}_r^{\mathrm{H}}\right\}+c_4\mathrm{tr}\left\{\boldsymbol{W}_r^{\mathrm{H}}\boldsymbol{W}_r\right\}+\sigma_d^2}=\\&\frac{c_1\mathrm{tr}\left\{\tilde{\boldsymbol{H}}_{rs}\boldsymbol{w}_s\left(\tilde{\boldsymbol{H}}_{rs}\boldsymbol{w}_s\right)^{\mathrm{H}}\boldsymbol{W}_r^{\mathrm{H}}\boldsymbol{W}_r\right\}\mathrm{tr}\left\{\left(\boldsymbol{w}_d^{\mathrm{H}}\tilde{\boldsymbol{H}}_{dr}\right)^{\mathrm{H}}\boldsymbol{w}_d^{\mathrm{H}}\tilde{\boldsymbol{H}}_{dr}\right\}}{c_2\mathrm{tr}\left\{\tilde{\boldsymbol{H}}_{rs}\boldsymbol{w}_s\left(\tilde{\boldsymbol{H}}_{rs}\boldsymbol{w}_s\right)^{\mathrm{H}}\boldsymbol{W}_r^{\mathrm{H}}\boldsymbol{W}_r\right\}+c_3\mathrm{tr}\left\{\left(\boldsymbol{w}_d^{\mathrm{H}}\tilde{\boldsymbol{H}}_{dr}\right)^{\mathrm{H}}\boldsymbol{w}_d^{\mathrm{H}}\tilde{\boldsymbol{H}}_{dr}\boldsymbol{W}_r\boldsymbol{W}_r^{\mathrm{H}}\right\}+c_4\mathrm{tr}\left\{\boldsymbol{W}_r^{\mathrm{H}}\boldsymbol{W}_r\right\}+\sigma_d^2}=\\&\gamma_{u2}\end{aligned} \tag{4-46}$$

将式（4-35）、式（4-36）、式（4-38）和式（4-39）代入式（4-46），可以得到

$$\gamma_{u2}=\frac{c_1\mathrm{tr}\left(\tilde{\boldsymbol{U}}_s\tilde{\boldsymbol{D}}_s\tilde{\boldsymbol{U}}_s^{\mathrm{H}}\boldsymbol{V}_r\boldsymbol{D}_r\boldsymbol{V}_r^{\mathrm{H}}\right)\mathrm{tr}\left\{\tilde{\boldsymbol{D}}_d\right\}}{c_2\mathrm{tr}\left(\tilde{\boldsymbol{U}}_s\tilde{\boldsymbol{D}}_s\tilde{\boldsymbol{U}}_s^{\mathrm{H}}\boldsymbol{V}_r\boldsymbol{D}_r\boldsymbol{V}_r^{\mathrm{H}}\right)+c_3\mathrm{tr}\left(\tilde{\boldsymbol{U}}_d\tilde{\boldsymbol{D}}_d\tilde{\boldsymbol{U}}_d^{\mathrm{H}}\boldsymbol{U}_r\boldsymbol{D}_r\boldsymbol{U}_r^{\mathrm{H}}\right)+c_4\mathrm{tr}\left\{\boldsymbol{D}_r\right\}+\sigma_d^2} \tag{4-47}$$

由于 γ_{u2} 随着的 $\mathrm{tr}\left\{\tilde{\boldsymbol{U}}_s\tilde{\boldsymbol{D}}_s\tilde{\boldsymbol{U}}_s^{\mathrm{H}}\boldsymbol{V}_r\boldsymbol{D}_r\boldsymbol{V}_r^{\mathrm{H}}\right\}$ 增大而增大，需要求解最优的 $\boldsymbol{V}_r$ 以最大化 $\mathrm{tr}\left\{\tilde{\boldsymbol{U}}_s\tilde{\boldsymbol{D}}_s\tilde{\boldsymbol{U}}_s^{\mathrm{H}}\boldsymbol{V}_r\boldsymbol{D}_r\boldsymbol{V}_r^{\mathrm{H}}\right\}$。根据式（4-35a）和式（4-39a），将 $\boldsymbol{A}=\tilde{\boldsymbol{U}}_s\tilde{\boldsymbol{D}}_s\tilde{\boldsymbol{U}}_s^{\mathrm{H}}$ 和

$\boldsymbol{B}=\boldsymbol{V}_r\boldsymbol{D}_r\boldsymbol{V}_r^{\mathrm{H}}$ 代入式（4-41），可以得到使 γ_{u2} 最大的条件是

$$\boldsymbol{V}_r=\tilde{\boldsymbol{U}}_s \tag{4-48}$$

为了得到 γ_{u1} 的最大值，不仅需要满足式（4-43），还要满足式（4-33）。将式（4-35a）、式（4-36a）、式（4-37a）、式（4-43a）和式（4-48a）代入式（4-33），得到

$$\begin{aligned}&\mathrm{tr}\left\{\tilde{\boldsymbol{H}}_{rs}\boldsymbol{w}_s\left(\tilde{\boldsymbol{H}}_{rs}\boldsymbol{w}_s\right)^{\mathrm{H}}\boldsymbol{W}_r^{\mathrm{H}}\left(\boldsymbol{w}_d^{\mathrm{H}}\tilde{\boldsymbol{H}}_{dr}\right)^{\mathrm{H}}\boldsymbol{w}_d^{\mathrm{H}}\tilde{\boldsymbol{H}}_{dr}\boldsymbol{W}_r\right\}=\\&\mathrm{tr}\left\{\tilde{\boldsymbol{U}}_s\tilde{\boldsymbol{D}}_s\boldsymbol{\Lambda}_r\tilde{\boldsymbol{D}}_d\boldsymbol{\Lambda}_r\tilde{\boldsymbol{U}}_s^{\mathrm{H}}\right\}=\\&\mathrm{tr}\left\{\left\|\tilde{\boldsymbol{H}}_{rs}\boldsymbol{w}_s\right\|_{\mathrm{F}}^2\delta_1^2\left\|\boldsymbol{w}_d^{\mathrm{H}}\tilde{\boldsymbol{H}}_{dr}\right\|_{\mathrm{F}}^2\right\}=\\&\mathrm{tr}\left\{\left\|\tilde{\boldsymbol{H}}_{rs}\boldsymbol{w}_s\right\|_{\mathrm{F}}^2\right\}\mathrm{tr}\left\{\delta_1^2\left\|\boldsymbol{w}_d^{\mathrm{H}}\tilde{\boldsymbol{H}}_{dr}\right\|_{\mathrm{F}}^2\right\}=\\&\mathrm{tr}\left\{\tilde{\boldsymbol{H}}_{rs}\boldsymbol{w}_s\left(\tilde{\boldsymbol{H}}_{rs}\boldsymbol{w}_s\right)^{\mathrm{H}}\right\}\mathrm{tr}\left\{\boldsymbol{W}_r^{\mathrm{H}}\left(\boldsymbol{w}_d^{\mathrm{H}}\tilde{\boldsymbol{H}}_{dr}\right)^{\mathrm{H}}\boldsymbol{w}_d^{\mathrm{H}}\tilde{\boldsymbol{H}}_{dr}\boldsymbol{W}_r\right\}\end{aligned} \tag{4-49}$$

因此式（4-33）的等式满足。同理，为了得到 γ_{u2} 的最大值，不仅需要满足式（4-48），还要满足式（4-45）。将式（4-35a）、式（4-36a）、式（4-37a）、式（4-43a）和式（4-48a）代入式（4-45），得到

$$\begin{aligned}&\mathrm{tr}\left\{\boldsymbol{W}_r\tilde{\boldsymbol{H}}_{rs}\boldsymbol{w}_s\left(\tilde{\boldsymbol{H}}_{rs}\boldsymbol{w}_s\right)^{\mathrm{H}}\boldsymbol{W}_r^{\mathrm{H}}\tilde{\boldsymbol{H}}_{dr}^{\mathrm{H}}\boldsymbol{w}_d\boldsymbol{w}_d^{\mathrm{H}}\tilde{\boldsymbol{H}}_{dr}\right\}=\\&\mathrm{tr}\left\{\tilde{\boldsymbol{U}}_d\tilde{\boldsymbol{D}}_s\boldsymbol{\Lambda}_r\tilde{\boldsymbol{D}}_d\boldsymbol{\Lambda}_r\boldsymbol{U}_d^{\mathrm{H}}\right\}=\\&\mathrm{tr}\left\{\left\|\tilde{\boldsymbol{H}}_{rs}\boldsymbol{w}_s\right\|_{\mathrm{F}}^2\delta_1^2\left\|\boldsymbol{w}_d^{\mathrm{H}}\tilde{\boldsymbol{H}}_{dr}\right\|_{\mathrm{F}}^2\right\}=\\&\mathrm{tr}\left\{\left\|\tilde{\boldsymbol{H}}_{rs}\boldsymbol{w}_s\right\|_{\mathrm{F}}^2\delta_1^2\right\}\mathrm{tr}\left\{\left\|\boldsymbol{w}_d^{\mathrm{H}}\tilde{\boldsymbol{H}}_{dr}\right\|_{\mathrm{F}}^2\right\}=\\&\mathrm{tr}\left\{\boldsymbol{W}_r\tilde{\boldsymbol{H}}_{rs}\boldsymbol{w}_s\left(\tilde{\boldsymbol{H}}_{rs}\boldsymbol{w}_s\right)^{\mathrm{H}}\boldsymbol{W}_r^{\mathrm{H}}\right\}\mathrm{tr}\left\{\tilde{\boldsymbol{H}}_{dr}^{\mathrm{H}}\boldsymbol{w}_d\boldsymbol{w}_d^{\mathrm{H}}\tilde{\boldsymbol{H}}_{dr}\right\}\end{aligned} \tag{4-50}$$

因此式（4-45）的等式满足。能使 γ_{u1} 和 γ_{u2} 同时最大化的 $\boldsymbol{W}_r$ 满足

$$\boldsymbol{W}_r=\tilde{\boldsymbol{U}}_d\boldsymbol{\Lambda}_r\tilde{\boldsymbol{U}}_s^{\mathrm{H}} \tag{4-51}$$

在式（4-51）成立的条件下，最大的目的端信干噪比 $\gamma=\gamma_{u1}=\gamma_{u2}$，将式（4-43）和式（4-48）代入式（4-40）可以得到

$$\gamma=\frac{c_1\left\|\tilde{\boldsymbol{H}}_{rs}\boldsymbol{w}_s\right\|_{\mathrm{F}}^2\left\|\boldsymbol{w}_d^{\mathrm{H}}\tilde{\boldsymbol{H}}_{dr}\right\|_{\mathrm{F}}^2\delta_1^2}{c_2\left\|\tilde{\boldsymbol{H}}_{rs}\boldsymbol{w}_s\right\|_{\mathrm{F}}^2\delta_1^2+c_3\left\|\boldsymbol{w}_d^{\mathrm{H}}\tilde{\boldsymbol{H}}_{dr}\right\|_{\mathrm{F}}^2\delta_1^2+c_4\sum_{i=1}^{N_r}\delta_i^2+\sigma_d^2} \tag{4-52}$$

将式（4-35a）和式（4-51）代入式（4-17b），可以得到

$$P_s|\rho_1|^2\left\|\tilde{\boldsymbol{H}}_{rs}\boldsymbol{w}_s\right\|_{\mathrm{F}}^2\delta_1^2+\left[P_s\left(1-|\rho_1|^2\right)+\sigma_r^2\right]\sum_{i=1}^{N_r}\delta_i^2=P_r \tag{4-53}$$

式（4-53）可以表示为

$$\sum_{i=1}^{N_r}\delta_i^2=\frac{P_r}{P_s\left(1-|\rho_1|^2\right)+\sigma_r^2}-\frac{P_s|\rho_1|^2\left\|\tilde{\boldsymbol{H}}_{rs}\boldsymbol{w}_s\right\|_{\mathrm{F}}^2}{P_s\left(1-|\rho_1|^2\right)+\sigma_r^2}\delta_1^2 \tag{4-54}$$

将式（4-54）代入式（4-52），目的端的信干噪比可以表示为

$$\begin{aligned}\gamma&=\frac{c_1\left\|\tilde{\boldsymbol{H}}_{rs}\boldsymbol{w}_s\right\|_{\mathrm{F}}^2\left\|\boldsymbol{w}_d^{\mathrm{H}}\tilde{\boldsymbol{H}}_{dr}\right\|_{\mathrm{F}}^2\delta_1^2}{\left(c_2\left\|\tilde{\boldsymbol{H}}_{rs}\boldsymbol{w}_s\right\|_{\mathrm{F}}^2+c_3\left\|\boldsymbol{w}_d^{\mathrm{H}}\tilde{\boldsymbol{H}}_{dr}\right\|_{\mathrm{F}}^2\right)\delta_1^2+c_4\left(\dfrac{P_r}{P_s\left(1-|\rho_1|^2\right)+\sigma_r^2}-\dfrac{P_s|\rho_1|^2\left\|\tilde{\boldsymbol{H}}_{rs}\boldsymbol{w}_s\right\|_{\mathrm{F}}^2}{P_s\left(1-|\rho_1|^2\right)+\sigma_r^2}\delta_1^2\right)+\sigma_d^2}=\\&\frac{c_1\left\|\tilde{\boldsymbol{H}}_{rs}\boldsymbol{w}_s\right\|_{\mathrm{F}}^2\left\|\boldsymbol{w}_d^{\mathrm{H}}\tilde{\boldsymbol{H}}_{dr}\right\|_{\mathrm{F}}^2\delta_1^2}{\left(c_2\left\|\tilde{\boldsymbol{H}}_{rs}\boldsymbol{w}_s\right\|_{\mathrm{F}}^2+c_3\left\|\boldsymbol{w}_d^{\mathrm{H}}\tilde{\boldsymbol{H}}_{dr}\right\|_{\mathrm{F}}^2-\dfrac{c_4P_s|\rho_1|^2\left\|\tilde{\boldsymbol{H}}_{rs}\boldsymbol{w}_s\right\|_{\mathrm{F}}^2}{P_s\left(1-|\rho_1|^2\right)+\sigma_r^2}\right)\delta_1^2+\dfrac{c_4P_r}{P_s\left(1-|\rho_1|^2\right)+\sigma_r^2}+\sigma_d^2}\end{aligned} \tag{4-55}$$

由于 $c_2=P_s|\rho_1|^2\left(1-|\rho_2|^2\right)$ 和 $c_4=\left(1-|\rho_2|^2\right)\left[P_s\left(1-|\rho_1|^2\right)+\sigma_r^2\right]$，可以得到

$$c_2\left\|\tilde{\boldsymbol{H}}_{rs}\boldsymbol{w}_s\right\|_{\mathrm{F}}^2-\frac{c_4P_s|\rho_1|^2\left\|\tilde{\boldsymbol{H}}_{rs}\boldsymbol{w}_s\right\|_{\mathrm{F}}^2}{P_s\left(1-|\rho_1|^2\right)+\sigma_r^2}=0 \tag{4-56}$$

因此，式（4-55）可以重新表示为

$$\gamma=\frac{c_1\left\|\tilde{\boldsymbol{H}}_{rs}\boldsymbol{w}_s\right\|_{\mathrm{F}}^2\left\|\boldsymbol{w}_d^{\mathrm{H}}\tilde{\boldsymbol{H}}_{dr}\right\|_{\mathrm{F}}^2\delta_1^2}{c_3\left\|\boldsymbol{w}_d^{\mathrm{H}}\tilde{\boldsymbol{H}}_{dr}\right\|_{\mathrm{F}}^2\delta_1^2+\dfrac{c_4P_r}{P_s\left(1-|\rho_1|^2\right)+\sigma_r^2}+\sigma_d^2} \tag{4-57}$$

由于 γ 随着 δ_1^2 的增大而增大，因此首先求解 δ_1^2 的最大值。根据式（4-53），δ_1^2 可以表示为

$$\delta_1^2=\frac{P_r}{P_s|\rho_1|^2\left\|\tilde{\boldsymbol{H}}_{rs}\boldsymbol{w}_s\right\|_{\mathrm{F}}^2+\left(P_s\left(1-|\rho_1|^2\right)\right)+\sigma_r^2}-\frac{P_s\left(1-|\rho_1|^2\right)+\sigma_r^2}{P_s|\rho_1|^2\left\|\tilde{\boldsymbol{H}}_{rs}\boldsymbol{w}_s\right\|_{\mathrm{F}}^2+\left(P_s\left(1-|\rho_1|^2\right)+\sigma_r^2\right)}\sum_{i=2}^{N_r}\delta_i^2 \tag{4-58}$$

当 $\sum_{i=2}^{N_r}\delta_i^2=0$ 时，δ_1^2 的最大值可以表示为

$$\delta_1^2=\frac{P_r}{P_s|\rho_1|^2\left\|\tilde{\boldsymbol{H}}_{rs}\boldsymbol{w}_s\right\|_{\mathrm{F}}^2+\left(P_s\left(1-|\rho_1|^2\right)+\sigma_r^2\right)} \tag{4-59}$$

式（4-37b）的 $\boldsymbol{\Lambda}_r$ 可以表示为

$$\boldsymbol{\Lambda}_r = \mathrm{diag}\left(\sqrt{\frac{P_r}{P_s|\rho_1|^2\left\|\tilde{\boldsymbol{H}}_{rs}\boldsymbol{w}_s\right\|_{\mathrm{F}}^2 + \left(P_s\left(1-|\rho_1|^2\right)+\sigma_r^2\right)}}, 0, \cdots, 0\right) \tag{4-60}$$

将式（4-35a）、式（4-36a）和式（4-60）代入式（4-51），可以得到

$$\boldsymbol{W}_r^{\mathrm{opt}} = \sqrt{\frac{P_r}{P_s|\rho_1|^2\left\|\tilde{\boldsymbol{H}}_{rs}\boldsymbol{w}_s\right\|_{\mathrm{F}}^2 + \left(P_s\left(1-|\rho_1|^2\right)+\sigma_r^2\right)}} \frac{\tilde{\boldsymbol{H}}_{dr}^{\mathrm{H}}\boldsymbol{w}_d\boldsymbol{w}_s^{\mathrm{H}}\tilde{\boldsymbol{H}}_{rs}^{\mathrm{H}}}{\left\|\boldsymbol{w}_d^{\mathrm{H}}\tilde{\boldsymbol{H}}_{dr}\right\|_{\mathrm{F}}\left\|\tilde{\boldsymbol{H}}_{rs}\boldsymbol{w}_s\right\|_{\mathrm{F}}} \tag{4-61}$$

将式（4-15）中的 $c_1 \sim c_2$ 和式（4-61）代入式（4-17a），可以得到

$$\begin{aligned}
\gamma &= P_s|\rho_1|^2\left\|\tilde{\boldsymbol{H}}_{rs}\boldsymbol{w}_s\right\|_{\mathrm{F}}^2 P_r|\rho_2|^2\left\|\boldsymbol{w}_d^{\mathrm{H}}\tilde{\boldsymbol{H}}_{dr}\right\|_{\mathrm{F}}^2 \Big/ \Big[\left[P_s\left(1-|\rho_1|^2\right)+\sigma_r^2\right]P_r|\rho_2|^2\left\|\boldsymbol{w}_d^{\mathrm{H}}\tilde{\boldsymbol{H}}_{dr}\right\|_{\mathrm{F}}^2 + \\
&\quad \left[P_r\left(1-|\rho_2|^2\right)+\sigma_d^2\right]\left[P_s|\rho_1|^2\left\|\tilde{\boldsymbol{H}}_{rs}\boldsymbol{w}_s\right\|_{\mathrm{F}}^2 + P_s\left(1-|\rho_1|^2\right)+\sigma_r^2\right]\Big] = \\
&\quad P_s|\rho_1|^2\left\|\tilde{\boldsymbol{H}}_{rs}\boldsymbol{w}_s\right\|_{\mathrm{F}}^2 P_r|\rho_2|^2\left\|\boldsymbol{w}_d^{\mathrm{H}}\tilde{\boldsymbol{H}}_{dr}\right\|_{\mathrm{F}}^2 \Big/ \Big[\left[P_r\left(1-|\rho_2|^2\right)+\sigma_d^2\right]P_s|\rho_1|^2\left\|\tilde{\boldsymbol{H}}_{rs}\boldsymbol{w}_s\right\|_{\mathrm{F}}^2 + \\
&\quad \left[P_s\left(1-|\rho_1|^2\right)+\sigma_r^2\right]P_r|\rho_2|^2\left\|\boldsymbol{w}_d^{\mathrm{H}}\tilde{\boldsymbol{H}}_{dr}\right\|_{\mathrm{F}}^2 + \left[P_s\left(1-|\rho_1|^2\right)+\sigma_r^2\right]\left[P_r\left(1-|\rho_2|^2\right)+\sigma_d^2\right]\Big] = \\
&\quad \frac{\dfrac{P_s|\rho_1|^2}{P_s\left(1-|\rho_1|^2\right)+\sigma_r^2}\left\|\tilde{\boldsymbol{H}}_{rs}\boldsymbol{w}_s\right\|_{\mathrm{F}}^2 \dfrac{P_r|\rho_2|^2}{P_r\left(1-|\rho_2|^2\right)+\sigma_d^2}\left\|\boldsymbol{w}_d^{\mathrm{H}}\tilde{\boldsymbol{H}}_{dr}\right\|_{\mathrm{F}}^2}{\dfrac{P_s|\rho_1|^2}{P_s\left(1-|\rho_1|^2\right)+\sigma_r^2}\left\|\tilde{\boldsymbol{H}}_{rs}\boldsymbol{w}_s\right\|_{\mathrm{F}}^2 + \dfrac{P_r|\rho_2|^2}{P_r\left(1-|\rho_2|^2\right)+\sigma_d^2}\left\|\boldsymbol{w}_d^{\mathrm{H}}\tilde{\boldsymbol{H}}_{dr}\right\|_{\mathrm{F}}^2+1} = \\
&\quad \frac{\dfrac{\gamma_s|\rho_1|^2}{\gamma_s\left(1-|\rho_1|^2\right)+1}\left\|\tilde{\boldsymbol{H}}_{rs}\boldsymbol{w}_s\right\|_{\mathrm{F}}^2 \dfrac{\gamma_r|\rho_2|^2}{\gamma_r\left(1-|\rho_2|^2\right)+1}\left\|\boldsymbol{w}_d^{\mathrm{H}}\tilde{\boldsymbol{H}}_{dr}\right\|_{\mathrm{F}}^2}{\dfrac{\gamma_s|\rho_1|^2}{\gamma_s\left(1-|\rho_1|^2\right)+1}\left\|\tilde{\boldsymbol{H}}_{rs}\boldsymbol{w}_s\right\|_{\mathrm{F}}^2 + \dfrac{\gamma_r|\rho_2|^2}{\gamma_r\left(1-|\rho_2|^2\right)+1}\left\|\boldsymbol{w}_d^{\mathrm{H}}\tilde{\boldsymbol{H}}_{dr}\right\|_{\mathrm{F}}^2+1} = \\
&\quad \frac{\hat{\gamma}_s\boldsymbol{w}_s^{\mathrm{H}}\tilde{\boldsymbol{H}}_{rs}^{\mathrm{H}}\tilde{\boldsymbol{H}}_{rs}\boldsymbol{w}_s\hat{\gamma}_r\boldsymbol{w}_d^{\mathrm{H}}\tilde{\boldsymbol{H}}_{dr}\tilde{\boldsymbol{H}}_{dr}^{\mathrm{H}}\boldsymbol{w}_d^{\mathrm{H}}}{\hat{\gamma}_s\boldsymbol{w}_s^{\mathrm{H}}\tilde{\boldsymbol{H}}_{rs}^{\mathrm{H}}\tilde{\boldsymbol{H}}_{rs}\boldsymbol{w}_s + \hat{\gamma}_r\boldsymbol{w}_d^{\mathrm{H}}\tilde{\boldsymbol{H}}_{dr}\tilde{\boldsymbol{H}}_{dr}^{\mathrm{H}}\boldsymbol{w}_d^{\mathrm{H}}+1}
\end{aligned} \tag{4-62}$$

其中，$\hat{\gamma}_s = \dfrac{\gamma_s|\rho_1|^2}{\gamma_s\left(1-|\rho_1|^2\right)+1}$ 和 $\hat{\gamma}_r = \dfrac{\gamma_r|\rho_2|^2}{\gamma_r\left(1-|\rho_2|^2\right)+1}$ 中的 $\gamma_s = P_s/\sigma_r^2$ 和 $\gamma_r = P_r/\sigma_d^2$ 分别是源端和中继端的信噪比。

以式（4-62）为目标函数，式（4-17）的约束优化问题可以等效为

$$\boldsymbol{w}_s = \mathrm{argmax}\,\boldsymbol{w}_s^{\mathrm{H}}\tilde{\boldsymbol{H}}_{rs}^{\mathrm{H}}\tilde{\boldsymbol{H}}_{rs}\boldsymbol{w}_s \qquad \text{s.t.} \qquad \boldsymbol{w}_s^{\mathrm{H}}\boldsymbol{w}_s = 1 \tag{4-63}$$

$$\boldsymbol{w}_d = \mathrm{argmax}\,\boldsymbol{w}_d^{\mathrm{H}}\tilde{\boldsymbol{H}}_{dr}\tilde{\boldsymbol{H}}_{dr}^{\mathrm{H}}\boldsymbol{w}_d \qquad \text{s.t.} \qquad \boldsymbol{w}_d^{\mathrm{H}}\boldsymbol{w}_d = 1 \tag{4-64}$$

先求解式（4-63），对 $\tilde{\boldsymbol{H}}_{rs}^{\mathrm{H}}\tilde{\boldsymbol{H}}_{rs}$ 进行特征值分解，可以得到

$$\tilde{\boldsymbol{H}}_{rs}^{\mathrm{H}}\tilde{\boldsymbol{H}}_{rs}=\tilde{\boldsymbol{U}}_{rs}\tilde{\boldsymbol{D}}_{rs}\tilde{\boldsymbol{U}}_{rs}^{\mathrm{H}} \tag{4-65a}$$

$$\tilde{\boldsymbol{D}}_{rs}=\mathrm{diag}\left(\tilde{\lambda}_{rs,1},\tilde{\lambda}_{rs,2},\cdots,\tilde{\lambda}_{rs,N_s}\right) \tag{4-65b}$$

其中，$\tilde{\boldsymbol{U}}_{dr}=\left[\tilde{\boldsymbol{u}}_{dr,1},\tilde{\boldsymbol{u}}_{dr,2},\cdots,\tilde{\boldsymbol{u}}_{dr,N_d}\right]$ 是酉矩阵，矩阵 $\tilde{\boldsymbol{D}}_{dr}$ 中的特征值按从大到小的顺序排列。由于以下不等式成立，即

$$\boldsymbol{w}_s^{\mathrm{H}}\tilde{\boldsymbol{H}}_{rs}^{\mathrm{H}}\tilde{\boldsymbol{H}}_{rs}\boldsymbol{w}_s\leqslant\tilde{\lambda}_{rs,1} \tag{4-66}$$

则等式成立的条件是

$$\boldsymbol{w}_s=\tilde{\boldsymbol{u}}_{rs,1} \tag{4-67}$$

为了求解式（4-64），对 $\tilde{\boldsymbol{H}}_{dr}\tilde{\boldsymbol{H}}_{dr}^{\mathrm{H}}$ 进行特征值分解，可以得到

$$\tilde{\boldsymbol{H}}_{dr}\tilde{\boldsymbol{H}}_{dr}^{\mathrm{H}}=\tilde{\boldsymbol{U}}_{dr}\tilde{\boldsymbol{D}}_{dr}\tilde{\boldsymbol{U}}_{dr}^{\mathrm{H}} \tag{4-68a}$$

$$\tilde{\boldsymbol{D}}_{dr}=\mathrm{diag}\left(\tilde{\lambda}_{dr,1},\tilde{\lambda}_{dr,2},\cdots,\tilde{\lambda}_{dr,N_d}\right) \tag{4-68b}$$

其中，$\tilde{\boldsymbol{U}}_{dr}=\left[\tilde{\boldsymbol{u}}_{dr,1},\tilde{\boldsymbol{u}}_{dr,2},\cdots,\tilde{\boldsymbol{u}}_{dr,N_d}\right]$ 是酉矩阵，矩阵$\tilde{\boldsymbol{D}}_{dr}$ 中的特征值按从大到小的顺序排列。由于以下不等式成立，即

$$\boldsymbol{w}_d^{\mathrm{H}}\tilde{\boldsymbol{H}}_{dr}\tilde{\boldsymbol{H}}_{dr}^{\mathrm{H}}\boldsymbol{w}_d\leqslant\tilde{\lambda}_{dr,1} \tag{4-69}$$

则等式成立的条件是

$$\boldsymbol{w}_d=\tilde{\boldsymbol{u}}_{dr,1} \tag{4-70}$$

联合考虑式（4-61）、式（4-62）、式（4-66）、式（4-67）、式（4-69）和式（4-70），约束优化问题式（4-17）的最优解是

$$\boldsymbol{W}_r^{\mathrm{opt}}=\sqrt{\frac{P_r}{P_s\left(\left|\rho_1\right|^2\left\|\tilde{\boldsymbol{H}}_{rs}\boldsymbol{w}_s\right\|_{\mathrm{F}}^2+1-\left|\rho_1\right|^2\right)+\sigma_r^2}}\frac{\tilde{\boldsymbol{H}}_{dr}^{\mathrm{H}}\boldsymbol{w}_d\boldsymbol{w}_s^{\mathrm{H}}\tilde{\boldsymbol{H}}_{rs}^{\mathrm{H}}}{\left\|\tilde{\boldsymbol{H}}_{rs}\boldsymbol{w}_s\right\|_{\mathrm{F}}\left\|\tilde{\boldsymbol{H}}_{dr}^{\mathrm{H}}\boldsymbol{w}_d\right\|_{\mathrm{F}}} \tag{4-71a}$$

$$\boldsymbol{w}_s^{\mathrm{opt}}=\tilde{\boldsymbol{u}}_{rs,1} \tag{4-71b}$$

$$\boldsymbol{w}_d^{\mathrm{opt}}=\tilde{\boldsymbol{u}}_{dr,1} \tag{4-71c}$$

$$\gamma_{\max}=\frac{\hat{\gamma}_s\tilde{\lambda}_{rs,1}\hat{\gamma}_r\tilde{\lambda}_{dr,1}}{\hat{\gamma}_s\tilde{\lambda}_{rs,1}+\hat{\gamma}_r\tilde{\lambda}_{dr,1}+1} \tag{4-71d}$$

参考文献

[1] YOO T, GOLDSMITH A. Capacity and power allocation for fading MIMO channels with channel estimation error[J]. IEEE transactions on information theory, 2006, 52(5): 2203-2214.

[2] ZHOU S, GIANNAKIS G. Adaptive modulation for multiantenna transmissions with channel mean feedback[J]. IEEE transactions on wireless communications, 2004, 3(5): 1626-1636.

[3] PROAKIS J G. Digital communications[M]. New York: McGraw-Hill, 1995.

[4] AMARASURIYA G, TELLAMBURA C, ARDAKANI M. Performance analysis of hop-by-hop beamforming for dual-hop MIMO AF relay networks[J]. IEEE transactions on communications, 2012, 60(7): 1823-1837.

[5] HORN R A, JOHNSON C R. Matrix analysis[M]. Cambridge, U. K.: Cambridge University. Press, 1985.

第 5 章

存在 CCI 条件下 MIMO 中继系统波束成形

本章考虑存在同信道干扰（Co-Channel Interference，CCI）条件下，如何以提高系统的可靠性为目标，设计波束成形方案并进行性能分析。为了进行对比分析，首先给出存在 CCI 条件下点对点 MIMO 系统最优波束成形方案；然后以最大化目的端信干噪比 SINR 为目标函数，推导出存在 CCI 条件下 MIMO 中继系统的最优波束成形方案，为了分析系统的中断概率，假设多个干扰源功率相同；最后，通过仿真验证设计的波束成形方案的优越性和性能分析的有效性。

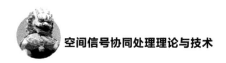

5.1 存在 CCI 条件下 MIMO 系统波束成形方案

考虑如图 5-1 所示的存在 CCI 的 MIMO 波束成形系统模型，假设发射端有 N_t 根天线，接收端有 N_r 根天线，发射端发射的信号为 $s(t)$ 且满足 $\mathrm{E}\left[\left|s(t)\right|^2\right]=1$，发射端的波束成形矢量为 $\boldsymbol{w}(N_t\times 1)$，经过 $N_r\times N_t$ 的信道 $\boldsymbol{H}$ 的传输，接收端天线阵列接收到的信号可以表示为

$$\boldsymbol{r}(t)=\boldsymbol{H}\boldsymbol{w}\sqrt{P_s}s(t)+\sum_{i=1}^{N}\boldsymbol{h}_i\sqrt{P_i}x_i(t)+\boldsymbol{n}(t) \tag{5-1}$$

其中，P_s 是发射端的信号功率，$\boldsymbol{n}(t)$ 是接收端 $N_r\times 1$ 的噪声矢量，且满足 $\mathrm{E}\left[\boldsymbol{n}(t)\boldsymbol{n}^{\mathrm{H}}(t)\right]=N_0\boldsymbol{I}_{N_r}$。

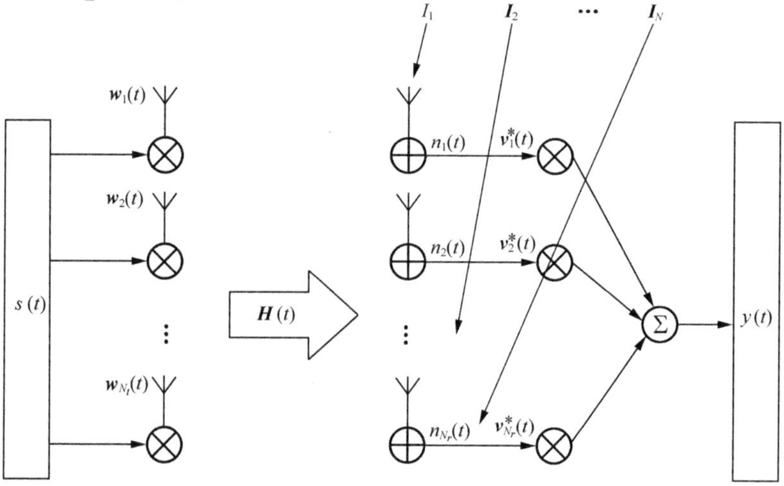

图 5-1　存在 CCI 的 MIMO 波束成形系统模型

假设存在 N 个干扰信号源 $x_i(t)$ 满足 $\mathrm{E}\left[\left|x_i\left(t\right)\right|^2\right]=1$，第 i 个信号源的功率为 P_i，从信号源到接收端天线阵列的信道为 $\boldsymbol{h}_i$。在接收端用波束成形矢量 $\boldsymbol{v}$ 进行接收，输出的信号可以表示为

$$y\left(t\right)=\boldsymbol{v}^{\mathrm{H}}\boldsymbol{r}\left(t\right)=\underbrace{\boldsymbol{v}^{\mathrm{H}}\boldsymbol{Hw}\sqrt{P_s}s\left(t\right)}_{\text{信号}}+\underbrace{\sum_{i=1}^{N}\boldsymbol{v}^{\mathrm{H}}\boldsymbol{h}_i\sqrt{P_i}x_i\left(t\right)}_{\text{干扰}}+\underbrace{\boldsymbol{v}^{\mathrm{H}}\boldsymbol{n}\left(t\right)}_{\text{噪声}} \tag{5-2}$$

接收端的 SINR 可以表示为

$$\begin{aligned}\gamma&=\frac{\left|\boldsymbol{v}^{\mathrm{H}}\boldsymbol{Hw}\right|^2P_s}{\sum_{i=1}^{N}P_i\left|\boldsymbol{v}^{\mathrm{H}}\boldsymbol{h}_i\right|^2+N_0}=\\&\frac{\left|\boldsymbol{v}^{\mathrm{H}}\boldsymbol{Hw}\right|^2P_s}{\sum_{i=1}^{N}P_i\left|\boldsymbol{v}^{\mathrm{H}}\boldsymbol{h}_i\right|^2+N_0\boldsymbol{v}^{\mathrm{H}}\boldsymbol{v}}=\\&\frac{P_s\boldsymbol{v}^{\mathrm{H}}\boldsymbol{Hw}\left(\boldsymbol{Hw}\right)^{\mathrm{H}}\boldsymbol{v}}{\boldsymbol{v}^{\mathrm{H}}\sum_{i=1}^{N}P_i\boldsymbol{h}_i\boldsymbol{h}_i^{\mathrm{H}}\boldsymbol{v}+N_0\boldsymbol{v}^{\mathrm{H}}\boldsymbol{v}}=\\&P_s\frac{\boldsymbol{v}^{\mathrm{H}}\boldsymbol{Hw}\left(\boldsymbol{Hw}\right)^{\mathrm{H}}\boldsymbol{v}}{\boldsymbol{v}^{\mathrm{H}}\left(\sum_{i=1}^{N}P_i\boldsymbol{h}_i\boldsymbol{h}_i^{\mathrm{H}}+N_0\boldsymbol{I}\right)\boldsymbol{v}}\end{aligned} \tag{5-3}$$

最大化接收端的 SINR 的约束优化问题可以表示为

$$\gamma_{\max}=\max_{\boldsymbol{v},\boldsymbol{w}}P_s\frac{\boldsymbol{v}^{\mathrm{H}}\boldsymbol{Hw}\left(\boldsymbol{Hw}\right)^{\mathrm{H}}\boldsymbol{v}}{\boldsymbol{v}^{\mathrm{H}}\left(\sum_{i=1}^{N}P_i\boldsymbol{h}_i\boldsymbol{h}_i^{\mathrm{H}}+N_0\boldsymbol{I}\right)\boldsymbol{v}} \tag{5-4a}$$

$$\text{s.t.}\qquad \boldsymbol{v}^{\mathrm{H}}\boldsymbol{v}=\boldsymbol{w}^{\mathrm{H}}\boldsymbol{w}=1 \tag{5-4b}$$

在求解式（5-4）的约束优化问题之前，先引入以下引理。

引理 5-1：假设 $\boldsymbol{A}$ 和 $\boldsymbol{B}$ 是两个正定的 Hermitian 矩阵，则以下不等式成立[1]。

$$\frac{\boldsymbol{x}^{\mathrm{H}}\boldsymbol{Ax}}{\boldsymbol{x}^{\mathrm{H}}\boldsymbol{Bx}}\leqslant\lambda_{\max} \tag{5-5}$$

等式成立的 $\lambda_{\max}$ 和 $\boldsymbol{x}$ 分别是 $\boldsymbol{B}^{-1}\boldsymbol{A}$ 的最大特征值和对应的特征矢量。以上引理就是著名的瑞利熵问题。利用引理 5-1，最优的 $\lambda_{\max}$ 和 $\boldsymbol{v}$ 分别是

$$\gamma_{\max}=P_s\lambda_1\left(\left(\sum_{i=1}^{N}P_i\boldsymbol{h}_i\boldsymbol{h}_i^{\mathrm{H}}+N_0\boldsymbol{I}\right)^{-1}\boldsymbol{Hw}\left(\boldsymbol{Hw}\right)^{\mathrm{H}}\right) \tag{5-6a}$$

$$\boldsymbol{v}=\boldsymbol{u}_1\left(\left(\sum_{i=1}^{N}P_i\boldsymbol{h}_i\boldsymbol{h}_i^{\mathrm{H}}+N_0\boldsymbol{I}\right)^{-1}\boldsymbol{H}\boldsymbol{w}\left(\boldsymbol{H}\boldsymbol{w}\right)^{\mathrm{H}}\right) \tag{5-6b}$$

其中，$\lambda_1(\boldsymbol{A})$ 和 $\boldsymbol{u}_1(\boldsymbol{A})$ 分别代表 $\boldsymbol{A}$ 的最大特征值和对应的特征矢量。对于矩阵的最大特征值，存在以下等式[2]。

$$\lambda_1\left(\boldsymbol{A}\boldsymbol{B}\boldsymbol{B}^{\mathrm{H}}\right)=\lambda_1\left(\boldsymbol{B}^{\mathrm{H}}\boldsymbol{A}\boldsymbol{B}\right) \tag{5-7}$$

因此，式（5-6a）可以重新表示为

$$\begin{aligned}\gamma_{\max}=&P_s\lambda_1\left(\left(\boldsymbol{H}\boldsymbol{w}\right)^{\mathrm{H}}\left(\sum_{i=1}^{N}P_i\boldsymbol{h}_i\boldsymbol{h}_i^{\mathrm{H}}+N_0\boldsymbol{I}\right)^{-1}\boldsymbol{H}\boldsymbol{w}\right)=\\&P_s\lambda_1\left(\boldsymbol{w}^{\mathrm{H}}\boldsymbol{H}^{\mathrm{H}}\left(\sum_{i=1}^{N}P_i\boldsymbol{h}_i\boldsymbol{h}_i^{\mathrm{H}}+N_0\boldsymbol{I}\right)^{-1}\boldsymbol{H}\boldsymbol{w}\right)\end{aligned} \tag{5-8}$$

在求解最优的 $\boldsymbol{w}$ 之前，引入以下引理。

引理 5-2：假设 $\boldsymbol{A}$ 是半正定的 Hermitian 矩阵，则以下不等式成立[1]。

$$\boldsymbol{x}^{\mathrm{H}}\boldsymbol{A}\boldsymbol{x}\leqslant\lambda_{\max} \tag{5-9}$$

等式成立的 $\lambda_{\max}$ 和 $\boldsymbol{x}$ 分别是 $\boldsymbol{A}$ 的最大特征值和对应的特征矢量。

根据引理 5-2，最优的 $\gamma_{\max}$ 和 $\boldsymbol{w}$ 分别是

$$\gamma_{\max}=P_s\lambda_1\left(\boldsymbol{H}^{\mathrm{H}}\left(\sum_{i=1}^{N}P_i\boldsymbol{h}_i\boldsymbol{h}_i^{\mathrm{H}}+N_0\boldsymbol{I}\right)^{-1}\boldsymbol{H}\right) \tag{5-10a}$$

$$\boldsymbol{w}=\boldsymbol{u}_1\left(\boldsymbol{H}^{\mathrm{H}}\left(\sum_{i=1}^{N}P_i\boldsymbol{h}_i\boldsymbol{h}_i^{\mathrm{H}}+N_0\boldsymbol{I}\right)^{-1}\boldsymbol{H}\right) \tag{5-10b}$$

根据式（5-6b）和式（5-10），式（5-4）的约束优化问题的最优解为

$$\boldsymbol{w}=\boldsymbol{u}_1\left(\boldsymbol{H}^{\mathrm{H}}\left(\sum_{i=1}^{N}P_i\boldsymbol{h}_i\boldsymbol{h}_i^{\mathrm{H}}+N_0\boldsymbol{I}\right)^{-1}\boldsymbol{H}\right) \tag{5-11a}$$

$$\boldsymbol{v}=\boldsymbol{u}_1\left(\left(\sum_{i=1}^{N}P_i\boldsymbol{h}_i\boldsymbol{h}_i^{\mathrm{H}}+N_0\boldsymbol{I}\right)^{-1}\boldsymbol{H}\boldsymbol{w}\left(\boldsymbol{H}\boldsymbol{w}\right)^{\mathrm{H}}\right) \tag{5-11b}$$

$$\gamma_{\max}=P_s\lambda_1\left(\boldsymbol{H}^{\mathrm{H}}\left(\sum_{i=1}^{N}P_i\boldsymbol{h}_i\boldsymbol{h}_i^{\mathrm{H}}+N_0\boldsymbol{I}\right)^{-1}\boldsymbol{H}\right) \tag{5-11c}$$

从式（5-11）可以看出，当 CCI 存在时，MIMO MRC 系统并非最优方案。

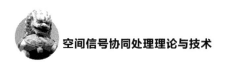

5.2　存在 CCI 条件下 MIMO 中继系统波束成形方案

假设中继端和目的端都存在多个干扰，考虑中继端和目的端受噪声影响的一般性模型，以最大化目的端信干噪比为目标函数，设计最优的波束成形方案。进行最优设计的前提是假设干扰信道的 CSI 已知，这在蜂窝系统中是可行的，因为蜂窝系统的信号源都按照空中接口的标准设计的导频序列，并且周期性发送。可以通过信源分离技术计算多个干扰源的干扰信道的 CSI。

5.2.1　研究背景

中继技术由于能够增加系统容量并扩大覆盖范围而成了无线通信技术研究的热点 [3-5]。在不同的中继协议中，AF 协议由于不需要在中继端进行复杂的信号处理而受到广泛的关注 [6]。除了中继技术以外，MIMO 技术由于能有效提高频谱利用率，学术界和工业界在过去 10 年间进行了广泛的研究和应用 [7-8]。根据获得的 CSI，不同的波束成形技术被用来对抗衰落并提高系统的输出 SNR。文献 [9-15] 对波束成形技术与中继系统的结合进行了广泛的研究。虽然如此，需要指出的是，以上的研究场景都假设为噪声受限场景，即不考虑 CCI。实际上，在蜂窝系统中，由于采用频率复用技术，通信的过程中受到邻近小区 CCI 的干扰是不可避免的。例如，当位于小区中央的基站通过小区边缘的中继与同样处于小区边缘的手机用户进行通信时，中继端和目的端都同时受到 CCI 的影响。

近年来，大量的文献研究了 CCI 对中继系统性能的影响。首先考虑源端、中继端和目的端都配置单天线的场景。文献 [16] 研究了当中继端受到 CCI 和噪声影响，目的端没有 CCI 时，采用固定增益方案的中继系统的中断概率。当中继受到多个服从瑞利衰落的 CCI 干扰时，文献 [17] 推导了采用可变增益方案的中继系统的中断概率和平均误比特率。文献 [18] 将文献 [17] 的研究扩展到了 Nakagami-m 分布。考虑中继端和目的端都受到非等功率且服从瑞利衰落的 CCI 干扰时，文献 [19] 研究了采用固定增益方案的中继系统的中断概率。文献 [20] 讨论了受到多个任意功率的 CCI 干扰时可变增益方案的中断概率。文献 [21] 研究了多个包络服从不同参数的 Nakagami-m 分布的 CCI 下，采用固定增益方案的系统的中断概率。除此以外，同样考虑 CCI 服从 Nakagami-m 分布，文献 [22] 研究了采用可变增益方案的系统的中断概率。在以上文献中，文献 [16-18] 研究了只有中继端受到干扰的场景；文献 [19-22] 考虑了中继端和目的端同时受到干扰的场景。

当中继系统的 3 个节点中有节点配置多天线时，一系列的文献也进行了研讨。假设中继端受到一个 CCI 的干扰而目的端不受 CCI 干扰时，文献 [23] 研究了 3 个节点中一个节点配置多天线的场景下系统的中断概率。其中，发射波束成形技术被用于 MISO 链路；MRC 技术被用于 SIMO 链路。考虑的中继方案包括固定增益和可变增益方案。当中继配置多天线，源端和目的端都配置单天线，中继端存在干扰时，文献 [24] 提出了 3 种对抗 CCI 的预编码方案，并推导了中断概率的精确表达式和高信噪比下的近似表达式。进一步，文献 [25] 考虑了与文献 [24] 相同场景下 3 种预编码方案对应的系统容量。当 CCI 同时存在于中继端和目的端时，文献 [26] 研究了中继配置多天线的条件下，采用固定增益方案的系统的性能。其中，MRT 技术和 MRC 技术分别被用于传输和接收。当源端和目的端配置多天线时，文献 [27] 分析了采用固定增益方案系统的中断概率闭合表达式。考虑中继端和目的端都存在 CCI，源端配置多天线并采用空时分组编码进行传输时，文献 [28] 分析了系统的性能。

在上述文献中，每跳链路都是 SISO、MISO 或者 SIMO，多天线至多配置到两个节点，CCI 存在于中继端或者同时存在于中继端和目的端。以上的波束成形方案都没有以提高可靠性为目标，而以最大化 SINR 为目标。因此，本章研究了 3 个节点都配置多天线的 MIMO 中继系统模型，考虑中继端和目的端都存在 CCI 和噪声的场景，以最大化 SINR 为目标函数设计了最优的波束成形方案并在假设干扰等功率的前提下推导了中断概率的紧致下界表达式。计算机仿真体现了设计方案的优越性，分析了天线配置、CCI 和功率分配对 MIMO 中继系统中断概率性能的影响，验证了紧致下界表达式的有效性。

5.2.2 波束成形方案

如图 5-2 所示，中继系统的源端有 N_s 根天线，中继端有 N_r 根天线，目的端有 N_d 根天线。假设由于存在严重的阴影衰落，源端与目的端之间没有直接链路。与此同时，假设系统拥有源端到中继端和中继端到目的端两跳链路的完全 CSI，从源端到目的端的信号传输消耗两个时隙。在第一个时隙，源端采用波束成形矢量 $\boldsymbol{w}_s$ 将信号 $x_s(t) \sim \aleph_c(0,1)$ 通过第一跳链路 $\boldsymbol{H}_{rs}(N_r \times N_s)$ 发送到中继端。与此同时，中继端存在 N_1 个 CCI $x_{ri}(t) \sim \aleph_c(0,1)$（$i=1,2,\cdots,N_1$）。中继端的输出信号可以表示为

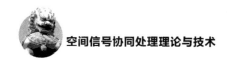

$$\boldsymbol{y}_r(t)=\boldsymbol{H}_{rs}\boldsymbol{w}_s\sqrt{P_s}x_s(t)+\sum_{i=1}^{N_1}\boldsymbol{h}_{ri}\sqrt{P_{ri}}x_{ri}(t)+\boldsymbol{n}_r(t) \quad (5\text{-}12)$$

其中，P_s 是源端的发射功率，P_{ri} 和 $\boldsymbol{h}_{ri}(N_r\times 1)$ 分别是第 i 个干扰的功率和信道。

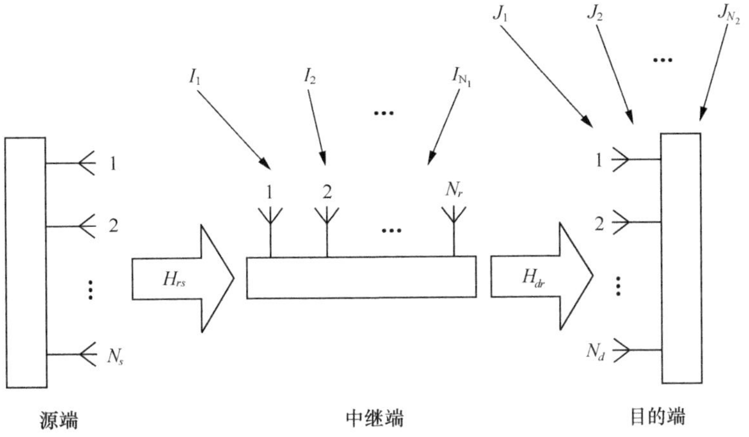

图 5-2 中继端和目的端都存在 CCI 的 MIMO 中继系统波束成形系统模型

在第二个时隙中，中继端采用 $N_r\times N_r$ 的波束成形矩阵 $\boldsymbol{W}_r$ 将信号通过第二跳链路 $\boldsymbol{H}_{dr}(N_d\times N_r)$ 发送到目的端。与此同时，目的端存在 N_2 个CCI $x_{dj}(t)\sim\aleph_c(0,1)\,(j=1,2,\cdots,N_2)$。利用式（5-12），采用波束成形技术后，目的端的信号可以表示为

$$\begin{aligned}
y_d(t)=&\boldsymbol{w}_d^{\mathrm{H}}\left[\boldsymbol{H}_{dr}\boldsymbol{W}_r\boldsymbol{y}_r(t)+\sum_{j=1}^{N_2}\boldsymbol{h}_{dj}\sqrt{P_{dj}}x_{dj}(t)+\boldsymbol{n}_d(t)\right]=\\
&\boldsymbol{w}_d^{\mathrm{H}}\boldsymbol{H}_{dr}\boldsymbol{W}_r\boldsymbol{y}_r(t)+\sum_{j=1}^{N_2}\boldsymbol{w}_d^{\mathrm{H}}\boldsymbol{h}_{dj}\sqrt{P_{dj}}x_{dj}(t)+\boldsymbol{w}_d^{\mathrm{H}}\boldsymbol{n}_d(t)=\\
&\boldsymbol{w}_d^{\mathrm{H}}\boldsymbol{H}_{dr}\boldsymbol{W}_r\left[\boldsymbol{H}_{rs}\boldsymbol{w}_s\sqrt{P_s}x_s(t)+\sum_{i=1}^{N_1}\boldsymbol{h}_{ri}\sqrt{P_{ri}}x_{ri}(t)+\boldsymbol{n}_r(t)\right]+\sum_{j=1}^{N_2}\boldsymbol{w}_d^{\mathrm{H}}\boldsymbol{h}_{dj}\sqrt{P_{dj}}x_{dj}(t)+\boldsymbol{w}_d^{\mathrm{H}}\boldsymbol{n}_d(t)=\\
&\underbrace{\boldsymbol{w}_d^{\mathrm{H}}\boldsymbol{H}_{dr}\boldsymbol{W}_r\boldsymbol{H}_{rs}\boldsymbol{w}_s\sqrt{P_s}x_s(t)}_{\text{信号}}+\underbrace{\sum_{i=1}^{N_1}\boldsymbol{w}_d^{\mathrm{H}}\boldsymbol{H}_{dr}\boldsymbol{W}_r\boldsymbol{h}_{ri}\sqrt{P_{ri}}x_{ri}(t)+\sum_{j=1}^{N_2}\boldsymbol{w}_d^{\mathrm{H}}\boldsymbol{h}_{dj}\sqrt{P_{dj}}x_{dj}(t)}_{\text{干扰}}+\\
&\underbrace{\boldsymbol{w}_d^{\mathrm{H}}\boldsymbol{H}_{dr}\boldsymbol{W}_r\boldsymbol{n}_r(t)+\boldsymbol{w}_d^{\mathrm{H}}\boldsymbol{n}_d(t)}_{\text{噪声}}
\end{aligned} \quad (5\text{-}13)$$

其中，$\boldsymbol{w}_d$ 是目的端的波束成形矢量。P_{dj} 和 $\boldsymbol{H}_{dj}(N_d\times 1)$ 分别是第 j 个干扰的功率和信道。本节假设所有信道 $\boldsymbol{H}_{rs}$、$\boldsymbol{H}_{dr}$、$\boldsymbol{h}_{ri}\,(i=1,2,\cdots,N_1)$ 和 $\boldsymbol{h}_{dj}\,(i=1,2,\cdots,N_2)$ 的每个元素都服从 i.i.d.。$\boldsymbol{n}_r(t)$ 和 $\boldsymbol{n}_d(t)$ 分别是中继端和目的端的 AWGN 矢量，每个元素均为服从 i.i.d. 的$\left[\boldsymbol{n}_r(t)\right]_k\sim\aleph_c(0,\sigma_r^2)$ 和$\left[\boldsymbol{n}_d(t)\right]_k\sim\aleph_c(0,\sigma_d^2)$分布。

根据式（5-13），目的端的 SINR 可以表示为

$$\gamma = P_s \boldsymbol{w}_d^{\mathrm{H}} \boldsymbol{H}_{dr} \boldsymbol{W}_r \boldsymbol{H}_{rs} \boldsymbol{w}_s \left(\boldsymbol{H}_{rs}\boldsymbol{w}_s\right)^{\mathrm{H}} \boldsymbol{W}_r^{\mathrm{H}} \left(\boldsymbol{w}_d^{\mathrm{H}} \boldsymbol{H}_{dr}\right)^{\mathrm{H}} \Bigg/ \Bigg[\boldsymbol{w}_d^{\mathrm{H}} \boldsymbol{H}_{dr} \boldsymbol{W}_r \left(\sum_{i=1}^{N_1} P_{ri} \boldsymbol{h}_{ri} \boldsymbol{h}_{ri}^{\mathrm{H}}\right) \boldsymbol{W}_r^{\mathrm{H}} \boldsymbol{H}_{dr}^{\mathrm{H}} \boldsymbol{w}_a + \boldsymbol{w}_d^{\mathrm{H}} \left(\sum_{j=1}^{N_2} P_{dj} \boldsymbol{h}_{dj} \boldsymbol{h}_{dj}^{\mathrm{H}}\right) \boldsymbol{w}_d^{\mathrm{H}} + \sigma_r^2 \boldsymbol{w}_d^{\mathrm{H}} \boldsymbol{H}_{dr} \boldsymbol{W}_r \boldsymbol{W}_r^{\mathrm{H}} \boldsymbol{H}_{dr}^{\mathrm{H}} \boldsymbol{w}_d + \sigma_d^2 \boldsymbol{w}_d^{\mathrm{H}} \boldsymbol{w}_d \Bigg] =$$

$$\frac{P_s \boldsymbol{w}_d^{\mathrm{H}} \boldsymbol{H}_{dr} \boldsymbol{W}_r \boldsymbol{H}_{rs} \boldsymbol{w}_s \left(\boldsymbol{H}_{rs}\boldsymbol{w}_s\right)^{\mathrm{H}} \boldsymbol{W}_r^{\mathrm{H}} \left(\boldsymbol{w}_d^{\mathrm{H}} \boldsymbol{H}_{dr}\right)^{\mathrm{H}}}{\boldsymbol{w}_d^{\mathrm{H}} \boldsymbol{H}_{dr} \boldsymbol{W}_r \left(\sum_{i=1}^{N_1} P_{ri} \boldsymbol{h}_{ri} \boldsymbol{h}_{ri}^{\mathrm{H}} + \sigma_r^2 \boldsymbol{I}\right) \boldsymbol{W}_r^{\mathrm{H}} \boldsymbol{H}_{dr}^{\mathrm{H}} \boldsymbol{w}_d + \boldsymbol{w}_d^{\mathrm{H}} \left(\sum_{j=1}^{N_2} P_{dj} \boldsymbol{h}_{dj} \boldsymbol{h}_{dj}^{\mathrm{H}} + \sigma_d^2 \boldsymbol{I}\right) \boldsymbol{w}_d^{\mathrm{H}}} = \tag{5-14}$$

$$\frac{P_s \boldsymbol{w}_d^{\mathrm{H}} \boldsymbol{H}_{dr} \boldsymbol{W}_r \boldsymbol{H}_{rs} \boldsymbol{w}_s \left(\boldsymbol{H}_{rs}\boldsymbol{w}_s\right)^{\mathrm{H}} \boldsymbol{W}_r^{\mathrm{H}} \left(\boldsymbol{w}_d^{\mathrm{H}} \boldsymbol{H}_{dr}\right)^{\mathrm{H}}}{\boldsymbol{w}_d^{\mathrm{H}} \boldsymbol{H}_{dr} \boldsymbol{W}_r \boldsymbol{R}_1 \boldsymbol{W}_r^{\mathrm{H}} \boldsymbol{H}_{dr}^{\mathrm{H}} \boldsymbol{w}_d + \boldsymbol{w}_d^{\mathrm{H}} \boldsymbol{R}_2 \boldsymbol{w}_d^{\mathrm{H}}}$$

其中，定义 CCI 加噪声的互相关矩阵为

$$\boldsymbol{R}_1 = \sum_{i=1}^{N_1} P_{ri} \boldsymbol{h}_{ri} \boldsymbol{h}_{ri}^{\mathrm{H}} + \sigma_r^2 \boldsymbol{I}_{N_r} = \left[\boldsymbol{h}_{r1}, \boldsymbol{h}_{r2}, \cdots, \boldsymbol{h}_{rN_1}\right] \mathrm{diag}\left(P_{r1}, P_{r2}, \cdots, P_{rN_1}\right) \left[\boldsymbol{h}_{r1}, \boldsymbol{h}_{r2}, \cdots, \boldsymbol{h}_{rN_1}\right]^{\mathrm{H}} + \sigma_r^2 \boldsymbol{I}_{N_r} = \boldsymbol{H}_{RI} \boldsymbol{P}_{RI} \boldsymbol{H}_{RI}^{\mathrm{H}} + \sigma_r^2 \boldsymbol{I}_{N_r} \tag{5-15a}$$

$$\boldsymbol{R}_2 = \sum_{j=1}^{N_2} P_{dj} \boldsymbol{h}_{dj} \boldsymbol{h}_{dj}^{\mathrm{H}} + \sigma_d^2 \boldsymbol{I}_{N_d} = \left[\boldsymbol{h}_{d1}, \boldsymbol{h}_{d2}, \cdots, \boldsymbol{h}_{dN_2}\right] \mathrm{diag}\left(P_{d1}, P_{d2}, \cdots, P_{dN_2}\right) \left[\boldsymbol{h}_{d1}, \boldsymbol{h}_{d2}, \cdots, \boldsymbol{h}_{dN_2}\right]^{\mathrm{H}} + \sigma_d^2 \boldsymbol{I}_{N_d} = \boldsymbol{H}_{DI} \boldsymbol{P}_{DI} \boldsymbol{H}_{DI}^{\mathrm{H}} + \sigma_d^2 \boldsymbol{I}_{N_d} \tag{5-15b}$$

其中，$\boldsymbol{H}_{RI} = \left[\boldsymbol{h}_{r1}, \boldsymbol{h}_{r2}, \cdots, \boldsymbol{h}_{rN_1}\right]$ 和 $\boldsymbol{H}_{DI} = \left[\boldsymbol{h}_{d1}, \boldsymbol{h}_{d2}, \cdots, \boldsymbol{h}_{dN_2}\right]$ 分别是中继端和目的端的干扰信道矩阵。$\boldsymbol{H}_{RI}$ 的第 i 列和 $\boldsymbol{H}_{DI}$ 的第 j 列分别是第 i 个干扰到中继端和第 j 个干扰到目的端的信道。$\boldsymbol{P}_{RI} = \mathrm{diag}\left[P_{r1}, P_{r2}, \cdots, P_{rN_1}\right]$ 和 $\boldsymbol{P}_{DI} = \mathrm{diag}\left[P_{d1}, P_{d2}, \cdots, P_{dN_2}\right]$ 是对角阵，其对角线上的元素 $\left[\boldsymbol{P}_{RI}\right]_{i,i} = P_{ri}$ 和 $\left[\boldsymbol{P}_{DI}\right]_{i,i} = P_{di}$ 分别是中继端第 i 个干扰和目的端第 j 个干扰的发射功率。

中继端的总功率约束为

$$\mathrm{tr}\left\{P_s \boldsymbol{W}_r \boldsymbol{H}_{rs} \boldsymbol{w}_s \left(\boldsymbol{H}_{rs}\boldsymbol{w}_s\right)^{\mathrm{H}} \boldsymbol{W}_r^{\mathrm{H}} + \sum_{i=1}^{N_1} P_{ri} \boldsymbol{W}_r \boldsymbol{h}_{ri} \boldsymbol{h}_{ri}^{\mathrm{H}} \boldsymbol{W}_r^{\mathrm{H}} + \sigma_r^2 \boldsymbol{W}_r \boldsymbol{W}_r^{\mathrm{H}}\right\} = \mathrm{tr}\left\{P_s \boldsymbol{W}_r \boldsymbol{H}_{rs} \boldsymbol{w}_s \left(\boldsymbol{H}_{rs}\boldsymbol{w}_s\right)^{\mathrm{H}} \boldsymbol{W}_r^{\mathrm{H}} + \boldsymbol{W}_r \left(\sum_{i=1}^{N_1} P_{ri} \boldsymbol{h}_{ri} \boldsymbol{h}_{ri}^{\mathrm{H}} + \sigma_r^2 \boldsymbol{I}_{N_r}\right) \boldsymbol{W}_r^{\mathrm{H}}\right\} = \mathrm{tr}\left\{P_s \boldsymbol{W}_r \boldsymbol{H}_{rs} \boldsymbol{w}_s \left(\boldsymbol{H}_{rs}\boldsymbol{w}_s\right)^{\mathrm{H}} \boldsymbol{W}_r^{\mathrm{H}} + \boldsymbol{W}_r \boldsymbol{R}_1 \boldsymbol{W}_r^{\mathrm{H}}\right\} = P_r \tag{5-16}$$

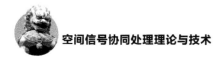

本章研究的约束优化问题就是要在式（5-16）的功率约束下，设计最优的 $\boldsymbol{w}_s$、$\boldsymbol{W}_r$ 和 $\boldsymbol{w}_d$ 使得式（5-14）的目的端 SINR 最大，表示为

$$\gamma_{\max}=\max_{\boldsymbol{W}_r,\boldsymbol{w}_s,\boldsymbol{w}_d}\frac{P_s\boldsymbol{w}_d^{\mathrm{H}}\boldsymbol{H}_{dr}\boldsymbol{W}_r\boldsymbol{H}_{rs}\boldsymbol{w}_s\left(\boldsymbol{H}_{rs}\boldsymbol{w}_s\right)^{\mathrm{H}}\boldsymbol{W}_r^{\mathrm{H}}\left(\boldsymbol{w}_d^{\mathrm{H}}\boldsymbol{H}_{dr}\right)^{\mathrm{H}}}{\boldsymbol{w}_d^{\mathrm{H}}\boldsymbol{H}_{dr}\boldsymbol{W}_r\boldsymbol{R}_1\boldsymbol{W}_r^{\mathrm{H}}\boldsymbol{H}_{dr}^{\mathrm{H}}\boldsymbol{w}_d+\boldsymbol{w}_d^{\mathrm{H}}\boldsymbol{R}_2\boldsymbol{w}_d^{\mathrm{H}}} \tag{5-17a}$$

$$\begin{aligned}\text{s.t.}\quad & \operatorname{tr}\left\{P_s\boldsymbol{W}_r\boldsymbol{H}_{rs}\boldsymbol{w}_s\left(\boldsymbol{H}_{rs}\boldsymbol{w}_s\right)^{\mathrm{H}}\boldsymbol{W}_r^{\mathrm{H}}+\boldsymbol{W}_r\boldsymbol{R}_1\boldsymbol{W}_r^{\mathrm{H}}\right\}=P_r\\ & \boldsymbol{w}_s^{\mathrm{H}}\boldsymbol{w}_s=\boldsymbol{w}_d^{\mathrm{H}}\boldsymbol{w}_d=1\end{aligned} \tag{5-17b}$$

定理 5-1：式（5-17）的约束优化问题的解为

$$\boldsymbol{W}_r^{\mathrm{opt}}=\sqrt{\frac{P_r}{P_s\boldsymbol{w}_s^{\mathrm{H}}\boldsymbol{H}_{rs}^{\mathrm{H}}\boldsymbol{R}_1^{-1}\boldsymbol{H}_{rs}\boldsymbol{w}_s+1}}\frac{\boldsymbol{H}_{dr}^{\mathrm{H}}\boldsymbol{w}_d\boldsymbol{w}_s^{\mathrm{H}}\boldsymbol{H}_{rs}^{\mathrm{H}}\boldsymbol{R}_1^{-1}}{\left\|\boldsymbol{w}_d^{\mathrm{H}}\boldsymbol{H}_{dr}\right\|_{\mathrm{F}}\left\|\boldsymbol{R}_1^{-1/2}\boldsymbol{H}_{rs}\boldsymbol{w}_s\right\|_{\mathrm{F}}} \tag{5-18a}$$

$$\boldsymbol{w}_s^{\mathrm{opt}}=\boldsymbol{u}_{rs,1} \tag{5-18b}$$

$$\boldsymbol{w}_d^{\mathrm{opt}}=\boldsymbol{u}_{dr,1} \tag{5-18c}$$

$$\gamma_{\max}=\frac{\left(\gamma_s\lambda_{rs,1}\right)\left(\gamma_r\lambda_{dr,1}\right)}{\gamma_s\lambda_{rs,1}+\gamma_r\lambda_{dr,1}+1} \tag{5-18d}$$

其中，$\boldsymbol{R}_1$ 可以分解为 $\boldsymbol{R}_1=\boldsymbol{R}_1^{1/2}\boldsymbol{R}_1^{\mathrm{H}/2}$。$\lambda_{rs,1}$ 和 $\boldsymbol{u}_{rs,1}$ 分别是矩阵 $\boldsymbol{H}_{rs}^{\mathrm{H}}\hat{\boldsymbol{R}}_1^{-1}\boldsymbol{H}_{rs}$ 的最大特征值和对应的特征矢量，$\lambda_{dr,1}$ 和 $\boldsymbol{u}_{dr,1}$ 分别是矩阵 $\hat{\boldsymbol{R}}_2^{-1}\boldsymbol{H}_{dr}\boldsymbol{H}_{dr}^{\mathrm{H}}$ 的最大特征值和对应的特征矢量。$\hat{\boldsymbol{R}}_1$ 和 $\hat{\boldsymbol{R}}_2$ 分别定义为 $\hat{\boldsymbol{R}}_1=\boldsymbol{H}_{RI}\hat{\boldsymbol{P}}_{RI}\boldsymbol{H}_{RI}^{\mathrm{H}}+\boldsymbol{I}_{N_r}$ 和 $\hat{\boldsymbol{R}}_2=\boldsymbol{H}_{DI}\hat{\boldsymbol{P}}_{DI}\boldsymbol{H}_{DI}^{\mathrm{H}}+\boldsymbol{I}_{N_d}$，其中，$\hat{\boldsymbol{P}}_{RI}$ 和 $\hat{\boldsymbol{P}}_{DI}$ 分别定义为 $\hat{\boldsymbol{P}}_{RI}=\operatorname{diag}\left(\gamma_{r1},\gamma_{r2},\cdots,\gamma_{rN_1}\right)$ 和 $\hat{\boldsymbol{P}}_{DI}=\operatorname{diag}\left(\gamma_{d1},\gamma_{d2},\cdots,\gamma_{dN_2}\right)$。$\gamma_{ri}=P_{ri}/\sigma_r^2$ 和 $\gamma_{dj}=P_{dj}/\sigma_d^2$ 分别表示中继端第 i 个干扰和目的端第 j 个干扰的干噪比（Interference-to-Noise Ratio，INR），$\gamma_s=P_s/\sigma_r^2$ 和 $\gamma_r=P_r/\sigma_d^2$ 分别是源端和中继端的信噪比。

定理 5-1 的证明在 5.5 节中。

当 CCI 不存在且拥有理想 CSI 时，$\hat{\boldsymbol{R}}_1=\boldsymbol{I}_{N_r}$，$\hat{\boldsymbol{R}}_2=\boldsymbol{I}_{N_d}$，式（5-18）与式（3-16）一致，说明理想 CSI 条件下设计的最优波束成形方案是存在 CCI 条件下设计的最优波束成形方案的特例。

下面说明式（5-18）的物理意义。首先将式（5-18a）表示为

$$\boldsymbol{W}_r^{\mathrm{opt}}=\underbrace{\frac{\left(\boldsymbol{w}_s^{\mathrm{H}}\boldsymbol{H}_{dr}\right)^{\mathrm{H}}}{\left\|\boldsymbol{w}_d^{\mathrm{H}}\boldsymbol{H}_{dr}\right\|_{\mathrm{F}}}}_{\boldsymbol{w}_{t2}}\underbrace{\sqrt{\frac{P_r}{P_s\boldsymbol{w}_s^{\mathrm{H}}\boldsymbol{H}_{rs}^{\mathrm{H}}\boldsymbol{R}_1^{-1}\boldsymbol{H}_{rs}\boldsymbol{w}_s+1}}}_{G}\underbrace{\frac{\left(\boldsymbol{R}_1^{-1}\boldsymbol{H}_{rs}\boldsymbol{w}_s\right)^{\mathrm{H}}}{\left\|\boldsymbol{R}_1^{-1/2}\boldsymbol{H}_{rs}\boldsymbol{w}_s\right\|_{\mathrm{F}}}}_{\boldsymbol{w}_{r1}^{\mathrm{H}}} \tag{5-19}$$

另外，将源端和目的端的波束成形矢量分别表示为

$$\boldsymbol{w}_{t1} = \boldsymbol{w}_s^{\text{opt}} \tag{5-20a}$$

$$\boldsymbol{w}_{r2} = \boldsymbol{w}_d^{\text{opt}} \tag{5-20b}$$

其中，$\boldsymbol{w}_{t1}$ 和 $\boldsymbol{w}_{r1}$ 分别表示源端到中继端链路的发射和接收波束成形矢量，$\boldsymbol{w}_{t2}$ 和 $\boldsymbol{w}_{r2}$ 分别表示中继端到目的端链路的发射和接收波束成形矢量。G 表示中继端所采用的等效增益。

由式（5-3）可以得到，存在 CCI 的条件下采用波束成形技术的 MIMO 系统的信道增益可以表示为

$$g = \frac{\boldsymbol{w}_r^{\text{H}} \boldsymbol{H} \boldsymbol{w}_t \left(\boldsymbol{H} \boldsymbol{w}_t\right)^{\text{H}} \boldsymbol{w}_r}{\boldsymbol{w}_r^{\text{H}} \boldsymbol{R} \boldsymbol{w}_r} \tag{5-21}$$

其中，$\boldsymbol{R}$ 为 CCI 加噪声的互相关矩阵。对于第一跳，根据式（5-18）、式（5-19）和式（5-20），信道增益 g_1 可以表示为

$$g_1 = \frac{\boldsymbol{w}_{r1}^{\text{H}} \boldsymbol{H}_{rs} \boldsymbol{w}_{t1} \left(\boldsymbol{H}_{rs} \boldsymbol{w}_{t1}\right)^{\text{H}} \boldsymbol{w}_{r1}}{\boldsymbol{w}_{r1}^{\text{H}} \boldsymbol{R}_1 \boldsymbol{w}_{r1}} = \boldsymbol{w}_s^{\text{H}} \boldsymbol{H}_{rs}^{\text{H}} \boldsymbol{R}_1^{-1} \boldsymbol{H}_{rs} \boldsymbol{w}_s \tag{5-22}$$

由于 $\boldsymbol{w}_s$ 是 $\boldsymbol{H}_{rs}^{\text{H}} \hat{\boldsymbol{R}}_1^{-1} \boldsymbol{H}_{rs}$ 的最大特征值对应的特征矢量，当然 $\boldsymbol{w}_s$ 也是 $\boldsymbol{H}_{rs}^{\text{H}} \boldsymbol{R}_1^{-1} \boldsymbol{H}_{rs}$ 的最大特征值对应的特征矢量，因此

$$g_1 = \lambda_1 \left(\boldsymbol{H}_{rs}^{\text{H}} \hat{\boldsymbol{R}}_1^{-1} \boldsymbol{H}_{rs}\right) \tag{5-23}$$

其信道增益与式（5-11c）中的信道增益一致，因此第一跳波束成形方案的实质就是存在 CCI 条件下的点对点 MIMO 系统最优波束成形方案。再考虑第二跳，类似地，根据式（5-18）、式（5-19）和式（5-20），信道增益 g_2 可以表示为

$$g_2 = \frac{\boldsymbol{w}_{r2}^{\text{H}} \boldsymbol{H}_{dr} \boldsymbol{w}_{t2} \left(\boldsymbol{H}_{dr} \boldsymbol{w}_{t2}\right)^{\text{H}} \boldsymbol{w}_{r2}}{\boldsymbol{w}_{r2}^{\text{H}} \boldsymbol{R}_2 \boldsymbol{w}_{r2}} = \frac{\boldsymbol{w}_d^{\text{H}} \boldsymbol{H}_{dr} \boldsymbol{H}_{dr}^{\text{H}} \boldsymbol{w}_d}{\boldsymbol{w}_d^{\text{H}} \boldsymbol{R}_2 \boldsymbol{w}_d} \tag{5-24}$$

由于 $\boldsymbol{w}_d$ 是 $\hat{\boldsymbol{R}}_2^{-1} \boldsymbol{H}_{dr} \boldsymbol{H}_{dr}^{\text{H}}$ 的最大特征值对应的特征矢量，当然 $\boldsymbol{w}_d$ 也是 $\boldsymbol{R}_2^{-1} \boldsymbol{H}_{dr} \boldsymbol{H}_{dr}^{\text{H}}$ 的最大特征值对应的特征矢量，因此根据引理 5-1 中的瑞利熵结论为

$$g_2 = \lambda_1 \left(\boldsymbol{R}_2^{-1} \boldsymbol{H}_{dr} \boldsymbol{H}_{dr}^{\text{H}}\right) \tag{5-25}$$

根据式（5-7），式（5-25）可以重新表示为

$$g_2 = \lambda_1 \left(\boldsymbol{H}_{dr}^{\text{H}} \boldsymbol{R}_2^{-1} \boldsymbol{H}_{dr}\right) \tag{5-26}$$

其信道增益与式（5-11c）中的信道增益一致，因此第二跳波束成形方案的实质也是存在 CCI 条件下点对点 MIMO 系统最优波束成形方案。因此，存在

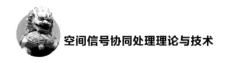

CCI 条件下 MIMO 中继系统最优的波束成形方案是两个存在 CCI 条件下点对点 MIMO 系统最优波束成形方案的级联，增益采用可变增益方案，这就是采用波束成形技术下，点对点 MIMO 系统和 MIMO 中继系统的关系。

5.3　仿真结果

本节利用计算机仿真来研究天线配置、CCI 的数量和功率分配对中继网络性能的影响。对比采用了文献 [23] 的方案，增益 G 可以表示为

$$G = \sqrt{\frac{P_r}{P_s \lambda_{rs,1} + \sum_{i=1}^{N_1} P_{ri} \left| \boldsymbol{w}_{rs}^{\mathrm{H}} \boldsymbol{h}_{ri} \right|^2 + \sigma_r^2}} \tag{5-27}$$

波束成形方案与式（3-17b）和式（3-18）一致。（N_s，N_r，N_d）表示源端、中继端和目的端天线数量的组合，$\gamma_1 = \sum_{i=1}^{N_1} \gamma_{ri}$ 为中继端 CCI 总的 INR，$\gamma_2 = \sum_{j=1}^{N_2} \gamma_{dj}$ 为目的端 CCI 总的 INR，$\gamma_T = \gamma_s + \gamma_r$ 为源端和中继端总的 SNR。仿真中的门限设定为 $\gamma_{th} = 0$ dB，干扰功率设定为 $\gamma_1 = \gamma_2 = 15$ dB。

首先，研究天线配置对存在 CCI 条件下 MIMO 中继系统性能的影响。中继端受到 3 个 CCI 的干扰，其功率配置为（$5/8\gamma_2, 1/4\gamma_1, 1/8\gamma_1$），目的端也受到 3 个 CCI 的干扰，其功率配置为（$5/8\gamma_2, 1/4\gamma_2, 1/8\gamma_2$）。图 5-3 展示了两种方案在对称信道条件下（$\gamma_s = \gamma_r = \gamma$）的中断概率性能，天线配置包括（4, 2, 2）、（2, 4, 2）和（2, 2, 4）。3 组天线配置的天线总数都是 8。对于任意的天线配置，本章提出的波束成形方案都比文献 [23] 中提出的波束成形方案性能要好，体现了本章优化设计的优越性。（2, 4, 2）的性能好于（4, 2, 2）和（2, 2, 4）的性能，体现了在中继端布设多天线带来的性能改善。对于文献 [23] 中提出的波束成形方案，（4, 2, 2）和（2, 2, 4）由于天线配置具有对称性，性能一致；对于本章提出的波束成形方案，（2, 2, 4）的性能要好于（4, 2, 2）的性能。从这个现象可以推测出中继端 CCI 对系统性能的影响由于对中继端波束成形矩阵的优化设计而减轻，而目的端直接受到 CCI 的影响。因此，在第二条链路中配置更多的信道提供分集增益能够改善系统性能。

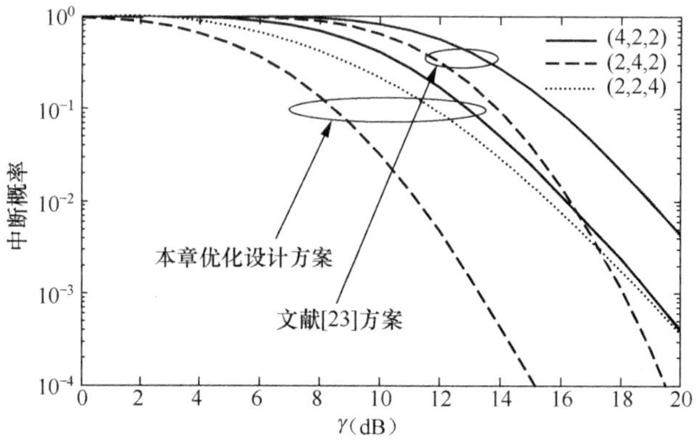

图 5-3 不同天线配置下不同波束成形方案中断概率性能对比

接着，考虑 CCI 对 MIMO 中继系统性能的影响。天线配置设定为（2, 4, 2）。考虑对称信道条件，即 $\gamma_s=\gamma_r=\gamma$。首先研究干扰源数量对系统性能的影响。考虑 3 种场景：场景 1 中继端和目的端只有一个 CCI，N=1；场景 2 中继端和目的端有两个等功率分配的 CCI，即（$1/2\gamma_1,1/2\gamma_1$）和（$1/2\gamma_2,1/2\gamma_2$），N=2；场景 3 中继端和目的端有 3 个等功率分配的 CCI，即（$1/3\gamma_1,1/3\gamma_1,1/3\gamma_1$）和（$1/3\gamma_2,1/3\gamma_2,1/3\gamma_2$），$N$=3，如图 5-4 所示。从图中可以看出，对于任意场景，本章设计的波束成形方案都比文献 [23] 中提出的波束成形方案性能要好，体现了本章优化设计的有效性。对于文献 [23] 中提出的波束成形方案，中断概率在场景 1 下性能最差，在场景 3 下性能最好，这表明将功率集中于一个 CCI 能最好地阻断中继系统的通信。但是对于本章设计的波束成形方案，恰恰相反，中断概率在场景 3 下性能最差，在场景 1 下性能最好。从这个现象可以推测出，在某干扰条件下，文献 [23] 中提出的波束成形方案性能越差，本章提出的波束成形方案性能就越好。然后，考虑干扰源功率分配对 MIMO 中继系统中断概率性能的影响。在图 5-5 中，考虑 3 种干扰功率分配场景：场景 1，中继端和目的端都存在 3 个等功率的 CCI，即（$1/3\gamma_1,1/3\gamma_1,1/3\gamma_1$）和（$1/3\gamma_2,1/3\gamma_2,1/3\gamma_2$）；场景 2，中继端和目的端都存在 3 个半等功率的 CCI，即（$1/2\gamma_1,1/4\gamma_1,1/4\gamma_1$）和（$1/2\gamma_2,1/4\gamma_2,1/4\gamma_2$）；场景 3，中继端和目的端都存在 3 个非等功率的 CCI，即（$5/8\gamma_1,1/4\gamma_1,1/8\gamma_1$）和（$5/8\gamma_2,1/4\gamma_2,1/8\gamma_2$）。从图中可以看出，在任意干扰场景下，本章设计的波束成形方案都比文献 [23] 中提出的波束成形方案性能要好，体现了本章波束成形方案的优越性。对于文献 [23] 中提出的波束成形方案，场景 1 下系统性能最好，场景 3 下系统的性能最差。对于本章设计的波束成形方案，在同一场景下，系统性能与文献 [23] 中提出的波束成形方案相反，即场景 3 下系统性能最好，场景 1 下系统的性能最差，这说明本章设计的波束成形方案能有效抵御 CCI 的影响。

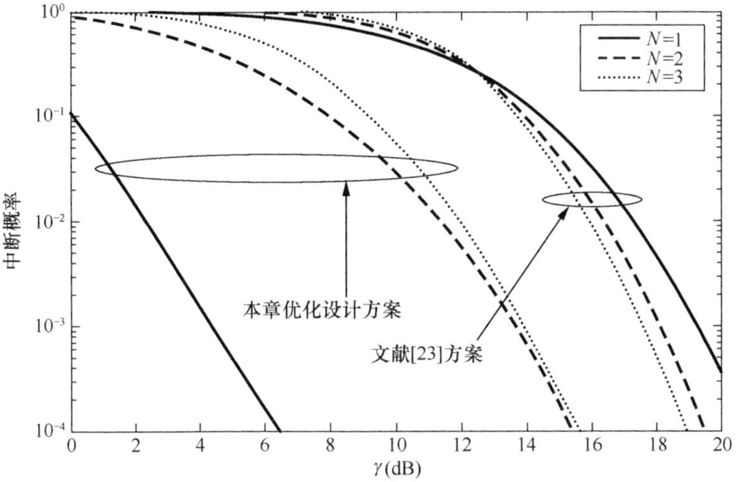

图 5-4 干扰源数量不同时不同波束成形方案中断概率性能对比

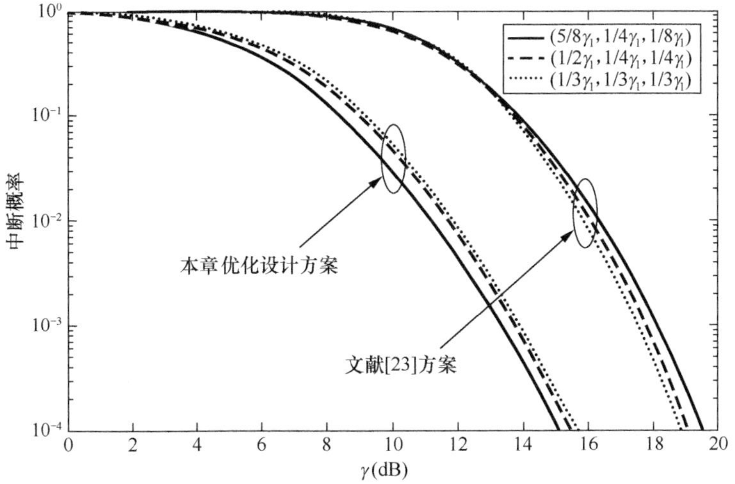

图 5-5 干扰功率分配不同条件下不同波束成形方案中断概率性能对比

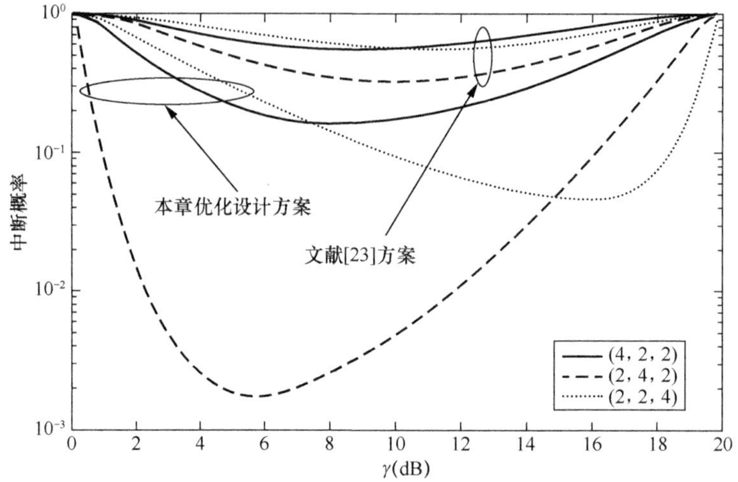

图 5-6　$\gamma_s=\eta\gamma_T$ 和 $\gamma_r=(1-\eta)\gamma_T$ 时不同波束成形方案中断概率性能对比

最后，图 5-6 研究了功率分配对系统性能的影响。假设功率分配的系数为 η，两跳链路的信噪比分别为 $\gamma_s=\eta\gamma_T$ 和 $\gamma_r=(1-\eta)\gamma_T$。源端和中继端的总功率为 γ_r=15 dB。干扰采用图 5-5 中的场景 3。考虑 3 组天线配置：(4, 2, 2)、(2, 4, 2) 和 (2, 2, 4)。对于任意的天线配置和功率分配系数，本章设计的波束成形方案的性能都比文献 [23] 中提出的波束成形方案性能要好，体现了本章优化设计的顽健性。对于文献 [23] 中提出的波束成形方案，(2, 2, 4)、(2, 4, 2) 和 (4, 2, 2) 最优的 η 如果是 η_1、η_2 和 η_3 且满足 $\eta_1>\eta_2>\eta_3$。对于 (2, 2, 4)，第一跳链路的信道数量少于第二跳链路的信道数量；对于 (2, 4, 2)，第一跳链路的信道数量等于第二跳链路的信道数量；对于 (4, 2, 2)，第一跳链路的信道数量大于第二跳链路的信道数量。因此，为了弥补 (2, 2, 4) 中第一跳链路的分集增益，需要分配比其他两种天线配置更多的功率；由于 (4, 2, 2) 的第一跳链路分集增益相对较大，因此分配的功率比其他两种天线配置要小。由于 (2, 4, 2) 两跳链路的信道数量都相同，拥有相同的分集增益，因此 η_2=5。对于本章提出的波束成形方案，天线配置为 (2, 2, 4) 和 (4, 2, 2) 时，最优的 η 的特性与文献 [23] 中提出的波束成形方案类似，说明天线配置对不同波束成形方案的影响具有一致性。但是当天线配置为 (2, 4, 2) 时，到达最优的性能需要将更多的功率分配给第二跳链路。从这个现象可以推测出，除了天线配置对系统性能的影响外，第二跳链路对于系统性能的影响比第一跳链路重要，这是由于第二跳链路直接受到 CCI 在目的端的影响，而第一跳链路由于中继端的波束成形对 CCI 的影响有削弱的作用。因此，为了提高系统的性能，需要向第二跳链路注入更多的功率。另外，在任意的功率分配方案下，（2, 4, 2）都拥有最优的性能，再次说明了在中继端配置多天线带来的性能增益。

5.4　本章小结

本章研究存在 CCI 条件下，如何以最大化目的端信干噪比为目标，设计波束成形方案并进行性能分析。考虑 3 个节点都配置多天线的 MIMO 中继系统，中继端和目的端都存在多个 CCI，且都存在噪声的影响。在此一般性模型的基础上设计最优的波束成形方案，通过仿真验证设计的波束成形方案的优越性。

5.5　附录

定理 5-1 的证明如下。

在求解式（5-17）的优化问题之前，首先对 $\boldsymbol{R}_1$ 进行特征值分解

$$\boldsymbol{R}_1=\boldsymbol{U}_R\boldsymbol{D}_R\boldsymbol{U}_R^{\mathrm{H}}=\boldsymbol{U}_R\boldsymbol{D}_R^{1/2}\boldsymbol{D}_R^{1/2}\boldsymbol{U}_R^{\mathrm{H}}=\left(\boldsymbol{U}_R\boldsymbol{D}_R^{1/2}\right)\left(\boldsymbol{U}_R\boldsymbol{D}_R^{1/2}\right)^{\mathrm{H}}=\boldsymbol{R}_1^{1/2}\boldsymbol{R}_1^{\mathrm{H}/2} \tag{5-28}$$

其中，$\boldsymbol{U}_R$ 是酉矩阵，$\boldsymbol{D}_R=\mathrm{diag}\left(\lambda_{R,1},\lambda_{R,2},\cdots,\lambda_{R,N_r}\right)$ 是对角阵，$\gamma_{R,i}$ 是第 i 个特征值。$\boldsymbol{D}_R^{1/2}$ 可以表示为 $\boldsymbol{D}_R^{1/2}=\mathrm{diag}\left(\sqrt{\lambda_{R,1}},\sqrt{\lambda_{R,2}},\cdots,\sqrt{\lambda_{R,N_r}}\right)$，因此 $\boldsymbol{R}_1^{1/2}$ 可以表示为 $\boldsymbol{R}_1^{1/2}=\boldsymbol{U}_R\boldsymbol{D}_R^{1/2}$。采用线性变换 $\tilde{\boldsymbol{W}}_r=\boldsymbol{W}_r\boldsymbol{R}_1^{1/2}$，将 $\boldsymbol{W}_r=\tilde{\boldsymbol{W}}_r\boldsymbol{R}_1^{-1/2}$ 代入式（5-17），其约束优化问题可以重新表示为

$$\gamma_{\max}=\max_{\boldsymbol{W}_r,\boldsymbol{w}_s,\boldsymbol{w}_d}\frac{P_s\boldsymbol{w}_d^{\mathrm{H}}\boldsymbol{H}_{dr}\tilde{\boldsymbol{W}}_r\boldsymbol{R}_1^{-1/2}\boldsymbol{H}_{rs}\boldsymbol{w}_s\left(\boldsymbol{R}_1^{-1/2}\boldsymbol{H}_{rs}\boldsymbol{w}_s\right)^{\mathrm{H}}\tilde{\boldsymbol{W}}_r^{\mathrm{H}}\left(\boldsymbol{w}_d^{\mathrm{H}}\boldsymbol{H}_{dr}\right)^{\mathrm{H}}}{\boldsymbol{w}_d^{\mathrm{H}}\boldsymbol{H}_{dr}\tilde{\boldsymbol{W}}_r\tilde{\boldsymbol{W}}_r^{\mathrm{H}}\boldsymbol{H}_{dr}^{\mathrm{H}}\boldsymbol{w}_d+\boldsymbol{w}_d^{\mathrm{H}}\boldsymbol{R}_2\boldsymbol{w}_d^{\mathrm{H}}} \tag{5-29a}$$

$$\begin{aligned}\text{s.t.}\quad &\mathrm{tr}\left\{\tilde{\boldsymbol{W}}_r\left[P_s\boldsymbol{R}_1^{-1/2}\boldsymbol{H}_{rs}\boldsymbol{w}_s\left(\boldsymbol{R}_1^{-1/2}\boldsymbol{H}_{rs}\boldsymbol{w}_s\right)^{\mathrm{H}}+\boldsymbol{I}\right]\tilde{\boldsymbol{W}}_r^{\mathrm{H}}\right\}=P_r\\ &\boldsymbol{w}_s^{\mathrm{H}}\boldsymbol{w}_s=\boldsymbol{w}_d^{\mathrm{H}}\boldsymbol{w}_d=1\end{aligned} \tag{5-29b}$$

目的端的 SINR 可以重新表示为

$$\gamma=\frac{P_s\boldsymbol{w}_d^{\mathrm{H}}\boldsymbol{H}_{dr}\tilde{\boldsymbol{W}}_r\boldsymbol{R}_1^{-1/2}\boldsymbol{H}_{rs}\boldsymbol{w}_s\left(\boldsymbol{R}_1^{-1/2}\boldsymbol{H}_{rs}\boldsymbol{w}_s\right)^{\mathrm{H}}\tilde{\boldsymbol{W}}_r^{\mathrm{H}}\left(\boldsymbol{w}_d^{\mathrm{H}}\boldsymbol{H}_{dr}\right)^{\mathrm{H}}}{\boldsymbol{w}_d^{\mathrm{H}}\boldsymbol{H}_{dr}\tilde{\boldsymbol{W}}_r\tilde{\boldsymbol{W}}_r^{\mathrm{H}}\boldsymbol{H}_{dr}^{\mathrm{H}}\boldsymbol{w}_d+\boldsymbol{w}_d^{\mathrm{H}}\boldsymbol{R}_2\boldsymbol{w}_d^{\mathrm{H}}}=$$
$$\frac{P_s\mathrm{tr}\left\{\boldsymbol{w}_d^{\mathrm{H}}\boldsymbol{H}_{dr}\tilde{\boldsymbol{W}}_r\boldsymbol{R}_1^{-1/2}\boldsymbol{H}_{rs}\boldsymbol{w}_s\left(\boldsymbol{R}_1^{-1/2}\boldsymbol{H}_{rs}\boldsymbol{w}_s\right)^{\mathrm{H}}\tilde{\boldsymbol{W}}_r^{\mathrm{H}}\left(\boldsymbol{w}_d^{\mathrm{H}}\boldsymbol{H}_{dr}\right)^{\mathrm{H}}\right\}}{\mathrm{tr}\left\{\boldsymbol{w}_d^{\mathrm{H}}\boldsymbol{H}_{dr}\tilde{\boldsymbol{W}}_r\tilde{\boldsymbol{W}}_r^{\mathrm{H}}\boldsymbol{H}_{dr}^{\mathrm{H}}\boldsymbol{w}_d\right\}+\boldsymbol{w}_d^{\mathrm{H}}\boldsymbol{R}_2\boldsymbol{w}_d^{\mathrm{H}}}= \tag{5-30}$$
$$\frac{P_s\mathrm{tr}\left\{\boldsymbol{R}_1^{-1/2}\boldsymbol{H}_{rs}\boldsymbol{w}_s\left(\boldsymbol{R}_1^{-1/2}\boldsymbol{H}_{rs}\boldsymbol{w}_s\right)^{\mathrm{H}}\tilde{\boldsymbol{W}}_r^{\mathrm{H}}\left(\boldsymbol{w}_d^{\mathrm{H}}\boldsymbol{H}_{dr}\right)^{\mathrm{H}}\boldsymbol{w}_d^{\mathrm{H}}\boldsymbol{H}_{dr}\tilde{\boldsymbol{W}}_r\right\}}{\mathrm{tr}\left\{\boldsymbol{w}_d^{\mathrm{H}}\boldsymbol{H}_{dr}\tilde{\boldsymbol{W}}_r\tilde{\boldsymbol{W}}_r^{\mathrm{H}}\boldsymbol{H}_{dr}^{\mathrm{H}}\boldsymbol{w}_d\right\}+\boldsymbol{w}_d^{\mathrm{H}}\boldsymbol{R}_2\boldsymbol{w}_d^{\mathrm{H}}}$$

其中，采用了等式 $\mathrm{tr}(\boldsymbol{AB})=\mathrm{tr}(\boldsymbol{BA})$。假设 $\boldsymbol{A}$ 和 $\boldsymbol{B}$ 是半正定 Hermitian 矩阵，则存在以下不等式[1]。

$$\mathrm{tr}\left(\boldsymbol{AB}\right)\leqslant\mathrm{tr}\left(\boldsymbol{A}\right)\mathrm{tr}\left(\boldsymbol{B}\right) \tag{5-31}$$

将 $\boldsymbol{A}=\boldsymbol{R}_1^{-1/2}\boldsymbol{H}_{rs}\boldsymbol{w}_s\left(\boldsymbol{R}_1^{-1/2}\boldsymbol{H}_{rs}\boldsymbol{w}_s\right)^{\mathrm{H}}$和$\boldsymbol{B}=\tilde{\boldsymbol{W}}_r^{\mathrm{H}}\left(\boldsymbol{w}_d^{\mathrm{H}}\boldsymbol{H}_{dr}\right)^{\mathrm{H}}\boldsymbol{w}_d^{\mathrm{H}}\boldsymbol{H}_{dr}\tilde{\boldsymbol{W}}_r$代入式（5-31），式（5-30）中分子的上界可以表示为

$$\begin{aligned}&\mathrm{tr}\left\{\boldsymbol{R}_1^{-1/2}\boldsymbol{H}_{rs}\boldsymbol{w}_s\left(\boldsymbol{R}_1^{-1/2}\boldsymbol{H}_{rs}\boldsymbol{w}_s\right)^{\mathrm{H}}\tilde{\boldsymbol{W}}_r^{\mathrm{H}}\left(\boldsymbol{w}_d^{\mathrm{H}}\boldsymbol{H}_{dr}\right)^{\mathrm{H}}\boldsymbol{w}_d^{\mathrm{H}}\boldsymbol{H}_{dr}\tilde{\boldsymbol{W}}_r\right\}\leqslant\\&\mathrm{tr}\left\{\boldsymbol{R}_1^{-1/2}\boldsymbol{H}_{rs}\boldsymbol{w}_s\left(\boldsymbol{R}_1^{-1/2}\boldsymbol{H}_{rs}\boldsymbol{w}_s\right)^{\mathrm{H}}\right\}\mathrm{tr}\left\{\tilde{\boldsymbol{W}}_r^{\mathrm{H}}\left(\boldsymbol{w}_d^{\mathrm{H}}\boldsymbol{H}_{dr}\right)^{\mathrm{H}}\boldsymbol{w}_d^{\mathrm{H}}\boldsymbol{H}_{dr}\tilde{\boldsymbol{W}}_r\right\}\end{aligned} \tag{5-32}$$

将式（5-32）代入式（5-30），目的端 SINR 的上界可以表示为

$$\gamma\leqslant\frac{P_s\mathrm{tr}\left\{\boldsymbol{R}_1^{-1/2}\boldsymbol{H}_{rs}\boldsymbol{w}_s\left(\boldsymbol{R}_1^{-1/2}\boldsymbol{H}_{rs}\boldsymbol{w}_s\right)^{\mathrm{H}}\right\}\mathrm{tr}\left\{\tilde{\boldsymbol{W}}_r^{\mathrm{H}}\left(\boldsymbol{w}_d^{\mathrm{H}}\boldsymbol{H}_{dr}\right)^{\mathrm{H}}\boldsymbol{w}_d^{\mathrm{H}}\boldsymbol{H}_{dr}\tilde{\boldsymbol{W}}_r\right\}}{\mathrm{tr}\left\{\boldsymbol{w}_d^{\mathrm{H}}\boldsymbol{H}_{dr}\tilde{\boldsymbol{W}}_r\tilde{\boldsymbol{W}}_r^{\mathrm{H}}\boldsymbol{H}_{dr}^{\mathrm{H}}\boldsymbol{w}_d\right\}+\boldsymbol{w}_d^{\mathrm{H}}\boldsymbol{R}_2\boldsymbol{w}_d^{\mathrm{H}}}=$$
$$\frac{P_s\mathrm{tr}\left\{\boldsymbol{R}_1^{-1/2}\boldsymbol{H}_{rs}\boldsymbol{w}_s\left(\boldsymbol{R}_1^{-1/2}\boldsymbol{H}_{rs}\boldsymbol{w}_s\right)^{\mathrm{H}}\right\}\mathrm{tr}\left\{\left(\boldsymbol{w}_d^{\mathrm{H}}\boldsymbol{H}_{dr}\right)^{\mathrm{H}}\boldsymbol{w}_d^{\mathrm{H}}\boldsymbol{H}_{dr}\tilde{\boldsymbol{W}}_r\tilde{\boldsymbol{W}}_r^{\mathrm{H}}\right\}}{\mathrm{tr}\left\{\left(\boldsymbol{w}_d^{\mathrm{H}}\boldsymbol{H}_{dr}\right)^{\mathrm{H}}\boldsymbol{w}_d^{\mathrm{H}}\boldsymbol{H}_{dr}\tilde{\boldsymbol{W}}_r\tilde{\boldsymbol{W}}_r^{\mathrm{H}}\right\}+\boldsymbol{w}_d^{\mathrm{H}}\boldsymbol{R}_2\boldsymbol{w}_d^{\mathrm{H}}}= \tag{5-33}$$
$$P_s\mathrm{tr}\left\{\boldsymbol{R}_1^{-1/2}\boldsymbol{H}_{rs}\boldsymbol{w}_s\left(\boldsymbol{R}_1^{-1/2}\boldsymbol{H}_{rs}\boldsymbol{w}_s\right)^{\mathrm{H}}\right\}\frac{\mathrm{tr}\left\{\left(\boldsymbol{w}_d^{\mathrm{H}}\boldsymbol{H}_{dr}\right)^{\mathrm{H}}\boldsymbol{w}_d^{\mathrm{H}}\boldsymbol{H}_{dr}\tilde{\boldsymbol{W}}_r\tilde{\boldsymbol{W}}_r^{\mathrm{H}}\right\}\Big/\boldsymbol{w}_d^{\mathrm{H}}\boldsymbol{R}_2\boldsymbol{w}_d^{\mathrm{H}}}{\mathrm{tr}\left\{\left(\boldsymbol{w}_d^{\mathrm{H}}\boldsymbol{H}_{dr}\right)^{\mathrm{H}}\boldsymbol{w}_d^{\mathrm{H}}\boldsymbol{H}_{dr}\tilde{\boldsymbol{W}}_r\tilde{\boldsymbol{W}}_r^{\mathrm{H}}\right\}\Big/\boldsymbol{w}_d^{\mathrm{H}}\boldsymbol{R}_2\boldsymbol{w}_d^{\mathrm{H}}+1}=\gamma^{\mathrm{up}}$$

其中，γ^{up} 表示目的端 SINR 的上界。假设 $\boldsymbol{A}$ 和 $\boldsymbol{B}$ 是两个半正定的 Hermitian 矩阵，对它们进行特征值分解得到 $\boldsymbol{A}=\boldsymbol{U}_A\boldsymbol{D}_A\boldsymbol{U}_A^{\mathrm{H}}$ 和 $\boldsymbol{B}=\boldsymbol{U}_B\boldsymbol{D}_B\boldsymbol{U}_B^{\mathrm{H}}$，则以下不等式成立[1]。

$$\mathrm{tr}\left(\boldsymbol{AB}\right)\leqslant\mathrm{tr}\left(\boldsymbol{D}_A\boldsymbol{D}_B\right) \tag{5-34}$$

等式成立必须满足以下条件，即

$$\boldsymbol{U}_A=\boldsymbol{U}_B \tag{5-35}$$

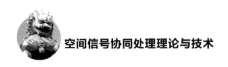

为了采用以上不等式，首先令 $\boldsymbol{A}=\left(\boldsymbol{w}_d^{\mathrm{H}}\boldsymbol{H}_{dr}\right)^{\mathrm{H}}\boldsymbol{w}_d^{\mathrm{H}}\boldsymbol{H}_{dr}$，则 $\boldsymbol{A}$ 的特征值分解可以表示为

$$\boldsymbol{A}=\left(\boldsymbol{w}_d^{\mathrm{H}}\boldsymbol{H}_{dr}\right)^{\mathrm{H}}\boldsymbol{w}_d^{\mathrm{H}}\boldsymbol{H}_{dr}=\boldsymbol{U}_d\boldsymbol{D}_d\boldsymbol{U}_d^{\mathrm{H}} \tag{5-36a}$$

$$\boldsymbol{D}_d=\mathrm{diag}\left(\boldsymbol{w}_d^{\mathrm{H}}\boldsymbol{H}_{dr}\boldsymbol{H}_{dr}^{\mathrm{H}}\boldsymbol{w}_d,0,\cdots,0\right) \tag{5-36b}$$

其中，$\boldsymbol{U}_d=\left[\boldsymbol{u}_{d,1},\boldsymbol{u}_{d,2},\cdots,\boldsymbol{u}_{d,N_r}\right]$是酉矩阵，且满足 $\boldsymbol{u}_{d,1}=\left(\boldsymbol{w}_d^{\mathrm{H}}\boldsymbol{H}_{dr}\right)^{\mathrm{H}}\Big/\left\|\boldsymbol{w}_d^{\mathrm{H}}\boldsymbol{H}_{dr}\right\|_{\mathrm{F}}$。此外，对 $\tilde{\boldsymbol{W}}_r$ 采用 SVD 分解，可以表示为

$$\tilde{\boldsymbol{W}}_r=\boldsymbol{U}_r\boldsymbol{\Lambda}_r\boldsymbol{V}_r^{\mathrm{H}} \tag{5-37a}$$

$$\boldsymbol{\Lambda}_r=\mathrm{diag}\left(\delta_1,\delta_2,\cdots,\delta_{N_r}\right) \tag{5-37b}$$

其中，$\boldsymbol{U}_r$ 和 $\boldsymbol{V}_r$ 是酉矩阵，$\boldsymbol{\Lambda}_r$ 是对角阵，且满足 $\delta_1\geqslant\delta_2\geqslant\cdots\geqslant\delta_{Nr}\geqslant 0$。因此，可以得到

$$\boldsymbol{B}=\tilde{\boldsymbol{W}}_r\tilde{\boldsymbol{W}}_r^{\mathrm{H}}=\boldsymbol{U}_r\boldsymbol{D}_r\boldsymbol{U}_r^{\mathrm{H}} \tag{5-38a}$$

$$\boldsymbol{D}_r=\mathrm{diag}\left(\delta_1^2,\delta_2^2,\cdots,\delta_{N_r}^2\right) \tag{5-38b}$$

将式（5-36）和式（5-38）代入式（5-34）和式（5-35），可以得到

$$\frac{\mathrm{tr}\left\{\left(\boldsymbol{w}_d^{\mathrm{H}}\boldsymbol{H}_{dr}\right)^{\mathrm{H}}\boldsymbol{w}_d^{\mathrm{H}}\boldsymbol{H}_{dr}\tilde{\boldsymbol{W}}_r\tilde{\boldsymbol{W}}_r^{\mathrm{H}}\right\}}{\boldsymbol{w}_d^{\mathrm{H}}\boldsymbol{R}_2\boldsymbol{w}_d^{\mathrm{H}}}\leqslant\frac{\mathrm{tr}\left(\boldsymbol{D}_d\boldsymbol{D}_r\right)}{\boldsymbol{w}_d^{\mathrm{H}}\boldsymbol{R}_2\boldsymbol{w}_d^{\mathrm{H}}}=\delta_1^2\frac{\boldsymbol{w}_d^{\mathrm{H}}\boldsymbol{H}_{dr}\boldsymbol{H}_{dr}^{\mathrm{H}}\boldsymbol{w}_d}{\boldsymbol{w}_d^{\mathrm{H}}\boldsymbol{R}_2\boldsymbol{w}_d^{\mathrm{H}}} \tag{5-39}$$

式（5-39）取等号的条件是

$$\boldsymbol{U}_r=\boldsymbol{U}_d \tag{5-40}$$

为了达到最大的 γ^{up}，不仅需要满足式（5-40），也需要满足式（5-32）。将式（5-36）、式（5-37）和式（5-40）代入式（5-32）的左边，可以得到

$$\begin{aligned}&\mathrm{tr}\left\{\boldsymbol{R}_1^{-1/2}\boldsymbol{H}_{rs}\boldsymbol{w}_s\left(\boldsymbol{R}_1^{-1/2}\boldsymbol{H}_{rs}\boldsymbol{w}_s\right)^{\mathrm{H}}\tilde{\boldsymbol{W}}_r^{\mathrm{H}}\left(\boldsymbol{w}_d^{\mathrm{H}}\boldsymbol{H}_{dr}\right)^{\mathrm{H}}\boldsymbol{w}_d^{\mathrm{H}}\boldsymbol{H}_{dr}\tilde{\boldsymbol{W}}_r\right\}=\\&\mathrm{tr}\left\{\boldsymbol{R}_1^{-1/2}\boldsymbol{H}_{rs}\boldsymbol{w}_s\left(\boldsymbol{R}_1^{-1/2}\boldsymbol{H}_{rs}\boldsymbol{w}_s\right)^{\mathrm{H}}\boldsymbol{V}_r\boldsymbol{V}_r^{\mathrm{H}}\right\}\delta_1^2\boldsymbol{w}_d^{\mathrm{H}}\boldsymbol{H}_{dr}\boldsymbol{H}_{dr}^{\mathrm{H}}\boldsymbol{w}_d\end{aligned} \tag{5-41}$$

同时，式（5-32）的右边可以表示为

$$\begin{aligned}&\mathrm{tr}\left\{\boldsymbol{R}_1^{-1/2}\boldsymbol{H}_{rs}\boldsymbol{w}_s\left(\boldsymbol{R}_1^{-1/2}\boldsymbol{H}_{rs}\boldsymbol{w}_s\right)^{\mathrm{H}}\right\}\mathrm{tr}\left\{\tilde{\boldsymbol{W}}_r^{\mathrm{H}}\left(\boldsymbol{w}_d^{\mathrm{H}}\boldsymbol{H}_{dr}\right)^{\mathrm{H}}\boldsymbol{w}_d^{\mathrm{H}}\boldsymbol{H}_{dr}\tilde{\boldsymbol{W}}_r\right\}=\\&\delta_1^2\boldsymbol{w}_s^{\mathrm{H}}\boldsymbol{H}_{rs}^{\mathrm{H}}\boldsymbol{R}_1^{-1}\boldsymbol{H}_{rs}\boldsymbol{w}_s\boldsymbol{w}_d^{\mathrm{H}}\boldsymbol{H}_{dr}\boldsymbol{H}_{dr}^{\mathrm{H}}\boldsymbol{w}_d\end{aligned} \tag{5-42}$$

对 $\boldsymbol{A}=\boldsymbol{R}_1^{-1/2}\boldsymbol{H}_{rs}\boldsymbol{w}_s\left(\boldsymbol{R}_1^{-1/2}\boldsymbol{H}_{rs}\boldsymbol{w}_s\right)^{\mathrm{H}}$ 采用特征值分解，可以得到

$$\boldsymbol{A}=\boldsymbol{R}_1^{-1/2}\boldsymbol{H}_{rs}\boldsymbol{w}_s\left(\boldsymbol{R}_1^{-1/2}\boldsymbol{H}_{rs}\boldsymbol{w}_s\right)^{\mathrm{H}}=\boldsymbol{U}_s\boldsymbol{D}_s\boldsymbol{U}_s^{\mathrm{H}} \tag{5-43a}$$

$$\boldsymbol{D}_s=\mathrm{diag}\left(\boldsymbol{w}_s^{\mathrm{H}}\boldsymbol{H}_{rs}^{\mathrm{H}}\boldsymbol{R}_1^{-1}\boldsymbol{H}_{rs}\boldsymbol{w}_s,0,\cdots,0\right) \tag{5-43b}$$

其中，$\boldsymbol{U}_s=\left[\boldsymbol{u}_{s,1},\boldsymbol{u}_{s,2},\cdots,\boldsymbol{u}_{s,N_r}\right]$是酉矩阵，且满足 $\boldsymbol{u}_{s,1}=R_1^{-1/2}\boldsymbol{H}_{rs}\boldsymbol{w}_s/\left\|R_1^{-1/2}\boldsymbol{H}_{rs}\boldsymbol{w}_s\right\|_{\mathrm{F}}$。$\boldsymbol{B}=\boldsymbol{V}_r\boldsymbol{V}_r^{\mathrm{H}}$ 的特征值分解可以表示为

$$\boldsymbol{B}=\boldsymbol{V}_r\boldsymbol{V}_r^{\mathrm{H}}=\boldsymbol{V}_r\boldsymbol{I}_{N_r}\boldsymbol{V}_r^{\mathrm{H}} \tag{5-44}$$

将式（5-43）和式（5-44）代入式（5-34）和式（5-35），可以得到

$$\operatorname{tr}\left\{\boldsymbol{R}_1^{-1/2}\boldsymbol{H}_{rs}\boldsymbol{w}_s\left(\boldsymbol{R}_1^{-1/2}\boldsymbol{H}_{rs}\boldsymbol{w}_s\right)^{\mathrm{H}}\boldsymbol{V}_r\boldsymbol{V}_r^{\mathrm{H}}\right\}\leqslant\operatorname{tr}\left\{\boldsymbol{D}_s\boldsymbol{I}_{N_r}\right\}=\boldsymbol{w}_s^{\mathrm{H}}\boldsymbol{H}_{rs}^{\mathrm{H}}\boldsymbol{R}_1^{-1}\boldsymbol{H}_{rs}\boldsymbol{w}_s \tag{5-45}$$

式（5-45）取等号的条件是

$$\boldsymbol{V}_r=\boldsymbol{U}_s \tag{5-46}$$

将式（5-45）代入式（5-41），可以得到

$$\begin{aligned}&\operatorname{tr}\left\{\boldsymbol{R}_1^{-1/2}\boldsymbol{H}_{rs}\boldsymbol{w}_s\left(\boldsymbol{R}_1^{-1/2}\boldsymbol{H}_{rs}\boldsymbol{w}_s\right)^{\mathrm{H}}\tilde{\boldsymbol{W}}_r^{\mathrm{H}}\left(\boldsymbol{w}_d^{\mathrm{H}}\boldsymbol{H}_{dr}\right)^{\mathrm{H}}\boldsymbol{w}_d^{\mathrm{H}}\boldsymbol{H}_{dr}\tilde{\boldsymbol{W}}_r\right\}\leqslant\\&\delta_1^2\boldsymbol{w}_s^{\mathrm{H}}\boldsymbol{H}_{rs}^{\mathrm{H}}\boldsymbol{R}_1^{-1}\boldsymbol{H}_{rs}\boldsymbol{w}_s\boldsymbol{w}_d^{\mathrm{H}}\boldsymbol{H}_{dr}\boldsymbol{H}_{dr}^{\mathrm{H}}\boldsymbol{w}_d\end{aligned} \tag{5-47}$$

考虑式（5-42）和式（5-47），式（5-32）取等号的条件是式（5-46）成立。根据式（5-37a）、式（5-40）和式（5-46），取得最大的目的端 SINR 的 $\tilde{\boldsymbol{W}}_r$ 可以表示为

$$\tilde{\boldsymbol{W}}_r=\boldsymbol{U}_d\boldsymbol{\varLambda}_r\boldsymbol{U}_s^{\mathrm{H}} \tag{5-48}$$

将式（5-36）、式（5-43）和式（5-48）代入式（5-33），可以得到

$$\gamma=P_s\boldsymbol{w}_s^{\mathrm{H}}\boldsymbol{H}_{rs}^{\mathrm{H}}\boldsymbol{R}_1^{-1}\boldsymbol{H}_{rs}\boldsymbol{w}_s\frac{\delta_1^2\boldsymbol{w}_d^{\mathrm{H}}\boldsymbol{H}_{dr}\boldsymbol{H}_{dr}^{\mathrm{H}}\boldsymbol{w}_d/\boldsymbol{w}_d^{\mathrm{H}}\boldsymbol{R}_2\boldsymbol{w}_d^{\mathrm{H}}}{\delta_1^2\boldsymbol{w}_d^{\mathrm{H}}\boldsymbol{H}_{dr}\boldsymbol{H}_{dr}^{\mathrm{H}}\boldsymbol{w}_d/\boldsymbol{w}_d^{\mathrm{H}}\boldsymbol{R}_2\boldsymbol{w}_d^{\mathrm{H}}+1} \tag{5-49}$$

将式（5-43）和式（5-48）代入式（5-29b）中的约束，可以得到

$$P_s\boldsymbol{w}_s^{\mathrm{H}}\boldsymbol{H}_{rs}^{\mathrm{H}}\boldsymbol{R}_1^{-1}\boldsymbol{H}_{rs}\boldsymbol{w}_s\delta_1^2+\sum_{i=1}^{N_r}\delta_i^2=P_r \tag{5-50}$$

δ_1^2 可以表示为

$$\delta_1^2=\frac{P_r}{P_s\boldsymbol{w}_s^{\mathrm{H}}\boldsymbol{H}_{rs}^{\mathrm{H}}\boldsymbol{R}_1^{-1}\boldsymbol{H}_{rs}\boldsymbol{w}_s+1}-\frac{1}{P_s\boldsymbol{w}_s^{\mathrm{H}}\boldsymbol{H}_{rs}^{\mathrm{H}}\boldsymbol{R}_1^{-1}\boldsymbol{H}_{rs}\boldsymbol{w}_s+1}\sum_{i=2}^{N_r}\delta_i^2 \tag{5-51}$$

其中，由于式（5-49）中的 γ 随着的 δ_1^2 增大而增大，因此要达到最大的 γ 需要最大化 δ_1^2。由式（5-51）得到 $\delta_1^2\leqslant\dfrac{P_r}{P_s\boldsymbol{w}_s^{\mathrm{H}}\boldsymbol{H}_{rs}^{\mathrm{H}}\boldsymbol{R}_1^{-1}\boldsymbol{H}_{rs}\boldsymbol{w}_s+1}$，式（5-51）取等号的条件是 $\sum_{i=2}^{N_r}\delta_i^2=0$。因此，式（5-37b）中的 $\boldsymbol{\varLambda}_r$ 可以表示为

$$\boldsymbol{\varLambda}_r=\operatorname{diag}\left(\sqrt{\frac{P_r}{P_s\boldsymbol{w}_s^{\mathrm{H}}\boldsymbol{H}_{rs}^{\mathrm{H}}\boldsymbol{R}_1^{-1}\boldsymbol{H}_{rs}\boldsymbol{w}_s+}},0,\cdots,0\right) \tag{5-52}$$

将式（5-36）、式（5-40）、式（5-43）、式（5-46）和式（5-52）代入式（5-48），

可以得到 $\tilde{\boldsymbol{W}}_r^{\text{opt}}$ 为

$$\tilde{\boldsymbol{W}}_r^{\text{opt}} = \sqrt{\frac{P_r}{P_s \boldsymbol{w}_s^{\text{H}} \boldsymbol{H}_{rs}^{\text{H}} \boldsymbol{R}_1^{-1} \boldsymbol{H}_{rs} \boldsymbol{w}_s + 1}} \frac{\boldsymbol{H}_{dr}^{\text{H}} \boldsymbol{w}_d \boldsymbol{w}_s^{\text{H}} \boldsymbol{H}_{rs}^{\text{H}} \boldsymbol{R}_1^{-\text{H}/2}}{\left\| \boldsymbol{w}_d^{\text{H}} \boldsymbol{H}_{dr} \right\|_{\text{F}} \left\| \boldsymbol{R}_1^{-1/2} \boldsymbol{H}_{rs} \boldsymbol{w}_s \right\|_{\text{F}}} \tag{5-53}$$

利用 $\boldsymbol{W}_r = \tilde{\boldsymbol{W}}_r \boldsymbol{R}_1^{-1/2}$，$\boldsymbol{W}_r^{\text{opt}}$ 可以表示为

$$\boldsymbol{W}_r^{\text{opt}} = \sqrt{\frac{P_r}{P_s \boldsymbol{w}_s^{\text{H}} \boldsymbol{H}_{rs}^{\text{H}} \boldsymbol{R}_1^{-1} \boldsymbol{H}_{rs} \boldsymbol{w}_s + 1}} \frac{\boldsymbol{H}_{dr}^{\text{H}} \boldsymbol{w}_d \boldsymbol{w}_s^{\text{H}} \boldsymbol{H}_{rs}^{\text{H}} \boldsymbol{R}_1^{-1}}{\left\| \boldsymbol{w}_d^{\text{H}} \boldsymbol{H}_{dr} \right\|_{\text{F}} \left\| \boldsymbol{R}_1^{-1/2} \boldsymbol{H}_{rs} \boldsymbol{w}_s \right\|_{\text{F}}} \tag{5-54}$$

最后，为了推导最优的 $\boldsymbol{w}_s$ 和 $\boldsymbol{w}_d$，将式（5-54）代入式（5-29），约束优化问题可以重新表示为

$$\gamma_{\max} = \max_{\boldsymbol{w}_s, \boldsymbol{w}_d} \frac{P_s \boldsymbol{w}_s^{\text{H}} \boldsymbol{H}_{rs}^{\text{H}} \boldsymbol{R}_1^{-1} \boldsymbol{H}_{rs} \boldsymbol{w}_s \left(P_r \boldsymbol{w}_d^{\text{H}} \boldsymbol{H}_{dr} \boldsymbol{H}_{dr}^{\text{H}} \boldsymbol{w}_d \big/ \boldsymbol{w}_d^{\text{H}} \boldsymbol{R}_2 \boldsymbol{w}_d^{\text{H}} \right)}{P_s \boldsymbol{w}_s^{\text{H}} \boldsymbol{H}_{rs}^{\text{H}} \boldsymbol{R}_1^{-1} \boldsymbol{H}_{rs} \boldsymbol{w}_s + P_r \boldsymbol{w}_d^{\text{H}} \boldsymbol{H}_{dr} \boldsymbol{H}_{dr}^{\text{H}} \boldsymbol{w}_d \big/ \boldsymbol{w}_d^{\text{H}} \boldsymbol{R}_2 \boldsymbol{w}_d^{\text{H}} + 1} \tag{5-55a}$$

$$\text{s.t.} \quad \boldsymbol{w}_s^{\text{H}} \boldsymbol{w}_s = \boldsymbol{w}_d^{\text{H}} \boldsymbol{w}_d = 1 \tag{5-55b}$$

在求解式（5-55）的优化问题之前，首先将式（5-15）中的 $\boldsymbol{R}_1$ 和 $\boldsymbol{R}_2$ 表示为

$$\boldsymbol{R}_1 = \sum_{i=1}^{N_1} P_{ri} \boldsymbol{h}_{ri} \boldsymbol{h}_{ri}^{\text{H}} + \sigma_r^2 \boldsymbol{I}_{N_r} = \sigma_r^2 \left(\sum_{i=1}^{N_1} \gamma_{ri} \boldsymbol{h}_{ri} \boldsymbol{h}_{ri}^{\text{H}} + \boldsymbol{I}_{N_r} \right) = \sigma_r^2 \hat{\boldsymbol{R}}_1 \tag{5-56a}$$

$$\boldsymbol{R}_2 = \sum_{j=1}^{N_2} P_{dj} \boldsymbol{h}_{dj} \boldsymbol{h}_{dj}^{\text{H}} + \sigma_d^2 \boldsymbol{I}_{N_d} = \sigma_d^2 \left(\sum_{j=1}^{N_2} \gamma_{dj} \boldsymbol{h}_{dj} \boldsymbol{h}_{dj}^{\text{H}} + \boldsymbol{I}_{N_d} \right) = \sigma_d^2 \hat{\boldsymbol{R}}_2 \tag{5-56b}$$

其中，$\hat{\boldsymbol{R}}_1 = \sum_{i=1}^{N_1} \gamma_{ri} \boldsymbol{h}_{ri} \boldsymbol{h}_{ri}^{\text{H}} + \boldsymbol{I}_{N_r}$，$\hat{\boldsymbol{R}}_2 = \sum_{j=1}^{N_2} P_{dj} \boldsymbol{h}_{dj} \boldsymbol{h}_{dj}^{\text{H}} + \boldsymbol{I}_{N_d}$。$\gamma_{ri} = P_{ri} / \sigma_r^2$ 和 $\gamma_{dj} = P_{dj} / \sigma_d^2$ 分别是中继端第 i 个 CCI 和目的端第 j 个 CCI 的 INR。将式（5-56）代入式（5-55），约束优化问题可以重新表示为

$$\gamma_{\max} = \max_{\boldsymbol{w}_s, \boldsymbol{w}_d} \frac{\gamma_s \boldsymbol{w}_s^{\text{H}} \boldsymbol{H}_{rs}^{\text{H}} \hat{\boldsymbol{R}}_1^{-1} \boldsymbol{H}_{rs} \boldsymbol{w}_s \left(\gamma_r \boldsymbol{w}_d^{\text{H}} \boldsymbol{H}_{dr} \boldsymbol{H}_{dr}^{\text{H}} \boldsymbol{w}_d \big/ \boldsymbol{w}_d^{\text{H}} \hat{\boldsymbol{R}}_2 \boldsymbol{w}_d^{\text{H}} \right)}{\gamma_s \boldsymbol{w}_s^{\text{H}} \boldsymbol{H}_{rs}^{\text{H}} \hat{\boldsymbol{R}}_1^{-1} \boldsymbol{H}_{rs} \boldsymbol{w}_s + \gamma_r \boldsymbol{w}_d^{\text{H}} \boldsymbol{H}_{dr} \boldsymbol{H}_{dr}^{\text{H}} \boldsymbol{w}_d \big/ \boldsymbol{w}_d^{\text{H}} \hat{\boldsymbol{R}}_2 \boldsymbol{w}_d^{\text{H}} + 1} \tag{5-57a}$$

$$\text{s.t.} \quad \boldsymbol{w}_s^{\text{H}} \boldsymbol{w}_s = \boldsymbol{w}_d^{\text{H}} \boldsymbol{w}_d = 1 \tag{5-57b}$$

其中，$\gamma_s = P_s / \sigma_r^2$ 和 $\gamma_r = P_r / \sigma_d^2$ 分别是源端和中继端的信噪比。显然式（5-57）可以等效表示为

$$\max_{\boldsymbol{w}_s} \boldsymbol{w}_s^{\text{H}} \boldsymbol{H}_{rs}^{\text{H}} \hat{\boldsymbol{R}}_1^{-1} \boldsymbol{H}_{rs} \boldsymbol{w}_s \qquad \text{s.t.} \quad \boldsymbol{w}_s^{\text{H}} \boldsymbol{w}_s = 1 \tag{5-58}$$

$$\max_{\boldsymbol{w}_d} \boldsymbol{w}_d^{\text{H}} \boldsymbol{H}_{dr} \boldsymbol{H}_{dr}^{\text{H}} \boldsymbol{w}_d \big/ \boldsymbol{w}_d^{\text{H}} \hat{\boldsymbol{R}}_2 \boldsymbol{w}_d^{\text{H}} \qquad \text{s.t.} \quad \boldsymbol{w}_d^{\text{H}} \boldsymbol{w}_d = 1 \tag{5-59}$$

为了求解式（5-58），首先对 $\boldsymbol{H}_{rs}^{\text{H}} \hat{\boldsymbol{R}}_1^{-1} \boldsymbol{H}_{rs}$ 进行特征值分解，可以得到

$$\boldsymbol{H}_{rs}^{\text{H}} \hat{\boldsymbol{R}}_1^{-1} \boldsymbol{H}_{rs} = \boldsymbol{U}_{rs} \boldsymbol{D}_{rs} \boldsymbol{U}_{rs}^{\text{H}} \tag{5-60a}$$

$$\boldsymbol{D}_{rs}=\operatorname{diag}\left(\lambda_{rs,1},\lambda_{rs,2},\cdots,\lambda_{rs,N_s}\right) \tag{5-60b}$$

其中，$\boldsymbol{U}_{rs}=\left[\boldsymbol{u}_{rs,1},\boldsymbol{u}_{rs,2},\cdots,\boldsymbol{u}_{rs,N_s}\right]$是酉矩阵，$\boldsymbol{D}_{rs}$ 中的特征值按降序排列，显然

$$\boldsymbol{w}_s^{\mathrm{H}}\boldsymbol{H}_{rs}^{\mathrm{H}}\hat{\boldsymbol{R}}_1^{-1}\boldsymbol{H}_{rs}\boldsymbol{w}_{rs}\leqslant\lambda_{rs,1} \tag{5-61}$$

式（5-61）取等号的条件是

$$\boldsymbol{w}_s=\boldsymbol{u}_{rs,1} \tag{5-62}$$

根据引理 5-1，式（5-59）可以等效表示为

$$\max_{\boldsymbol{w}_d}\boldsymbol{w}_d^{\mathrm{H}}\hat{\boldsymbol{R}}_2^{-1}\boldsymbol{H}_{dr}\boldsymbol{H}_{dr}^{\mathrm{H}}\boldsymbol{w}_d \qquad \text{s.t.} \qquad \boldsymbol{w}_d^{\mathrm{H}}\boldsymbol{w}_d=1 \tag{5-63}$$

同样对 $\hat{\boldsymbol{R}}_2^{-1}\boldsymbol{H}_{dr}\boldsymbol{H}_{dr}^{\mathrm{H}}$ 进行特征值分解，可以得到

$$\hat{\boldsymbol{R}}_2^{-1}\boldsymbol{H}_{dr}\boldsymbol{H}_{dr}^{\mathrm{H}}=\boldsymbol{U}_{dr}\boldsymbol{D}_{dr}\boldsymbol{U}_{dr}^{\mathrm{H}} \tag{5-64a}$$

$$\boldsymbol{D}_{dr}=\operatorname{diag}\left(\lambda_{dr,1},\lambda_{dr,2},\cdots,\lambda_{dr,N_d}\right) \tag{5-64b}$$

其中，$\boldsymbol{U}_{dr}=\left[\boldsymbol{u}_{dr,1},\boldsymbol{u}_{dr,2},\cdots,\boldsymbol{u}_{dr,N_d}\right]$是酉矩阵，$\boldsymbol{D}_{dr}$ 中的特征值按降序排列，显然

$$\boldsymbol{w}_d^{\mathrm{H}}\hat{\boldsymbol{R}}_2^{-1}\boldsymbol{H}_{dr}\boldsymbol{H}_{dr}^{\mathrm{H}}\boldsymbol{w}_d\leqslant\lambda_{dr,1} \tag{5-65}$$

式（5-65）取等号的条件是

$$\boldsymbol{w}_d=\boldsymbol{u}_{dr,1} \tag{5-66}$$

根据式（5-54）、式（5-57）、式（5-61）、式（5-62）、式（5-65）和式（5-66）、式（5-17）的最优解为

$$\boldsymbol{W}_r^{\mathrm{opt}}=\sqrt{\frac{P_r}{P_s\boldsymbol{w}_s^{\mathrm{H}}\boldsymbol{H}_{rs}^{\mathrm{H}}\boldsymbol{R}_1^{-1}\boldsymbol{H}_{rs}\boldsymbol{w}_s+1}}\frac{\boldsymbol{H}_{dr}^{\mathrm{H}}\boldsymbol{w}_d\boldsymbol{w}_s^{\mathrm{H}}\boldsymbol{H}_{rs}^{\mathrm{H}}\boldsymbol{R}_1^{-1}}{\left\|\boldsymbol{w}_d^{\mathrm{H}}\boldsymbol{H}_{dr}\right\|_{\mathrm{F}}\left\|\boldsymbol{R}_1^{-1/2}\boldsymbol{H}_{rs}\boldsymbol{w}_s\right\|_{\mathrm{F}}} \tag{5-67a}$$

$$\boldsymbol{w}_s^{\mathrm{opt}}=\boldsymbol{u}_{rs,1} \tag{5-67b}$$

$$\boldsymbol{w}_d^{\mathrm{opt}}=\boldsymbol{u}_{dr,1} \tag{5-67c}$$

$$\gamma_{\max}=\frac{\left(\gamma_s\lambda_{rs,1}\right)\left(\gamma_r\lambda_{dr,1}\right)}{\gamma_s\lambda_{rs,1}+\gamma_r\lambda_{dr,1}+1} \tag{5-67d}$$

参考文献

[1] HORN R A, JOHNSON C R. Matrix analysis[M]. Cambridge, U. K.: Cambridge University. Press, 1985.

[2] JIN S, MCKAY M R, WONG K K, et al. Transmit beamforming in Rayleigh product MIMO channels: capacity and performance analysis[J]. IEEE transactions on signal processing, 2008, 56(10): 5204-5221.

[3] LANEMAN J N, TSE D N C, WORNELL G W. Cooperative diversity in wireless networks: efficient protocols and outage behavior[J]. IEEE transactions on information theory, 2004, 50(12): 3062-3080.

[4] PABST R, WALKE B H, SCHULTZ D C, et al. Relay-based deployment concepts for wireless and mobile broadband radio[J]. IEEE communications magazine, 2004, 42(9): 80-89.

[5] SENDONARIS A, ERKIP E, AAZHANG B. User cooperation diversity part I: system description[J]. IEEE transactions on communications, 2003, 51(11): 1927-1938.

[6] BERGER S, KUHN M, WITTNEBEN A, et al. Recent advances in amplify-and- forward two-hop relaying[J]. IEEE communications magazine, 2009, 47(7): 50-56.

[7] GOLDSMITH A, JAFAR S A, JINDAL N, et al. Capacity limits of MIMO channels[J]. IEEE journal on selected areas in communications, 2003, 21(5): 684-702.

[8] PAULRAJ A, NABAR R, GORE D. Introduction to space-time wireless Communications[M]. Cambridge, U. K.: Cambridge University. Press, 2003.

[9] RONG Y, TANG X, HUA Y. A unified framework for optimizing linear nonregenerative multicarrier MIMO relay communication systems[J]. IEEE transactions on signal processing, 2009, 57(12): 4837-4851.

[10] LOUIE R H Y, LI Y, SURAWEERA H, et al. Performance analysis of beamforming in two hop amplify and forward relay networks with antenna correlation[J]. IEEE transactions on wireless communications, 2009, 8(6): 3132-3141.

[11] KIM J B, KIM D. Performance of dual-hop amplify-and-forward beamforming and its equivalent systems in Rayleigh fading channels[J]. IEEE transactions on communications, 2010, 58(3): 729-732.

[12] YEOH P L, ELKASHLAN M, COLLINGS I B. Exact and asymptotic SER of distributed TAS/MRC in MIMO relaying networks[J]. IEEE transactions on wireless communications, 2011, 10(3): 751-756.

[13] COSTA D B D A, AISSA S. Cooperative dual-hop relaying systems with

beamforming over Nakagami-m fading channels[J]. IEEE transactions on wireless communications, 2009, 8(8): 3950-3954.

[14] LI M, LIN M, YU Q, et al. Optimal beamformer design for dual-hop MIMO AF relay networks over Rayleigh fading channels[J]. IEEE journal on selected areas in communications, 2012, 30(8): 1402-1414.

[15] AMARASURIYA G, TELLAMBURA C, ARDAKANI M. Performance analysis of hop-by-hop beamforming for dual-hop MIMO AF relay networks[J]. IEEE transactions on communications, 2012, 60(7): 1823-1837.

[16] SURAWEERA H A, MICHALOPOULOS D S, SCHOBER R S, et al. Fixed gain amplify-and-forward relaying with co-channel interference[C]// IEEE ICC, 2011: 1-6.

[17] SURAWEERA H A, GARG H K, NALLANATHAN A. Performance analysis of two hop amplify-and-forward systems with interference at the relay[J]. IEEE communication letters, 2010, 14(8): 692-694.

[18] QAHTANI F AL, DUONG T, ZHONG C, et al. Performance analysis of dual-hop AF systems with interference in Nakagami-m fading channels[J]. IEEE signal processing letters, 2011, 18(8): 454-457.

[19] XU W, ZHANG J H, ZHANG P. Outage probability of two-hop fixed-gain relay with interference at the relay and destination[J]. IEEE communications letters, 2011, 15(6): 608-610.

[20] LEE D, LEE J. Outage probability for dual-hop relaying systems with multiple interferers over Rayleigh fading channels[J]. IEEE transactions on vehicular technology, 2011, 60(1): 333-338.

[21] A-QAHTANI F S, YANG J, RADAYDEH R M, et al. Exact outage analysis of dual-hop fixed-gain AF relaying with CCI under dissimilar Nakagami-m fading[J]. IEEE communications letters, 2012, 16(11): 1756-1759.

[22] IKKI S S, AISSA S. Performance evaluation and optimization of dual-hop communication over Nakagami-m fading channels in the presence of co-channel interferences[J]. IEEE communications letters, 2012, 16(8): 1149-1152.

[23] ZHONG C, SURAWEERA H A, HUANG A, et al. Outage probability of dual-hop multiple antenna AF relaying systems with interference[J]. IEEE transactions on communications, 2013, 61(1): 108-119.

[24] ZHU G , ZHONG C, SURAWEERA H A, et al. Outage probability of dual-

hop multiple antenna AF systems with linear processing in the presence of co-channel interference[J]. IEEE transactions on wireless communications, 2014, 13(4): 2308-2321.

[25] ZHU G, ZHONG C, SURAWEERA H A, et al. Ergodic capacity comparison of different relay precoding schemes in dual-hop AF systems with co-channel interference[J]. IEEE transactions on communications, 2014, 62(7): 2314-2328.

[26] HEMACHANDRA K T, BEAULIEU N C. Analyical study of muti-antenna relaying systems in the presence of co-channel interference[C]// IEEE VTC, 2012: 1-6.

[27] DING H, HE C, JIANG L G. Performance analysis of fixed gain MIMO relay systems in the presence of co-channel interference[J]. IEEE communication letters, 2012, 16(7): 1133-1136.

[28] LEE K C, LI C P, WANG T Y, et al. Performance analysis of dual-hop amplify- and-forward systems with multiple antennas and co-channel Interference[J]. IEEE transactions on wireless communications, 2014, 13(6): 3070-3087.

[29] LIM, BAI L, YU Q, et al. Optimal beamforing for dual-hop MIMO AF relay networks with co-channel interferences[J]. IEEE transactions signal processing, 2016, (99): 1-1.

第 6 章

串行干扰消除与列表检测法

本书在前半部分介绍了如何在发送端利用不同的波束成形技术进行空间信号协同处理，以提升发送端发送信号的质量。在接收端装备了多天线的情况下，我们也可以应用不同的方法对接收的信号进行联合处理，以提高系统对接收信号检测的能力。对于 MIMO 系统而言，虽然其理论信道容量随着天线数量呈线性增长，但是为了在实际系统中达到或者逼近理论信道容量，要求 MIMO 接收机具备较好的误码性能。由于最优 MIMO 信号检测的计算复杂度会随接收天线数呈指数级增长，因此研究低复杂度高性能 MIMO 检测方法对于实际应用具有重要理论和工程意义。本章将对接收信号检测技术进行简要介绍，并阐述信号检测技术在 MIMO 系统中的应用原理与方法 [1]。

| 6.1 MIMO 信号检测基础 |

6.1.1 MIMO 系统基础

现代无线数字通信对于传输速率的要求日益增长，传统的单输入单输出（Single-Input Single Output，SISO）无线传输系统（即发射机和接收机均装配单根天线的系统）已无法充分满足相应需求。SISO 系统模型如图 6-1 所示，相应系统的接收信号可以表示为

$$y=hs+w \tag{6-1}$$

其中，h、s 和 w 分别表示信道增益、发射信号和噪声。于是我们可以得到相应的信道容量（$\text{bit}\cdot\text{s}^{-1}\cdot\text{Hz}^{-1}$）为

$$C=\mathrm{E}\left(\log\left(1+\frac{|h|^2P_s}{\sigma^2}\right)\right)\leqslant\log\left(1+\frac{\mathrm{E}\left(|h|^2\right)P_s}{\sigma^2}\right) \tag{6-2}$$

其中，$P_s=\mathrm{E}\left(|s|^2\right),\sigma^2=\mathrm{E}\left(|w|^2\right)$，且其不等号来自于詹森不等式。由式（6-2）可知，信道容量随着信噪比（即 P_s/σ^2）呈指数级增长。为了获得足够高的传输速率，我们需要持续提高信噪比或者利用充分大的带宽。在无线通信中，由于路径损耗的存在，充分大的接收信噪比并不能够轻松获得。因此需要充分大的传输带宽来支持足够高的传输速率。然而，受到无线频谱资源稀疏性的影响，单纯利用大带宽获取高传输速率并不现实。从另一个角度考虑此问题，我们可以在发射机和接收机

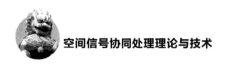

上都装配多根收发天线来提高频谱效率，相应的多天线系统也被称为 MIMO 系统。MIMO 系统的传输模型如图 6-2 所示。以 2 发 2 收系统为例，由于每根接收天线均能够收到来自不同发射天线的信号，2 根接收天线上的接收信号可以表示为

$$\begin{cases} y_1 = h_{11}s_1 + h_{12}s_2 + w_1 \\ y_2 = h_{21}s_1 + h_{22}s_2 + w_2 \end{cases} \tag{6-3}$$

其中，h_{ij}、s_j 和 w_i 表示从第 j 根发射天线到第 i 根接收天线的信道增益、第 j 根发射天线的发射信号以及第 i 根接收天线上的加性噪声。定义 $\boldsymbol{y}=[y_1\ y_2]^{\mathrm{T}}$，则利用矩阵乘法可表示接收信号矢量为

$$\boldsymbol{y} = \boldsymbol{Hs}+\boldsymbol{w} \tag{6-4}$$

其中，有信道矩阵 $\boldsymbol{H}=\begin{bmatrix} h_{11} & h_{12} \\ h_{21} & h_{22} \end{bmatrix}$，发射信号矢量 $\boldsymbol{s}=\begin{bmatrix} s_1 \\ s_2 \end{bmatrix}$，噪声矢量 $\boldsymbol{w}=\begin{bmatrix} w_1 \\ w_2 \end{bmatrix}$，相应的系统模型已能够较为直观地扩展至装配有 N_t 根发射天线和 N_r 根接收天线的任意 MIMO 系统，其系统模型表达式仍然可以由式（6-4）来表示。

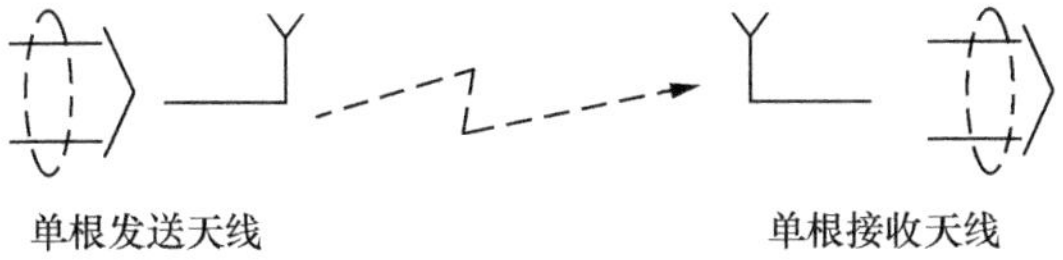

图 6-1 SISO 系统模型

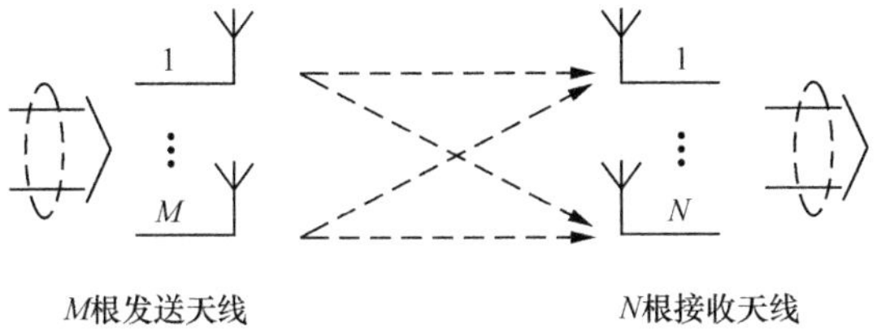

图 6-2 MIMO 系统模型

作为一种信道模型，加性高斯白噪声（AWGN）信道通常被用于 MIMO 系统的理论分析和仿真。在 AWGN 信道中，接收噪声矢量 $\boldsymbol{w}$ 被假设为零均值的球对称复高斯（CSCG）随机矢量，其均值 $\mathrm{E}(ww^{\mathrm{H}})=N_0I$，协方差矩阵为 $\boldsymbol{R}$，即 $\boldsymbol{w} \sim CN(0, \boldsymbol{R})$。

相关研究表明，式（6-4）所描述的 MIMO 系统的信道容量随着发射天线和接收天线数中的较小值呈线性增长，其条件为信道增益为相互独立的零均值 CSCG 随机变量。因此，对于给定的带宽资源，如果系统装配更多天线，便能够在不增加传输功率的前提下获取更高的传输速率。为了获取这一信道容量增益，我们需要在 MIMO 系统中使用高效的信号调制方式。脉冲幅度调制（Pulse

Amplitude Modulation，PAM）和正交幅度调制（Quadrature Amplitude Modulation，QAM）是 MIMO 系统信号传输中较常用的调制方式。例如，对于具有 A 个维度的 PAM 调制，我们能够得到其星座图符号集合为

$$S=\{-A+1,-A+3,\cdots,-1,+1,\cdots,A-3,A-1\} \tag{6-5}$$

信号能量为

$$E_s=\frac{A^2-1}{3} \tag{6-6}$$

令 $\overline{A}=\sqrt{A}$，则具有 A 个维度的 QAM 星座图符号集合可以表示为

$$S=\left\{a+\mathrm{j}b \middle| a,b\in\{-\overline{A}+1,-\overline{A}+3,\cdots,-1,+1,\cdots,\overline{A}-3,\overline{A}-1\}\right\} \tag{6-7}$$

信号能量可以表示为

$$E_s=\frac{2(\overline{A}^2-1)}{3}=\frac{2(A-1)}{3} \tag{6-8}$$

矩形 QAM 星座图可以被视为具有相同水平和垂直间距的格基。在数字无线通信中，可以通过编码调制与解调译码完成二进制信息的发送与接收，当忽略符号能量时，星座图和对应的二进制格雷码（Gray Code）如图 6-3 所示。具体来说，当采用 4-QAM 调制方式时，其星座图符号集合以及对应的格雷码见表 6-1。

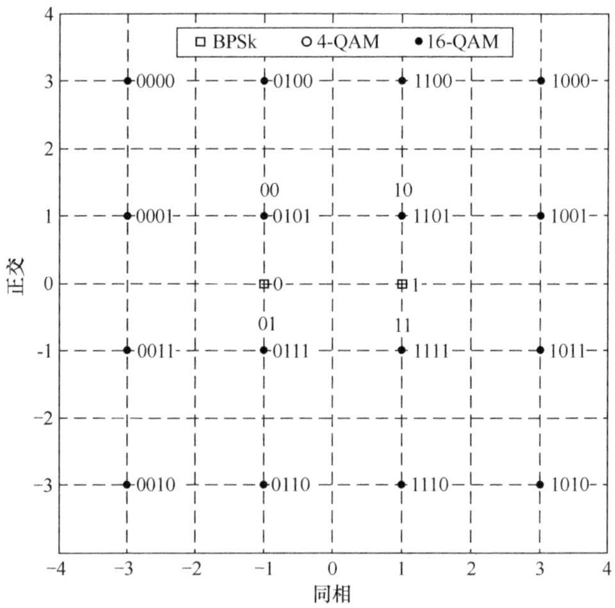

图 6-3　星座图和格雷码

表 6-1　4-QAM 调制方式下的符号集合和格雷码

序号	符号集合	格雷码
1	−1+i	00
2	−1−i	01
3	1+i	10
4	1−i	11

6.1.2　经典 MIMO 信号检测

1. 最大似然 MIMO 信号检测

由式（6-4）可知，MIMO 信号的检测，即在给定接收信号向量 $\boldsymbol{y}$ 和信道矩阵 $\boldsymbol{H}$ 的前提下，对未知的发送信号向量 $\boldsymbol{s}$ 进行估计。尽管我们无法获取噪声向量 $\boldsymbol{w}$ 的精确信息，但是发送信号向量 $\boldsymbol{s}$ 的所有可能情况是能够根据调制方式预先获取的。对于具有 N_t 根发射天线的 MIMO 系统，若发射符号取自星座图符号集合 S，则所有可能的发送信号向量的数量为 $|S|^{N_t}$，这里 $|S|$ 表示集合 S 中的符号元素个数。例如当调制方式采用 4-QAM、发射天线根数 N_t 为 2 时，相应地，所有可能的发送信号向量 $\boldsymbol{s}$ 的数量为 $4^2=16$。可以较为容易地发现，可能的发送信号向量的数量随着 N_t 呈指数级增长。

综上可见，最大似然 MIMO 信号检测可以通过对所有可能的发送信号进行穷尽检索，并计算相应的似然函数值来完成。定义 $f(\boldsymbol{y}|\boldsymbol{s})$ 为在收到信号 $\boldsymbol{y}$ 时发送信号向量为 $\boldsymbol{s}$ 的似然函数，则最大似然的发送信号向量可表述为

$$\boldsymbol{s}_{\mathrm{ml}} = \arg\max_{\boldsymbol{s}\in S^{N_t}} f\left(\boldsymbol{y}|\boldsymbol{s}\right) = \arg\max_{\boldsymbol{s}\in S^{N_t}} \left\|\boldsymbol{y}-\boldsymbol{H}\boldsymbol{s}\right\|^2 \tag{6-9}$$

由于完成最大似然检测需要进行穷尽检索，且相应地，所有可能的发送信号向量的数量为 $|S|^{N_t}$，因此相应检测算法的计算复杂度会随发射天线数量 N_t 呈指数级增长。

例 6-1：考虑调制方式为 4-QAM 的 2 × 2 的 MIMO 系统，发送端的候选符号集合见表 6-2。假设发送信号向量为集合中的第 5 个信号，即

$$\boldsymbol{s} = \begin{bmatrix} -1-\mathrm{i} \\ -1+\mathrm{i} \end{bmatrix} \tag{6-10}$$

又假设信道矩阵和噪声向量分别为

$$\boldsymbol{H}=\begin{bmatrix}2+\mathrm{i} & 4\\ 2 & 2\mathrm{i}\end{bmatrix},\quad \boldsymbol{w}=\begin{bmatrix}1/2\\ \mathrm{i}/4\end{bmatrix} \tag{6-11}$$

于是接收信号可以写为

$$\boldsymbol{y}=\boldsymbol{Hs}+\boldsymbol{w}=\begin{bmatrix}2+\mathrm{i} & 4\\ 2 & 2\mathrm{i}\end{bmatrix}\begin{bmatrix}-1-\mathrm{i}\\ -1+\mathrm{i}\end{bmatrix}+\begin{bmatrix}1/2\\ \mathrm{i}/4\end{bmatrix}=\begin{bmatrix}-4.5+\mathrm{i}\\ -4-3.75\mathrm{i}\end{bmatrix} \tag{6-12}$$

在接收端已知 $\boldsymbol{y}$ 和 $\boldsymbol{H}$ 的条件下（$\boldsymbol{H}$ 可由信道估计获得）估计 $\boldsymbol{s}$ 的方法即称为信号检测。利用最大似然检测法，定义检测距离为

$$d_j=\left\|\boldsymbol{y}-\boldsymbol{H}\tilde{\boldsymbol{s}}_j\right\|^2 \tag{6-13}$$

其中，$\tilde{\boldsymbol{s}}_j$ 可以从表 6-2 中得到，相应的 d_j 见表 6-3。由此可见，当 j=5 时，检测距离达到最小，即 d_j=0.3125，相应的最大似然判决为 $\boldsymbol{s}_{\mathrm{ml}}=\begin{bmatrix}-1-\mathrm{i}\\ -1+\mathrm{i}\end{bmatrix}$，至此检测成功。

表 6-2　4-QAM 的 2×2 的 MIMO 系统候选符号集合

j	$\tilde{\boldsymbol{s}}_j$	j	$\tilde{\boldsymbol{s}}_j$
1	−1+i，−1+i	9	1+i，−1+i
2	−1+i，−1−i	10	1+i，−1−i
3	−1+i，1+i	11	1+i，1+i
4	−1+i，1−i	12	1+i，1−i
5	−1−i，−1+i	13	1−i，−1+i
6	−1−i，−1−i	14	1−i，−1−i
7	−1−i，1+i	15	1−i，1+i
8	−1−i，1−i	16	1−i，1−i

表 6-3　检测距离

j	d_j	j	d_j
1	36.3125	9	68.3125
2	52.3125	10	84.3125
3	106.3125	11	202.3125
4	122.3125	12	218.3125
5	0.3125	13	32.3125
6	80.3125	14	112.3125
7	70.3125	15	166.3125
8	150.3125	16	246.3125

2. 线性 MIMO 信号检测

为了降低检测的复杂度，我们也可以考虑利用线性滤波方式完成检测过程。在线性 MIMO 信号检测中，接收信号 $\boldsymbol{y}$ 通过一个线性滤波器完成滤波后，可以分别对各个发送信号量进行检测。因此，线性滤波器的作用在于分离干扰信号。

首先考虑迫零检测。迫零检测线性滤波器定义为

$$\boldsymbol{W}_{\mathrm{zf}}=\left(\boldsymbol{H}^{\mathrm{H}}\boldsymbol{H}\right)^{-1}\boldsymbol{H}^{\mathrm{H}} \tag{6-14}$$

而相应的迫零信号估计为

$$\begin{aligned}\tilde{\boldsymbol{s}}_{\mathrm{zf}}=\boldsymbol{W}_{\mathrm{zf}}\boldsymbol{y}=\\ \left(\boldsymbol{H}^{\mathrm{H}}\boldsymbol{H}\right)^{-1}\boldsymbol{H}^{\mathrm{H}}\boldsymbol{y}=\\ \boldsymbol{s}+\left(\boldsymbol{H}^{\mathrm{H}}\boldsymbol{H}\right)^{-1}\boldsymbol{H}^{\mathrm{H}}\boldsymbol{w}\end{aligned} \tag{6-15}$$

利用 $\tilde{\boldsymbol{s}}_{\mathrm{zf}}$ 和 S，发送信号向量 $\boldsymbol{s}$ 的硬判决可以通过符号级别的估计予以完成，具体过程如下。

① 利用式（6-15），我们有 $\tilde{\boldsymbol{s}}_{\mathrm{zf}}=\left[\tilde{s}_1\ \tilde{s}_2\cdots\tilde{s}_{N_t}\right]^{\mathrm{T}}$。

② 令 $S=\left\{s^{(1)}\ s^{(2)}\cdots s^{(K)}\right\}$表示 K 维 QAM 星座图符号集合，则 $\boldsymbol{s}$ 中第 m 个发送符号的硬判决表述为

$$\hat{s}_m=\arg\max_{s^{(k)}\in S}\left|s^{(k)}-\tilde{s}_m\right|^2,\quad m=1,2,\cdots,N_t \tag{6-16}$$

③ 发送信号向量 $\boldsymbol{s}$ 的硬判决由 $\hat{\boldsymbol{s}}=\left[\hat{s}_1\ \hat{s}_2\cdots\hat{s}_{N_t}\right]^{\mathrm{T}}$ 给出。

应该注意到，由于当信道矩阵 $\boldsymbol{H}$ 近奇异时，噪声项即式（6-15）中 $\left(\boldsymbol{H}^{\mathrm{H}}\boldsymbol{H}\right)^{-1}\boldsymbol{H}^{\mathrm{H}}\boldsymbol{w}$ 的效应将被放大，等效噪声被放大，所以迫零检测的性能表现无法得到较好保证。

为了减弱在迫零检测中等效噪声被放大带来的影响，MMSE 检测利用了噪声的统计特性对迫零检测方法加以改进。MMSE 滤波器基于计算最小化的均方误差，即

$$\begin{aligned}\boldsymbol{W}_{\mathrm{mmse}}=\arg\min_{\boldsymbol{W}}\mathrm{E}\left[\left\|\boldsymbol{s}-\boldsymbol{W}\boldsymbol{y}\right\|^2\right]=\\ \left(\mathrm{E}\left(\boldsymbol{y}\boldsymbol{y}^{\mathrm{H}}\right)\right)^{-1}\mathrm{E}\left(\boldsymbol{y}\boldsymbol{s}^{\mathrm{H}}\right)=\\ \boldsymbol{H}\left(\boldsymbol{H}^{\mathrm{H}}\boldsymbol{H}+\frac{N_0}{E_s}\boldsymbol{I}\right)^{-1}\end{aligned} \tag{6-17}$$

其中，E_s 表示信号能量。相应地，发送信号向量的估计可以表示为

$$\tilde{\boldsymbol{s}}_{\text{mmse}} = \boldsymbol{W}_{\text{mmse}}\boldsymbol{y} = \left(\boldsymbol{H}^{\text{H}}\boldsymbol{H} + \frac{N_0}{E_s}\boldsymbol{I}\right)^{-1}\boldsymbol{H}^{\text{H}}\boldsymbol{y} \tag{6-18}$$

从而能够计算出相应的均方误差为

$$\begin{aligned}\boldsymbol{C}_{\text{mmse}} &= \text{E}\left[\left(\boldsymbol{s}-\boldsymbol{W}_{\text{mmse}}\boldsymbol{y}\right)\left(\boldsymbol{s}-\boldsymbol{W}_{\text{mmse}}\boldsymbol{y}\right)^{\text{H}}\right] = \\ &\boldsymbol{I} - \boldsymbol{H}^{\text{H}}\left(\boldsymbol{H}\boldsymbol{H}^{\text{H}} + \frac{N_0}{E_s}\boldsymbol{I}\right)^{-1}\boldsymbol{H} = \\ &\left(\boldsymbol{I} + \frac{E_s}{N_0}\boldsymbol{H}^{\text{H}}\boldsymbol{H}\right)\end{aligned} \tag{6-19}$$

每个发射符号的均方估计误差可以由 C_{mmse} 的对角元素获得。再利用与式（6-16）中类似的方法，可得发送信号向量 $\boldsymbol{s}$ 的 MMSE 硬判决 $\tilde{\boldsymbol{s}}_{\text{mmse}}$。

作为 MIMO 信号检测的最优方法，最大似然（ML）检测法虽然能够提供最优的性能，然而较高的指数复杂度也使得其在实际系统中缺乏应用价值。树搜索技术（例如椭球译码 [2-4]）可以在一些情况下以比 ML 低的复杂度达到最优表现，然而这些方法在很多情况下的计算复杂度依然很高。基于线性滤波器（如迫零（ZF）和 MMSE 等）的方法虽然具有线性复杂度，但是本章仿真证明了它们在高信噪比场景下的性能较 ML、检测法仍存在较大差距。因此，人们一直寄希望于研究一种性能接近 ML、复杂度接近 MMSE 的高性能低复杂度的 MIMO 信号检测方法，例如下面要介绍的基于串行干扰消除法（Successive Interference Cancellation，SIC）的列表（List）法。

6.2 串行干扰消除技术

当存在干扰信号时，如何实现高性能的信号检测已经成为现代无线通信需要解决的关键问题。例如，假定接收机收到的信号为

$$y=h_1s_1+h_2s_2+w \tag{6-20}$$

其中，s_i 和 h_i 分别代表第 i 个信号以及该信号经历的信道增益，w 代表背景噪声。当检测信号 s_1 时，信噪比可以表示为

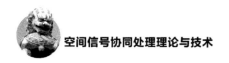

$$SINR_1 = \frac{|h_1|^2 \mathrm{E}\left[|s_1|^2\right]}{|h_2|^2 \mathrm{E}\left[|s_2|^2\right] + \mathrm{E}\left[|w|^2\right]} \tag{6-21}$$

如果假设两个信号的接收功率相同，即 $\mathrm{E}\left[|s_1|^2\right] = \mathrm{E}\left[|s_2|^2\right]$，并且信道增益也相同，即 $|h_1|^2 = |h_2|^2$。信号的 SINR 将小于 0 dB，这就给信号检测带来了很大的困难。

为了改善信号检测的性能，串行干扰消除是一种可供选择的方法。假设 $E_1 > E_2$，此时 s_1 的 SINR 比较高，有可能首先对 s_1 进行检测。令 $\hat{s}_1$ 为 s_1 的检测值，如果 $\hat{s}_1$ 检测正确，则有可能在对 s_2 的检测过程中把 s_1 的干扰消除掉，这样可以实现对 s_2 的无干扰检测，表述为

$$u_2 = y - h_1\hat{s}_1 = h_2 s_2 + w \tag{6-22}$$

这种检测方式即称为串行干扰消除（SIC），并且可以应用在任意数量的联合信号检测中。

6.2.1 QR 分解

为了实现串行干扰消除，QR 分解在基于 SIC 的检测过程中起了重要作用。QR 分解是一种常用的矩阵分解方式，这种方式可以把矩阵分解成一个正交矩阵与一个上三角矩阵的积。本节首先介绍 2×2 的 MIMO 系统是如何进行 QR 分解的。

假设一个 2×2 的信道矩阵 $\boldsymbol{H} = [\boldsymbol{h}_1\ \boldsymbol{h}_2]$，其中 $\boldsymbol{h}_i$ 代表了 $\boldsymbol{H}$ 的第 i 个列向量。定义 2 个向量的内积运算为 $<\boldsymbol{a},\boldsymbol{b}> = \boldsymbol{a}^{\mathrm{H}}\boldsymbol{b}$。为了找到与 $\boldsymbol{H}$ 具有相同格基的正交向量，我们定义

$$\begin{cases} \boldsymbol{r}_1 = \boldsymbol{h}_1 \\ \boldsymbol{r}_2 = \boldsymbol{h}_2 - \dfrac{<\boldsymbol{h}_2,\boldsymbol{h}_1>}{\|\boldsymbol{h}_1\|^2}\boldsymbol{h}_1 = \boldsymbol{h}_2 - \dfrac{<\boldsymbol{h}_2,\boldsymbol{r}_1>}{\|\boldsymbol{r}_1\|^2}\boldsymbol{h}_1 \end{cases} \tag{6-23}$$

再令

$$\omega = \frac{<\boldsymbol{h}_2,\boldsymbol{r}_1>}{\|\boldsymbol{r}_1\|^2} = \frac{<\boldsymbol{h}_2,\boldsymbol{h}_1>}{\|\boldsymbol{h}_1\|^2} \tag{6-24}$$

根据式（6-23）描述的线性关系可以判断 $[\boldsymbol{h}_1\ \boldsymbol{h}_2]$ 与 $[\boldsymbol{r}_1\ \boldsymbol{r}_2]$ 能够张成相同的子空间。如果 $\boldsymbol{r}_i$（i=1,2）是非零向量，可以推导出

$$
\begin{aligned}
[\boldsymbol{h}_1\ \ \boldsymbol{h}_2]=[\boldsymbol{r}_1\ \ \boldsymbol{r}_2]\begin{bmatrix}1 & \omega\\ 0 & 1\end{bmatrix}= \\
[\boldsymbol{r}_1/\|\boldsymbol{r}_1\|\ \ \boldsymbol{r}_2/\|\boldsymbol{r}_2\|]\begin{bmatrix}\|\boldsymbol{r}_1\| & 0\\ 0 & \|\boldsymbol{r}_2\|\end{bmatrix}\begin{bmatrix}1 & \omega\\ 0 & 1\end{bmatrix}= \\
[\boldsymbol{q}_1\ \ \boldsymbol{q}_2]\begin{bmatrix}\|\boldsymbol{r}_1\| & 0\\ 0 & \|\boldsymbol{r}_2\|\end{bmatrix}\begin{bmatrix}1 & \omega\\ 0 & 1\end{bmatrix}= \\
[\boldsymbol{q}_1\ \ \boldsymbol{q}_2]\begin{bmatrix}\|\boldsymbol{r}_1\| & \omega\|\boldsymbol{r}_1\|\\ 0 & \|\boldsymbol{r}_2\|\end{bmatrix}=\boldsymbol{QR}
\end{aligned}
\tag{6-25}
$$

其中，$\boldsymbol{q}_i=\boldsymbol{r}_i/\|\boldsymbol{r}_i\|$，正交矩阵 $\boldsymbol{Q}=[\boldsymbol{q}_1\ \ \boldsymbol{q}_2]$ 和上三角矩阵 $\boldsymbol{R}=\begin{bmatrix}\|\boldsymbol{r}_1\| & \omega\|\boldsymbol{r}_1\|\\ 0 & \|\boldsymbol{r}_2\|\end{bmatrix}$。至此我们完成了对矩阵 $\boldsymbol{H}$ 的 QR 分解。值得注意的是，如果令 $\boldsymbol{r}_2=\boldsymbol{h}_2$ 并且 $\boldsymbol{r}_1=\boldsymbol{h}_1-\omega\boldsymbol{h}_2$，则可以得到 $\boldsymbol{H}$ 的另一个 QR 分解结果。

6.2.2 ZF-SIC 检测

根据对信道矩阵的 QR 分解可以进行接收信号的串行干扰消除，本节仅讨论信道矩阵 $\boldsymbol{H}$ 是方块矩阵或者行数大于列数的瘦矩阵（$N_t \leqslant N_r$）两种情况。

1. *H* 是方块矩阵

$\boldsymbol{H}$ 可以分解为一个 $N_t\times N_t$ 的酉矩阵 $\boldsymbol{Q}$ 和一个 $N_t\times N_t$ 的上三角矩阵 $\boldsymbol{R}$，即

$$
\boldsymbol{H}=\boldsymbol{Q}\underbrace{\begin{bmatrix} r_{1,1} & r_{1,2} & \cdots & r_{1,N_t}\\ 0 & r_{2,2} & \cdots & r_{2,N_t}\\ \vdots & \vdots & \ddots & \vdots\\ 0 & 0 & \cdots & r_{N_t,N_t}\end{bmatrix}}_{N_t}\Bigg\}N_t=\boldsymbol{QR}
\tag{6-26}
$$

其中，$\boldsymbol{R}=\begin{bmatrix} r_{1,1} & r_{1,2} & \cdots & r_{1,N_t}\\ 0 & r_{2,2} & \cdots & r_{2,N_t}\\ \vdots & \vdots & \ddots & \vdots\\ 0 & 0 & \cdots & r_{N_t,N_t}\end{bmatrix}$，而 $r_{p,q}$ 则定义为 $\boldsymbol{R}$ 的第（p,q）个元素。通过

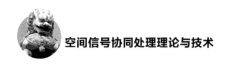

左乘 $\boldsymbol{Q}^{\mathrm{H}}$，可以将接收信号表示为

$$\boldsymbol{x}=\boldsymbol{Q}^{\mathrm{H}}\boldsymbol{y}=\boldsymbol{Q}^{\mathrm{H}}\boldsymbol{H}\boldsymbol{s}+\boldsymbol{Q}^{\mathrm{H}}\boldsymbol{w}=\boldsymbol{Q}^{\mathrm{H}}\boldsymbol{Q}\boldsymbol{R}\boldsymbol{s}+\boldsymbol{Q}^{\mathrm{H}}\boldsymbol{w}=\boldsymbol{R}\boldsymbol{s}+\boldsymbol{Q}^{\mathrm{H}}\boldsymbol{w} \tag{6-27}$$

其中，$\boldsymbol{Q}^{\mathrm{H}}\boldsymbol{w}$ 是零均值 CSCG 随机矢量。因为 $\boldsymbol{Q}^{\mathrm{H}}\boldsymbol{w}$ 和 $\boldsymbol{w}$ 具有相同的统计特性，因此可以直接使用 $\boldsymbol{w}$ 代替 $\boldsymbol{Q}^{\mathrm{H}}\boldsymbol{w}$，便可直接将式（6-27）转化为

$$\boldsymbol{x}=\boldsymbol{R}\boldsymbol{s}+\boldsymbol{w} \tag{6-28}$$

如果定义 x_k 和 n_k 为 $\boldsymbol{x}$ 和 $\boldsymbol{w}$ 的第 k 个元素，可以将上式展开为

$$\begin{bmatrix} x_1 \\ x_2 \\ \vdots \\ x_{N_t} \end{bmatrix}=\begin{bmatrix} r_{1,1} & r_{1,2} & \cdots & r_{1,N_t} \\ 0 & r_{2,2} & \cdots & r_{2,N_t} \\ \vdots & \vdots & \ddots & \vdots \\ 0 & 0 & \cdots & r_{N_t,N_t} \end{bmatrix}\begin{bmatrix} s_1 \\ s_2 \\ \vdots \\ s_{N_t} \end{bmatrix}+\begin{bmatrix} w_1 \\ w_2 \\ \vdots \\ w_{N_t} \end{bmatrix} \tag{6-29}$$

由此可以进行 SIC 检测，即

$$\begin{cases} x_{N_t}=r_{N_t,N_t}s_{N_t}+w_{N_t} \\ x_{N_t-1}=r_{N_t-1,N_t}s_{N_t}+r_{N_t-1,N_t-1}s_{N_t-1}+w_{N_t-1} \\ \quad\vdots \end{cases} \tag{6-30}$$

2. *H* 为瘦矩阵

$\boldsymbol{H}$ 可以进行 QR 分解为

$$\boldsymbol{H}=\boldsymbol{Q}\underbrace{\begin{bmatrix} r_{1,1} & r_{1,2} & \cdots & r_{1,N_t} \\ 0 & r_{2,2} & \cdots & r_{2,N_t} \\ \vdots & \vdots & \ddots & \vdots \\ 0 & 0 & \cdots & r_{N_t,N_t} \\ 0 & 0 & \cdots & 0 \\ \vdots & \vdots & \vdots & \vdots \\ 0 & 0 & \cdots & 0 \end{bmatrix}}_{N_t}\begin{matrix} \left.\vphantom{\begin{matrix}a\\a\\a\\a\end{matrix}}\right\}N_t \\ \left.\vphantom{\begin{matrix}a\\a\\a\end{matrix}}\right\}N_r-N_t \end{matrix}=\boldsymbol{Q}\begin{bmatrix} \bar{\boldsymbol{R}} \\ 0 \end{bmatrix}=\boldsymbol{Q}\boldsymbol{R} \tag{6-31}$$

此时，$N_t<N_r$，矩阵 $\boldsymbol{Q}$ 是一个酉矩阵，$\boldsymbol{R}=[\bar{\boldsymbol{R}}^{\mathrm{T}}\ 0]^{\mathrm{T}}$，其中 $\bar{\boldsymbol{R}}=\begin{bmatrix} r_{1,1} & r_{1,2} & \cdots & r_{1,N_t} \\ 0 & r_{2,2} & \cdots & r_{2,N_t} \\ \vdots & \vdots & \ddots & \vdots \\ 0 & 0 & \cdots & r_{N_t,N_t} \end{bmatrix}$ 为一个 $N_t\times N_t$ 的上三角矩阵。根据式（6-31），接收信号矢量可以表示为

$$\begin{bmatrix} x_1 \\ x_2 \\ \vdots \\ x_{N_t} \\ x_{N_t+1} \\ \vdots \\ x_{N_r} \end{bmatrix} = \begin{bmatrix} r_{1,1} & r_{1,2} & \cdots & r_{1,N_t} \\ 0 & r_{2,2} & \cdots & r_{2,N_t} \\ \vdots & \vdots & \ddots & \vdots \\ 0 & 0 & \cdots & r_{N_t,N_t} \\ 0 & 0 & \cdots & 0 \\ \vdots & \vdots & \vdots & \vdots \\ 0 & 0 & \cdots & 0 \end{bmatrix} \begin{bmatrix} s_1 \\ s_2 \\ \vdots \\ s_{N_t} \end{bmatrix} + \begin{bmatrix} w_1 \\ w_2 \\ \vdots \\ w_{N_t} \\ w_{N_t+1} \\ \vdots \\ w_{N_r} \end{bmatrix} \tag{6-32}$$

进而可以得到

$$\begin{cases} x_{N_r} = w_{N_r} \\ \quad\vdots \\ x_{N_t+1} = w_{N_t+1} \\ x_{N_t} = r_{N_t,N_t} s_{N_t} + w_{N_t} \\ x_{N_t-1} = r_{N_t-1,N_t} s_{N_t} + r_{N_t-1,N_t-1} s_{N_t-1} + w_{N_t-1} \\ \quad\vdots \end{cases} \tag{6-33}$$

因为接收信号 $\{x_{N_t+1},x_{N_t+2},\cdots x_{N_r}\}$ 不包含任何有用信息，所以可以直接忽略。这样，表达式（6-30）以及式（6-33）在形式上就完全相同了，进而即可以实现串行干扰消除。首先，s_{N_t} 可以根据 x_{N_t} 进行检测，表述为

$$\tilde{s}_{N_t} = \frac{x_{N_t}}{r_{N_t,N_t}} = s_{N_t} + \frac{w_{N_t}}{r_{N_t,N_t}} \tag{6-34}$$

如果使用 $S=\{s^{(1)},s^{(2)},\cdots,s^{(N_t)}\}$ 作为信号的 M-QAM 星座图符号集合，则 s_{N_t} 的硬检测表达式为

$$\hat{s}_{N_t} = \arg\max_{s^{(k)}\in S} \left| s^{(k)} - \tilde{s}_{N_t} \right|^2 \tag{6-35}$$

式（6-35）显示由于在 s_{N_t} 的检测中不存在干扰项，因此可以在对 s_{N_t-1} 的检测过程中消除 s_{N_t} 的影响。这种串行的消除过程可以持续到所有数据信号都被顺序检测出来。也就是说，第 m 个信号会在前 N_t-m 个信号都被检测出来并进行干扰消除后再进行检测，可以描述为

$$u_m = x_m - \sum_{q=m+1}^{N_t} r_{m,q} \hat{s}_q,\ m \in \{1,2,\cdots,N_t-1\} \tag{6-36}$$

其中，$\hat{s}_q$ 代表从接收信号 u_q 中检测出的 s_q 的估计值。假设在所有的检测过程中没有错误出现，s_m 可以估计为

$$\hat{s}_m = \arg\max_{s^{(k)}\in S}\left|s^{(k)} - \frac{u_m}{r_{m,m}}\right|^2 = \arg\max_{s^{(k)}\in S}\left|s^{(k)} - s_m - \frac{w_m}{r_{m,m}}\right|^2 = \arg\max_{s^{(k)}\in S}\left|s^{(k)} - \tilde{s}_m\right|^2 \quad (6\text{-}37)$$

其中，$\tilde{s}_m = \frac{u_m}{r_{m,m}} = s_m + \frac{w_m}{r_{m,m}}$。

由于上文介绍的串行干扰消除算法基于迫零反馈判决均衡器（Zero Forcing Decision Feedback Equalizer，ZF-DFE），所以我们称该算法为迫零串行干扰消除（ZF-SIC）。需要指出的是，如果信道状态矩阵 $\boldsymbol{H}$ 是一个 $N_t>N_r$ 的胖矩阵，也就是说信道矩阵的行数大于列数，由于经过 QR 分解后无法得到一个上三角矩阵，在这种情况下也就无法使用串行干扰消除算法。

6.2.3 MMSE-SIC 检测

为了提升系统性能，需要在进行检测时考虑背景噪声，针对这个问题，我们需要掌握一种基于最小均方差反馈判决均衡器（Minimum Mean Square Error Decision Feedback Equalizer，MMSE-DFE）的串行干扰消除算法。本节将介绍实现 MMSE-SIC 算法的两种实施方案。

方案 1：定义扩展的信道矩阵 $\boldsymbol{H}_{\text{ex}} = \left[\boldsymbol{H}^{\text{T}} \ \sqrt{\frac{N_0}{E_s}}\boldsymbol{I}\right]^{\text{T}}$，经过 QR 分解，可以得到

$$\boldsymbol{H}_{\text{ex}} = \boldsymbol{Q}_{\text{ex}}\boldsymbol{R}_{\text{ex}} \quad (6\text{-}38)$$

其中，$\boldsymbol{Q}_{\text{ex}}$ 和 $\boldsymbol{R}_{\text{ex}}$ 分别代表酉矩阵和上三角矩阵。将信号矢量 $\boldsymbol{y}$ 和背景噪声矢量 $\boldsymbol{w}$ 也扩展为 $\boldsymbol{y}_{\text{ex}}=[\boldsymbol{y}^{\text{T}} \ \boldsymbol{0}^{\text{T}}]^{\text{T}}$ 和 $\boldsymbol{w}_{\text{ex}} = \left[\boldsymbol{w}^{\text{T}} \ -\sqrt{\frac{N_0}{E_s}}\boldsymbol{s}^{\text{T}}\right]^{\text{T}}$；再将表达式（6-27）中的 $\boldsymbol{y}$、$\boldsymbol{H}$、$\boldsymbol{w}$、$\boldsymbol{Q}$、$\boldsymbol{R}$ 分别替换为 $\boldsymbol{y}_{\text{ex}}$、$\boldsymbol{H}_{\text{ex}}$、$\boldsymbol{w}_{\text{ex}}$、$\boldsymbol{Q}_{\text{ex}}$、$\boldsymbol{R}_{\text{ex}}$，可以得到

$$\boldsymbol{x}_{\text{ex}} = \boldsymbol{Q}_{\text{ex}}^{\text{H}}\boldsymbol{y}_{\text{ex}} = \boldsymbol{R}_{\text{ex}}\boldsymbol{s} + \boldsymbol{Q}_{\text{ex}}^{\text{H}}\boldsymbol{w}_{\text{ex}} \quad (6\text{-}39)$$

在式（6-39）的基础上，可以根据式（6-27）～式（6-37）进行最小均方差的串行干扰消除检测。

方案 2：直接采用最小均方差估计（MMSE Estimator），其中对信号 s_1 的 MMSE 估计可以表示为

$$\boldsymbol{w}_{\text{mmse},1} = \arg\min_{\boldsymbol{w}_{\text{mmse}}} \text{E}\left[\left|s_1 - \boldsymbol{w}_{\text{mmse}}^{\text{H}}\boldsymbol{y}\right|^2\right] \quad (6\text{-}40)$$

再令 $\bar{\boldsymbol{h}}_1$ 代表 $\boldsymbol{H}^{\mathrm{H}}$ 的第一个列向量，由式（6-40）可得 $\boldsymbol{w}_{\mathrm{mmse},1}=\left(\boldsymbol{H}\boldsymbol{H}^{\mathrm{H}}+\frac{N_0}{E_s}\boldsymbol{I}\right)^{-1}\bar{\boldsymbol{h}}_1$。则对符号 s_1 的硬判决可以描述为

$$\hat{s}_{1,\mathrm{mmse}}=\boldsymbol{w}_{\mathrm{mmse},1}\boldsymbol{y} \tag{6-41}$$

假设 s_1 能够被正确检测并且能从 $\boldsymbol{y}$ 中将 s_1 的影响去除，可以得到

$$\boldsymbol{y}_1=\sum_{m=2}^{M}\boldsymbol{h}_m s_m+\boldsymbol{w} \tag{6-42}$$

根据 y_1，可以使用 MMSE 方法进行对 s_2 的检测。通过重复进行干扰消除和 MMSE 估计，即可以实现对 s_m 的 MMSE-SIC 检测。

6.2.4 仿真结果

为了分析不同 MIMO 检测算法的性能表现，相同 SNR 下的 BER 或者误符号率（Symbol Error Rate，SER）是一种较好的判断准则。例如，考虑传输一个包含 10 个 4-QAM 符号的向量 $\boldsymbol{s}$，可以在接收端将检测信号 $\hat{\boldsymbol{s}}$ 映射为二进制数得到 BER。表 6-4 显示了一组 QAM 符号以及其对应的二进制序列，我们可以注意到有 3 个错误检测符号（共有 10 个符号），对应 4 个错误比特（共有 20 个比特）。所以这组符号的 SER=0.3，BER=0.2。

表 6-4　QAM 符号与二进制序列对应表

$\boldsymbol{s}$		$\hat{\boldsymbol{s}}$	
1+i	10	1+i	10
1−i	11	1−i	11
−1+i	00	−1−i	01
1−i	11	1−i	11
−1−i	01	−1−i	01
1+i	10	1+i	10
1+i	10	1+i	10
−1−i	01	1−i	11
1−i	11	−1+i	00
1+i	10	1+i	10

在本节中，我们比较了多种传统 MIMO 检测算法（包括 ML、MMSE、MMSE-SIC 算法等）的 BER 性能仿真。当采用未编码的 4-QAM、16-QAM、64-QAM 调制方式进行调制时，我们分别在 2×2 以及 4×4 的 MIMO 系统中进行了上述算法的性能仿真。其中，MIMO 信道的各个元素服从零均值和单位方差的独

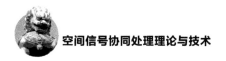

立 CSCG 分布，且使用每个比特与噪声的功率谱密度比值 (E_b/N_0) 对信噪比进行描述。通过蒙特卡罗仿真，图 6-4 ～图 6-6 中对采用 4、16、64-QAM 调制方式的 2×2 以及 4×4 MIMO 系统进行了不同 SNR 下的 BER 性能仿真。通过比较 MMSE、MMSE-SIC 和 ML 算法的性能曲线，可以发现 MMSE-SIC 算法较 MMSE 算法的性能有明显提升，但是其较 ML 检测算法仍有一些差距。

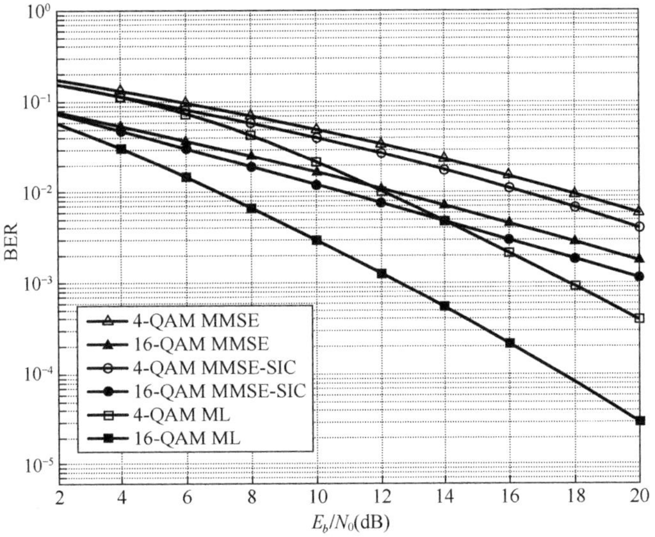

图 6-4　4-QAM 及 16-QAM 方式下 2×2 MIMO 系统仿真性能对比

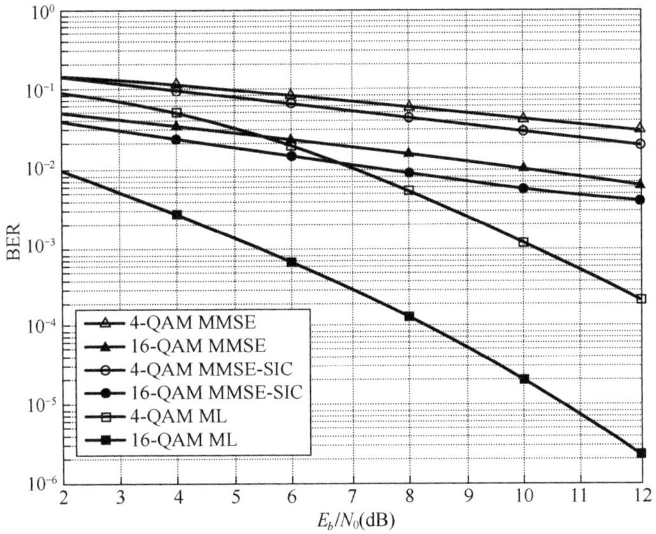

图 6-5　4-QAM 及 16-QAM 方式下 4×4 MIMO 系统仿真性能对比

串行干扰消除检测算法可以在性能和计算复杂度之间做折中，并实现低复杂度的次优检测。然而，其性能较 ML 检测算法仍有一定差距，尤其是在高信噪比场景下。因此，有必要寻找新的改进算法来提升传统方法的性能，例如 6.3 节将要介绍的基于串行干扰消除的列表检测技术。

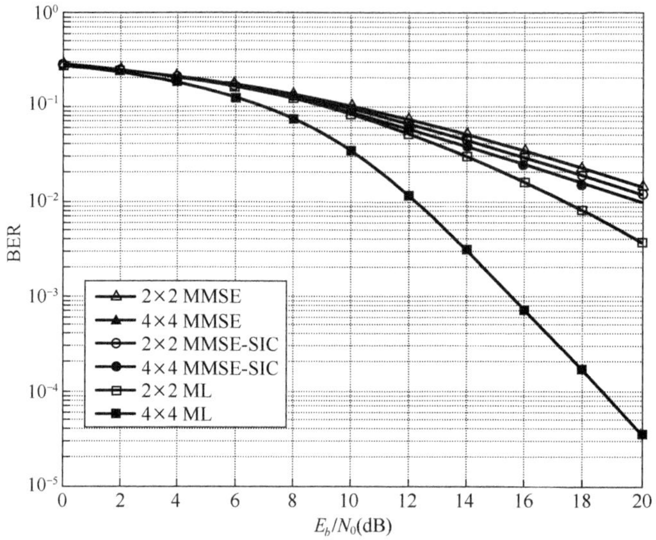

图 6-6　64-QAM 调制方式下 2×2 MIMO 与 4×4 MIMO 系统仿真性能对比

| 6.3　基于串行干扰消除的列表检测算法 |

在 MIMO 信号检测过程中，经过多天线接收的信号可以根据最大似然准则进行联合检测，从而实现最优的检测性能。然而，随着天线数的增加和调制阶数的提高，ML 检测的计算复杂度也急剧上升。尽管有一些次优的检测算法可以实现低复杂度的信号检测，但是它们都不能获得全部的接收分集增益，这导致了此类检测算法的误码率性能曲线与 ML 检测的差距随着信噪比的上升不断增大。因此很有必要寻找新型低复杂度的检测算法，使其性能可以逼近 ML 检测方法。在本节中，我们将介绍基于串行干扰消除的列表检测方法，该方法可以在合理的计算复杂度条件下达到较好的检测性能。

With kind permission from Springer Science+Business Media: <Low Complexity MIMO Detection, List and Lattice Reduction-Based Methods, 2012, pp. 43-90, L. Bai and J. Choi >.

6.3.1 列表检测

基于顺序判决和干扰消除的 SIC 检测会受到判决错误传播扩散的影响，可以采用列表检测算法来降低这种判决错误带来的影响。本节将详细介绍基于列表检测的 SIC 检测算法，尤其是采用 Chase 解码算法的 MIMO 信号检测，该算法可以在合理的计算复杂度条件下达到较好的性能，其列表生成过程见表 6-5。

表 6-5　列表生成过程

① 初始化：$\tilde{S}=S$

② for q=1:Q

③ $s_{N_t}^{(q)}=\arg\min\limits_{s_{N_t}^{(k)}\in\tilde{S}}\left|s_{N_t}-\hat{y}\right|^2$

④ $\tilde{S}=\tilde{S}/s_{N_t}^{(q)}$

⑤ end for

使用线性滤波的列表检测 Chase 算法在两层信号检测中的表现被称为线性列表检测。定义 $N_r\times 1$ 的 MIMO 系统接收信号矢量为

$$\boldsymbol{y}=\left[y_1\ y_2\cdots y_{N_r}\right]^{\mathrm{T}}=\boldsymbol{Hs}+\boldsymbol{w} \tag{6-43}$$

其中，$N_t\times N_r$ 的信道矩阵 $\boldsymbol{H}=\left[\boldsymbol{h}_1\ \boldsymbol{h}_2\cdots\boldsymbol{h}_M\right]$，$N_t\times 1$ 的传输信号矢量 $\boldsymbol{s}=\left[s_1\ s_2\cdots s_{N_t}\right]^{\mathrm{T}}$，$N_r\times 1$ 的噪声矢量 $\boldsymbol{w}=\left[w_1\ w_2\cdots w_N\right]^{\mathrm{T}}$。在本节中，假设 $\boldsymbol{s}\in S^{N_t}$，其中定义 S 为通用符号集。这样，每一个信号符号都具有相同的能量，而且 $\boldsymbol{w}$ 是独立的零均值 CSCG 随机向量，且 $\mathrm{E}\left[\boldsymbol{ww}^{\mathrm{H}}\right]=N_0\boldsymbol{I}$。

令 $\boldsymbol{H}=\left[\underline{\boldsymbol{H}}\ \boldsymbol{h}_{N_t}\right]$，$\boldsymbol{s}=\left[\underline{\boldsymbol{s}}^{\mathrm{T}}\ s_{N_t}\right]^{\mathrm{T}}$，其中，$\underline{\boldsymbol{H}}=\left[\boldsymbol{h}_1\ \boldsymbol{h}_2\cdots\boldsymbol{h}_{N_t-1}\right]$，$\underline{\boldsymbol{s}}=\left[s_1\ s_2\cdots s_{N_t-1}\right]^{\mathrm{T}}$，可以将上式重新整理为

$$\boldsymbol{y}=\underline{\boldsymbol{Hs}}+\boldsymbol{h}_{N_t}s_{N_t}+\boldsymbol{w} \tag{6-44}$$

其中，$\underline{\boldsymbol{H}}$ 是 $N_r\times(N_t-1)$ 维的矩阵，$\underline{\boldsymbol{s}}$ 是 $(N_t-1)\times 1$ 的列向量。根据文献 [5] 总结线性列表（Linear List）法如下。

① 首先为 s_{N_t} 产生一个包含 Q 个候选符号的列表，定义为 $\left\{s_{N_t}^{(1)},s_{N_t}^{(2)},\cdots,s_{N_t}^{(Q)}\right\}$，此处 $Q\leqslant|S|$，并且 $s_{N_t}^{(q)}$ 定义为第 q 个最接近 $\hat{y}$ 的符号（1,2,⋯,Q）。这里我们有 $\hat{y}=w_{N_t}^{\mathrm{H}}\boldsymbol{y}$，而 $\boldsymbol{W}=\left[w_1w_2\cdots w_{N_t}\right]$ 表示给定信道矩阵 $\boldsymbol{H}$ 的线性滤波器（ZF 或者 MMSE 滤波器）。算法将根据表 6-5 构造相应的检测列表。

② 为了消除符号 s_{N_t} 对 $\boldsymbol{y}$ 的影响，依次使用 s_{N_t} 所对应列表中的每一个符号进行干扰消除运算。干扰消除后的向量集表示为 $\left\{\boldsymbol{y}^{(1)},\boldsymbol{y}^{(2)},\cdots,\boldsymbol{y}^{(Q)}\right\}$，且

$$\boldsymbol{y}^{(q)}=\boldsymbol{y}-\boldsymbol{h}_{N_t}s_{N_t}^{(q)} \tag{6-45}$$

③ 对每一个向量 $\boldsymbol{y}^{(q)}$ 都分别使用一个单独的子检测过程，进而获得剩余的 N_t–K 个符号。所以，可以获得 Q 个候选的硬判决向量 $\left\{\boldsymbol{s}^{(1)},\boldsymbol{s}^{(2)},\cdots,\boldsymbol{s}^{(Q)}\right\}$，其中，$\boldsymbol{s}^{(q)}=\begin{bmatrix}\underline{\boldsymbol{s}}^{(q)}\\ s_{N_t}^{(q)}\end{bmatrix}$。

④ 从判决向量集 $\left\{\boldsymbol{s}^{(1)},\boldsymbol{s}^{(2)},\cdots,\boldsymbol{s}^{(Q)}\right\}$ 中可以得到最终的硬判决结果 $\boldsymbol{s}$，该向量可以通过最小化接收信号的方差和得到，表述为

$$\hat{\boldsymbol{s}}=\arg\min_{\boldsymbol{s}^{(q)}\in\left\{\boldsymbol{s}^{(1)},\cdots,\boldsymbol{s}^{(Q)}\right\}}\left\|\boldsymbol{y}-\boldsymbol{H}\boldsymbol{s}^{(q)}\right\|^2 \tag{6-46}$$

由于干扰会影响普通线性列表检测的性能，所以使用 Chase 算法的 SIC 列表检测可以通过抑制干扰来提高整个检测算法的性能。遗憾的是，SIC 列表检测法无法直接应用到欠定 MIMO 系统中（即 N_t>N_r）。

当 $N_r\geqslant N_t$ 时，使用 QR 分解可以得到 $\boldsymbol{H}$=$\boldsymbol{QR}$，其中，$\boldsymbol{Q}$ 是 $N_r\times N_t$ 的酉矩阵，$\boldsymbol{R}$ 是 $N_r\times N_t$ 的上三角矩阵。我们可以得到以下表达式。

$$\boldsymbol{x}=\boldsymbol{Q}^{\mathrm{H}}\boldsymbol{y}=\boldsymbol{R}\boldsymbol{s}+\boldsymbol{w} \tag{6-47}$$

在 N_t=N_r 的情况下，令 $\boldsymbol{x}=\left[\underline{\boldsymbol{x}}^{\mathrm{T}}\ x_{N_t}\right]^{\mathrm{T}}$，并且 $\boldsymbol{w}=\left[\underline{\boldsymbol{w}}^{\mathrm{T}}\ w_{N_t}\right]^{\mathrm{T}}$，其中，$\underline{\boldsymbol{x}}$ 和 $\underline{\boldsymbol{w}}$ 是向量 $\boldsymbol{x}$ 和 $\boldsymbol{w}$ 的 $(N_t-1)\times1$ 子向量。于是 $\boldsymbol{x}$ 可以重新整理为

$$\begin{bmatrix}\underline{\boldsymbol{x}}\\ x_{N_t}\end{bmatrix}=\begin{bmatrix}\boldsymbol{A} & \boldsymbol{c}\\ 0\cdots0 & r_{N_t,N_t}\end{bmatrix}\begin{bmatrix}\underline{\boldsymbol{s}}\\ s_{N_t}\end{bmatrix}+\begin{bmatrix}\underline{\boldsymbol{w}}\\ w_{N_t}\end{bmatrix} \tag{6-48}$$

其中，A 是 $(N_t-1)\times(N_t-1)$ 子三角矩阵，$\boldsymbol{c}$ 是一个 $(N_t-1)\times1$ 子向量，$r_{Nt,Nt}$ 是矩阵 $\boldsymbol{R}$ 中的第 (N_t,N_t) 个元素。另外，如果 N_r>N_t，上式也可以写成

$$\begin{bmatrix}\underline{\boldsymbol{x}}\\ x_{N_t}\\ x_{N_t+1}\\ \vdots\\ x_{N_r}\end{bmatrix}=\begin{bmatrix}\boldsymbol{A} & \boldsymbol{c}\\ 0\cdots0 & r_{N_t,N_t}\\ 0\cdots0 & 0\\ \vdots & \vdots\\ 0\cdots0 & 0\end{bmatrix}\begin{bmatrix}\underline{\boldsymbol{s}}\\ s_{N_t}\end{bmatrix}+\begin{bmatrix}\underline{\boldsymbol{w}}\\ w_{N_t}\\ w_{N_t+1}\\ \vdots\\ w_{N_r}\end{bmatrix} \tag{6-49}$$

其中，$\boldsymbol{x}=\left[\underline{\boldsymbol{x}}^{\mathrm{T}}\ x_{N_t}\ x_{N_t+1}\cdots x_{N_r}\right]^{\mathrm{T}}$，$\boldsymbol{w}=\left[\underline{\boldsymbol{w}}^{\mathrm{T}}\ w_{N_t}\ w_{N_t+1}\cdots w_{N_r}\right]^{\mathrm{T}}$。根据式（6-48）和

式（6-49），我们可以得到

$$\begin{cases} \underline{\boldsymbol{x}} = \boldsymbol{A}\underline{\boldsymbol{s}} + \boldsymbol{c}s_{N_t} + \underline{\boldsymbol{w}} \\ x_{N_t} = r_{N_t,N_t}s_{N_t} + w_{N_t} \end{cases} \tag{6-50}$$

于是，串行干扰消除列表（SIC-List）法流程可以总结如下[6]。

① 使用表6-5描述的算法为 s_{N_t} 生成包含 Q 个元素的列表，定义为 $\left\{s_{N_t}^{(1)}, s_{N_t}^{(2)}, \cdots, s_{N_t}^{(Q)}\right\}$。其中，$Q \leqslant |s|$ 并且 $s_{N_t}^{(q)}$ 定义为距离 $\hat{x}_{N_t}$ 第 q 近的符号，q=1,2,$\cdots$,Q。此处 $\hat{x}_{N_t} = r_{N_t,N_t}^{-1}x_{N_t}$。

② 使用 s_{N_t} 列表中的每一个候选符号对接收符号 $\underline{\boldsymbol{x}}$ 进行干扰消除操作，干扰消除后的结果定义为 $\left\{\underline{\boldsymbol{x}}^{(1)}, \underline{\boldsymbol{x}}^{(2)}, \cdots, \underline{\boldsymbol{x}}^{(Q)}\right\}$。其干扰消除过程可表述为

$$\underline{\boldsymbol{x}}^{(q)} = \underline{\boldsymbol{x}} - \boldsymbol{c}s_{N_t}^{(q)} \tag{6-51}$$

③ 应用另外一个独立的子检测流程对每一个 $\underline{\boldsymbol{x}}^{(q)}$ 进行检测，并获得其他 N_t−1 个符号，定义为 $\left\{\underline{\boldsymbol{s}}^{(1)}, \underline{\boldsymbol{s}}^{(2)}, \cdots, \underline{\boldsymbol{s}}^{(Q)}\right\}$。于是 $\boldsymbol{s}^{(q)} = \begin{bmatrix} \underline{\boldsymbol{s}}^{(q)} \\ s_{N_t}^{(q)} \end{bmatrix}$，这样系统可以得到 Q 个候选硬判决向量 $\left\{\boldsymbol{s}^{(1)}, \boldsymbol{s}^{(2)}, \cdots, \boldsymbol{s}^{(Q)}\right\}$。

④ 使用最小均方差准则，从 Q 个候选硬判决向量中选取接收向量 $\boldsymbol{x}$ 的最佳检测值。表达式为

$$\hat{\boldsymbol{s}} = \arg \min_{\boldsymbol{s}^{(q)} \in \left\{\boldsymbol{s}^{(1)}, \cdots, \boldsymbol{s}^{(Q)}\right\}} \left\| \boldsymbol{x} - \boldsymbol{R}\boldsymbol{s}^{(q)} \right\|^2 \tag{6-52}$$

很明显，如果选取较小的 Q，可以降低检测算法的复杂度，但是算法性能可能受到影响，因为检测结果高度依赖于 s_{N_t} 符号检测的正确性。

6.3.2 排序与检测

为了提高列表检测的性能，s_{N_t} 的检测结果必须可靠，这样才能避免错误的判决符号连续影响后续的检测过程。我们需要仔细考虑最优的检测顺序，也就是说 $\boldsymbol{H}$ 列向量的顺序需要根据特定的策略调整。本节将介绍几种常用的排序策略。

对于线性列表检测，可以采取简单的排序准则，例如最大信干噪比准则或最小均方差准则。这可以表示为

$$\hat{k} = \arg \min_{k \in \{1, \cdots, N_t\}} \mathrm{E}\left[\left| s_k - \boldsymbol{w}_k^{\mathrm{H}} \boldsymbol{y} \right|^2\right] \tag{6-53}$$

其中，$\hat{k}$ 代表具有最小均方差的候选符号序号，$\boldsymbol{w}_{\hat{k}}$ 代表对相应的线性滤波向量。

需要注意到，尽管正确检测出第一个符号可以提高最大化 SINR 的概率，但是却没有考虑子检测对系统性能造成的影响。文献 [5] 对第一层和第二层检测的性能进行了分析和折中；文献 [6] 则对 S-Chase 检测器选择某一个符号进行第一层检测进行了研究，其表达式为

$$\hat{k} = \arg \underbrace{\max}_{k=1,2,\cdots,N_t} \|\boldsymbol{h}_k\|^m \tag{6-54}$$

其中，

$$m = \begin{cases} -1, & Q > \dfrac{3|S|}{4} \\ 1, & Q \leqslant \dfrac{3|S|}{4} \end{cases} \tag{6-55}$$

上述方法根据列表的长度 Q 可以选出对应的范数最大或最小的列向量对应的符号。尽管这不是一个最优的选择方式，但因为不涉及 SNR 的计算，所以可以极大地降低计算复杂度。

对于 SIC 列表检测，排序准则可以使用变换矩阵 $\boldsymbol{P}$，其接收信号可以表示为

$$\boldsymbol{y} = \boldsymbol{HP}\overline{\boldsymbol{s}} + \boldsymbol{w} \tag{6-56}$$

其中，$\overline{\boldsymbol{s}} = \boldsymbol{P}^{\mathrm{T}}\boldsymbol{s}$。根据 QR 分解，我们可以得到 $\boldsymbol{HP}=\boldsymbol{QR}$，其中，$\boldsymbol{Q}$ 是酉矩阵，$\boldsymbol{R}$ 是上三角矩阵。通过变换矩阵 $\boldsymbol{P}$，可以构造两种排序准则，即 BLAST 排序 [7,8] 和 B-Chase 排序 [5]。

通过将矩阵 $\boldsymbol{H}$ 的列交换，可以总共得到 $M!$ 个可能的 $\boldsymbol{P}$。为了找到最优的 $\boldsymbol{P}$，可以挑选令 SNR 最大的符号，也就相当于挑选令均方差最小的符号。于是，挑选第一个进行检测的符号的准则可以表述为

$$\begin{aligned} \hat{k} = \arg \min_{k=1,2,\cdots,N_t} & \left[\left(\boldsymbol{I} + \frac{1}{N_0}\boldsymbol{H}^{\mathrm{H}}\boldsymbol{H}\right)^{-1}\right]_{k,k} = \\ \arg \min_{k=1,2,\cdots,N_t} & \left[\left(\boldsymbol{I} + \frac{1}{N_0}\boldsymbol{R}^{\mathrm{H}}\boldsymbol{R}\right)^{-1}\right]_{k,k} = \\ \arg \min_{k=1,2,\cdots,N_t} & \left[\overline{\boldsymbol{R}}\right]_{k,k} \end{aligned} \tag{6-57}$$

其中，$[\boldsymbol{A}]_{k,k}$ 定义为矩阵 $\boldsymbol{A}$ 的第 (k,k) 个元素，且 $\overline{\boldsymbol{R}} = \left(\boldsymbol{I} + \dfrac{1}{N_0}\boldsymbol{R}^{\mathrm{H}}\boldsymbol{R}\right)^{-1}$。根据式（6-57），用以寻找最优 $\boldsymbol{P}$ 的 BLAST 排序准则可以描述为算法，具体见表 6-6。

表 6-6 最优排序准则生成算法

输入：$N_t \times N_t$ 信道状态矩阵 $\boldsymbol{H}$

输出：$N_t \times N_t$ 的变换矩阵 $\boldsymbol{P}$

① $\boldsymbol{H}_0=\boldsymbol{H}$，$\boldsymbol{P}=\boldsymbol{0}_{N_t \times N_t}$

② $\boldsymbol{m}_0=[1,2,\cdots,N_t]$

③ for i=1:N_t

④ $[QR]=qr(\boldsymbol{H}_{i-1})$

⑤ $\overline{\boldsymbol{R}}=\left(\boldsymbol{I}+\dfrac{1}{N_0}\boldsymbol{R}^{\mathrm{H}}\boldsymbol{R}\right)^{-1}$

⑥ $\hat{k}=\arg\min\limits_{k\in\{1,2,\cdots,N_t-i+1\}}\overline{\boldsymbol{R}}_{k,k}$

⑦ $j=m_{i-1}$ 的第 k 个元素

⑧ 将变换矩阵 $\boldsymbol{P}$ 的 j 行 i 列置 1

⑨ 将 $\boldsymbol{m}_i$ 替代为删除了第 k 个元素的 $\boldsymbol{m}_{i-1}$

⑩ 将 $\boldsymbol{H}_i$ 替代为删除了第 k 个元素的 $\boldsymbol{H}_{i-1}$

⑪ end for

由于原始的 BLAST 排序算法要求$O\left(N_t^4\right)$次乘法，在文献 [7,8] 中提出了一些更加高效的算法，仅需要$O\left(N_t^3\right)$次乘法的运算复杂度。

使用文献 [5] 中的 B-Chase 算法，通过最大化最小 SNR 的准则来寻找第一个被检测的符号。定义 $\boldsymbol{P}_k$ 为变换矩阵，可以将第 k 个符号作为第一个检测的对象。这等同于将信道状态矩阵 $\boldsymbol{H}$ 的第 k 列交换到最后一列，而剩余的列将根据 BLAST 准则进行调整，可以得到

$$\boldsymbol{H}\boldsymbol{P}_k=\boldsymbol{Q}_k\boldsymbol{R}_k \tag{6-58}$$

其中，$\boldsymbol{Q}_k$ 和 $\boldsymbol{R}_k$ 分别代表酉矩阵和上三角阵。定义等效 SNR 增益 G_Q，这是一个与列表长度 Q 有关的函数。第一个待检测符号和剩余 N_t–1 个符号的 SNR 表达式为

$$SNR_{N_t,k}=\frac{G_Q\left|r_{N_t,N_t}^{(k)}\right|^2}{N_0} \tag{6-59}$$

$$SNR_{m,k}=\frac{\left|r_{m,m}^{(k)}\right|^2}{N_0},\qquad m\in\{1,2,\cdots,N_t-1\} \tag{6-60}$$

其中，$r_{N_t,N_t}^{(k)}$ 和 $r_{m,m}^{(k)}$ 分别代表矩阵 $\boldsymbol{R}_k$ 的第 N_t 个和第 m 个对角线元素。于是，第

一个待检测符号的序号可以表述为

$$\hat{k}=\arg\max_{k\in\{1,2,\cdots,N_t\}}\min\left\{SNR_{1,k},SNR_{2,k},\cdots,SNR_{N_t,k}\right\} \tag{6-61}$$

当 $Q>1$ 时，式（6-61）同样需要 $O\left(N_t^{4}\right)$ 次乘法运算，因为进行 BLAST 排序需要 N_t 次 QR 分解。而且，当 $Q=1$ 时，B-Chase 算法退化为传统的 BLAST 排序。

6.3.3 子检测

对于线性列表检测和 SIC 列表检测，每次列表判决完成和干扰消除之后都需要进行子检测（Sub-Detection）。假设列表中的第 q 个候选符号是正确的，经过干扰消除之后的信号可以表示为

$$\begin{cases}\boldsymbol{y}^{q}=\underline{\boldsymbol{H}}\underline{\boldsymbol{s}}+\boldsymbol{w}\text{，对应于线性列表检测}\\ \boldsymbol{x}^{q}=\boldsymbol{A}\underline{\boldsymbol{s}}+\boldsymbol{w}\text{，对应于 SIC 列表检测}\end{cases} \tag{6-62}$$

对于子向量 $\underline{\boldsymbol{s}}$，ML 检测是最优检测方法，但是其具有极高的复杂度。然而，由于实际系统的计算能力的限制，往往需要采用低复杂度的次优检测算法，例如线性或 SIC 检测算法。线性子检测方法对于计算复杂度的要求更低，因为该算法仅需要较为简单的运算过程，表示为

$$\begin{cases}\hat{\underline{\boldsymbol{s}}}=\left(\underline{\boldsymbol{H}}^{\mathrm{H}}\underline{\boldsymbol{H}}+N_0\boldsymbol{I}\right)^{-1}\underline{\boldsymbol{H}}^{\mathrm{H}}\boldsymbol{y}^{q}\text{，对应于线性列表检测}\\ \hat{\underline{\boldsymbol{s}}}=\left(\boldsymbol{A}^{\mathrm{H}}\boldsymbol{A}+N_0\boldsymbol{I}\right)^{-1}\boldsymbol{A}^{\mathrm{H}}\underline{\boldsymbol{x}}^{q}\text{，对应于 SIC 列表检测}\end{cases} \tag{6-63}$$

由于线性检测方法提供的性能表现与 ML 检测有较大差异，所以可以考虑使用 SIC 检测方法。根据式（6-62），一方面 SIC 子检测需要将信道矩阵进行 QR 分解 $\underline{\boldsymbol{H}}=\underline{\boldsymbol{QR}}$；另一方面由于 SIC 列表检测算法中矩阵 $\boldsymbol{A}$ 已经是上三角矩阵了，所以可以直接采用 SIC 子检测。

例 6-2：设一个 MIMO 系统采用 4-QAM 调试方式，其信道状态矩阵和噪声向量分别为 $\boldsymbol{H}=\left[\boldsymbol{h}_1\quad \boldsymbol{h}_2\quad \boldsymbol{h}_3\right]=\begin{bmatrix}0 & 1 & -\mathrm{i}\\ -\mathrm{i} & 1 & 1\\ 1 & 0 & \mathrm{i}\end{bmatrix}$ 和 $\boldsymbol{w}=\begin{bmatrix}-0.4\\ 0.4\mathrm{i}\\ 0.7\end{bmatrix}$。假设需要发送的信号向量为 $\boldsymbol{s}=\left[s_1\ s_2\ s_3\right]^{\mathrm{T}}=\begin{bmatrix}1-\mathrm{i}\\ 1+\mathrm{i}\\ -1+\mathrm{i}\end{bmatrix}$，则接收信号可以表示为

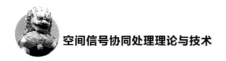

$$\boldsymbol{y}=\boldsymbol{H}\boldsymbol{s}+\boldsymbol{w}=\begin{bmatrix}1.6+2\mathrm{i}\\-1+1.4\mathrm{i}\\0.7-2\mathrm{i}\end{bmatrix} \tag{6-64}$$

使用迫零线性滤波器，表述为

$$\boldsymbol{W}=\boldsymbol{H}\left(\boldsymbol{H}^{\mathrm{H}}\boldsymbol{H}\right)^{-1}=\begin{bmatrix}1&0&-\mathrm{i}\\-1&1&\mathrm{i}\\1+\mathrm{i}&-\mathrm{i}&1\end{bmatrix} \tag{6-65}$$

将 $\boldsymbol{W}$ 的第 3 个列向量定义为 $\boldsymbol{w}_3$，可以得到

$$\hat{y}=\boldsymbol{w}_3^{\mathrm{H}}\boldsymbol{y}=0.1+0.6\mathrm{i} \tag{6-66}$$

此处为 $\boldsymbol{s}_3$ 生成一个包含 Q 个候选符号的列表，例如 $\left\{s_3^{(1)},s_3^{(2)},\cdots,s_3^{(Q)}\right\}$。如果令 $Q=2$，那么可以得到

$$\begin{cases}s_3^{(1)}=1+\mathrm{i}\\s_3^{(2)}=-1+\mathrm{i}\end{cases} \tag{6-67}$$

一方面，如果将 $s_3^{(1)}=1+\mathrm{i}$ 在接收向量中的影响消除掉，子检测问题可以描述为

$$\boldsymbol{y}^{(1)}=\boldsymbol{y}-\boldsymbol{h}_3 s_3^{(1)}=\underline{\boldsymbol{H}\boldsymbol{s}}^{(1)}+\boldsymbol{w} \tag{6-68}$$

此处 $\underline{\boldsymbol{H}}=\left[\boldsymbol{h}_1\ \boldsymbol{h}_2\right]$ 并且 $\underline{\boldsymbol{s}}^{(1)}=\left[s_1^{(1)}\ s_2^{(1)}\right]$。使用迫零线性检测器可以得到

$$\underline{\boldsymbol{s}}^{(1)}=\begin{bmatrix}1-\mathrm{i}\\1+\mathrm{i}\end{bmatrix} \tag{6-69}$$

另一方面，将 $s_3^{(2)}=-1+\mathrm{i}$ 从接收向量中消除掉，同样使用迫零检测可以得到

$$\underline{\boldsymbol{s}}^{(2)}=\begin{bmatrix}1-\mathrm{i}\\1+\mathrm{i}\end{bmatrix} \tag{6-70}$$

因此，可以得到 2 个硬判决结果为

$$\begin{cases}\boldsymbol{s}^{(1)}=\begin{bmatrix}1-\mathrm{i}\\1+\mathrm{i}\\1+\mathrm{i}\end{bmatrix}\\[2ex]\boldsymbol{s}^{(2)}=\begin{bmatrix}1-\mathrm{i}\\1+\mathrm{i}\\-1+\mathrm{i}\end{bmatrix}\end{cases} \tag{6-71}$$

使用式（6-46）中描述的选择方法，可以得到最终正确的判决结果为

$$\hat{\boldsymbol{s}} = \boldsymbol{s}^{(2)} \tag{6-72}$$

很显然，如果 Q=1，则该检测结果将错误地选择 $\boldsymbol{s}^{(1)}$，从而出现判决错误的情况。

例 6-3：在相同的 MIMO 系统上使用 QR 分解，接收信号的向量可以表示为

$$\boldsymbol{y} = \boldsymbol{QRs} + \boldsymbol{w} \tag{6-73}$$

此处 $\boldsymbol{R} = \begin{bmatrix} 1.4142 & 0.7071\mathrm{i} & 1.4142\mathrm{i} \\ 0 & 1.2247 & -0.8165\mathrm{i} \\ 0 & 0 & 0.5774 \end{bmatrix}$，令 $\boldsymbol{x} = \begin{bmatrix} x_1 & x_2 & x_3 \end{bmatrix}^{\mathrm{T}} = \boldsymbol{Q}^{\mathrm{H}}\boldsymbol{y}$，可以得到

$$\boldsymbol{x} = \boldsymbol{Rs} + \boldsymbol{w} = \begin{bmatrix} -0.495 - 2.1213\mathrm{i} \\ 1.7146 + 2.4903\mathrm{i} \\ 0.0577 + 0.3464\mathrm{i} \end{bmatrix} \tag{6-74}$$

定义 $r_{3,3}$ 为 $\boldsymbol{R}$ 的第 (3,3) 个元素，可以得到

$$\hat{x}_3 = r_{3,3}^{-1} x_3 = 0.0999 + 0.5999\mathrm{i} \tag{6-75}$$

为 $\boldsymbol{s}_3$ 生成 Q 个候选符号的待检测列表，定义为 $\left\{ s_3^{(1)}, s_3^{(2)}, \cdots, s_3^{(Q)} \right\}$，当 Q=2 时，可以得到

$$\begin{cases} s_3^{(1)} = 1 + \mathrm{i} \\ s_3^{(2)} = -1 + \mathrm{i} \end{cases} \tag{6-76}$$

如果我们将 $s_3^{(1)} = 1 + \mathrm{i}$ 从接收信号中消除，子检测问题可以描述为

$$\underline{\boldsymbol{x}}^{(1)} = \underline{\boldsymbol{x}} - \boldsymbol{c} s_3^{(1)} = \boldsymbol{A}\underline{\boldsymbol{s}}^{(1)} + \boldsymbol{w} \tag{6-77}$$

其中，$\underline{\boldsymbol{x}} = \begin{bmatrix} x_1 & x_2 \end{bmatrix}^{\mathrm{T}}$，$\boldsymbol{c} = \begin{bmatrix} 1.4142 \\ -0.8165\mathrm{i} \end{bmatrix}$，$\boldsymbol{A} = \begin{bmatrix} 1.4142 & 0.7071\mathrm{i} \\ 0 & 1.2247 \end{bmatrix}$，$\underline{\boldsymbol{s}}^{(1)} = \begin{bmatrix} s_1^{(1)} & s_2^{(1)} \end{bmatrix}^{\mathrm{T}}$。使用 SIC 算法对式（6-77）中的 $\underline{\boldsymbol{s}}^{(1)}$ 进行检测，可以得到

$$\underline{\boldsymbol{s}}^{(1)} = \begin{bmatrix} 1 - \mathrm{i} \\ 1 + \mathrm{i} \end{bmatrix} \tag{6-78}$$

另一方面，将 $s_3^{(2)} = -1 + \mathrm{i}$ 从接收信号中消除掉，同时使用 SIC 检测可以得到

$$\underline{\boldsymbol{s}}^{(2)} = \begin{bmatrix} 1 - \mathrm{i} \\ 1 + \mathrm{i} \end{bmatrix} \tag{6-79}$$

于是可以得到两个候选的硬检测结果为

$$\begin{cases} \boldsymbol{s}^{(1)} = \begin{bmatrix} 1-\mathrm{i} \\ 1+\mathrm{i} \\ 1+\mathrm{i} \end{bmatrix} \\ \boldsymbol{s}^{(2)} = \begin{bmatrix} 1-\mathrm{i} \\ 1+\mathrm{i} \\ -1+\mathrm{i} \end{bmatrix} \end{cases} \tag{6-80}$$

根据式（6-46）可以得到最终正确的硬检测结果为

$$\hat{\boldsymbol{s}} = \boldsymbol{s}^{(2)} \tag{6-81}$$

同理，如果 Q=1，SIC 列表检测算法会退化为传统的 SIC 检测，并且会出现错误的检测结果 $\hat{\boldsymbol{s}} = \boldsymbol{s}^{(1)}$。

6.3.4　性能分析

对于列表检测，采用更长的列表长度 Q 可以提高第一个符号判决的成功率，从而提高系统性能。但是更长的列表长度会带来更高的计算复杂度。为了分析列表长度对系统性能的影响，关于列表长度 Q 的有效 SNR 增益定义为 [5,9]

$$G_Q = \left(\frac{d_Q}{d_1}\right)^2 \tag{6-82}$$

其中，d_Q 定义为发送信号与给定列表长度 Q 中最接近判决边界的距离。

令 $s = |a|\mathrm{e}^{\mathrm{j}\omega}$ 为使用 4-QAM 调制方式的发送信号，此处 $\omega \in \left\{\pm\frac{\pi}{4}, \pm\frac{3\pi}{4}\right\}$。假设发射信号为 $s = \mathrm{e}^{\mathrm{j}\frac{\pi}{4}}$ 并且当 Q=1 时，列表检测范围等同于传统的判决范围，并且 $\left|\omega - \frac{\pi}{4}\right| < \frac{\pi}{4}$，这导致 $d_1 = \frac{1}{\sqrt{2}}$；如果 Q=2，当 $\left|\omega - \frac{\pi}{4}\right| < \frac{\pi}{2}$ 时，即可以实现正确的检测，此时 d_2=1。因此，有效 SNR 可以表示为 $G_2 = \left(\frac{d_2}{d_1}\right)^2 = 2$。类似的，当 Q=3 时可以获得相同的最小距离，可以得到 G_3=2。

使用相同的准则，文献 [5,9] 说明在 16-QAM 调制方式下可以得到 G_2=2、G_3=2、G_8=8、G_{10}=10；如果采用 64-QAM，则可以得到 G_4=4、G_8=8、G_{18}=20、G_{33}=40 以及 G_{48}=58。值得注意的是，当 Q=1 时，G_1=1；而当 Q=|S|（全部星座图符号的个数）时，$G_{|S|}$ 趋近于 ∞，因为当队列长度为所有符号的个数时，相当于不存在检测边界。尽管基于检测边界的有效 SNR 可以作为一

种近似的性能评估准则，但该准则可以在一定程度上提供较为精确的结果，例如当错误概率为 0.01 时，对于队列长度为 $Q\in\{1,\cdots,9\}$ 的 16-QAM 检测器和 $Q\in\{1,\cdots,41\}$ 的 64-QAM 检测器，使用该准则的误差低于 1 dB[9]。

文献 [10] 中进一步分析了列表长度与 SNR 增益的关系。通过将信道矩阵视为格基空间的一组基，可以给构造一组候选的格基点（Lattice Points）。于是，列表检测通过寻找最近的格基点实现检测。如果将信道矩阵转换为 $2N_r\times 2N_t$ 的实值矩阵，文献 [10] 指出

$$Q=\left(\frac{16\mathrm{e}N_t}{G_Q}\right)^{G_Q/4},\quad G_Q<16N_t \tag{6-83}$$

这代表了 G_Q 和 Q 之间的关系。而且，为了获得近似于 ML 检测的表现，文献 [10] 说明列表长度应该服从

$$Q=(\mathrm{e}\rho_0)^{4N_t/\rho_0} \tag{6-84}$$

其中，邻近影响因子（Proximity Factor，PF）[11] 则需要满足

$$PF\approx G_Q=\frac{16N_t}{\rho_0},\quad \rho_0>1 \tag{6-85}$$

列表检测方法的计算复杂度与是否排序、列表的长度和子检测方法有关。如果不考虑排序，检测的复杂度线性等比于列表长度 Q。总的来说，检测器的整体复杂度主要受子检测器类型的影响。

定义 C_{sub} 和 C_{sel} 分别作为子检测器的复杂度（例如 ML 检测、线性检测或 SIC 检测器）以及排序的复杂度，则列表检测的整体复杂度可以表示为

$$C_{\text{chase}}=QC_{\text{sub}}+C_{\text{sel}} \tag{6-86}$$

我们可以根据不同的业务需求选择不同的子检测器，例如 ML 检测用于高性能需求场景，线性检测用于低复杂度场景，因此在复杂度和性能之间需要折中考虑。需要指出的是，列表检测无法提供满分集增益，这将在后续的仿真证明中给予验证。

6.3.5 仿真结果

图 6-7 分别给出了在 2×2 和 4×4 的未编码 MIMO 系统中不同检测器的误码率性能。本次误码率仿真采用 16-QAM 调制方式。在本次仿真中，ZF-SIC 检测器将作为线性列表检测的子检测器，此时仿真采用 S-Chase 算法对信源符号

进行排序。仿真结果表明，与常规的次优检测器（例如 ZF 与 ZF-SIC 检测器）相比，列表检测器在性能上有显著的提高。由图 6-7 可以看出，当 Q=8 时，列表检测器的性能与 ML 检测器的性能十分接近，列表检测器的性能与 ML 检测器的性能有很大差距，这说明列表检测器并不适用于大型 MIMO 系统。所以，当 MIMO 系统中具有更多的发射天线（或多层接口）时，列表检测器并非高效。从图 6-7 中我们还可以明显看到，列表检测器并不能获得全部接收分集增益的结论。

图 6-8 则表明了当列表长度 Q=4 时，子检测器的选择对系统性能的影响。显然，当选择 ML 检测器作为子检测器时，列表检测器的系统性能能够接近于使用穷举算法的 ML 检测器所能达到的系统性能。此外，正如我们所预期的那样，若使用诸如 ZF 或 ZF-SIC 这种低复杂度次优的检测器作为子检测器，显然会不可避免地导致系统性能下降。

在本节中，我们介绍了基于串行干扰消除的列表检测法。与之前介绍的串行干扰消除法相比，该算法的优势在于，可以通过调整列表长度来实现性能和复杂度之间的折中，因此它是一种更加灵活的算法。然而，仿真结果表明在考虑大型 MIMO 系统时，此方法并不能提供优异的性能。通过引入部分最大后验概率准则，可以大幅度提升列表检测法在大型系统中的性能。下面我们将介绍这种基于部分最大后验概率的列表检测法。

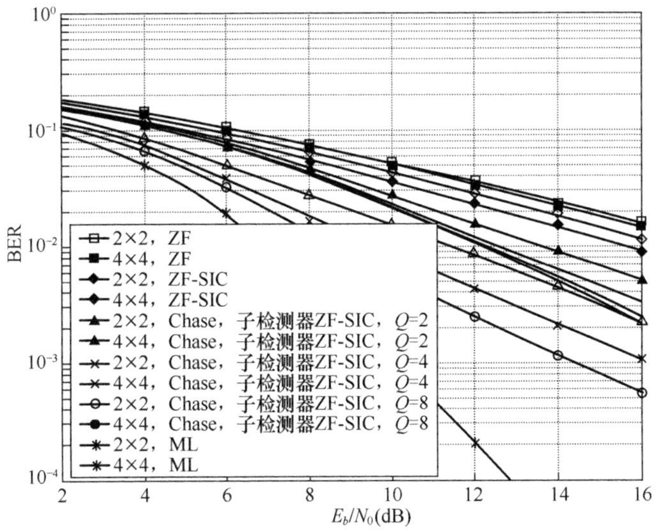

图 6-7　16-QAM 调制时 2×2 MIMO 系统与 4×4 MIMO 系统仿真性能对比

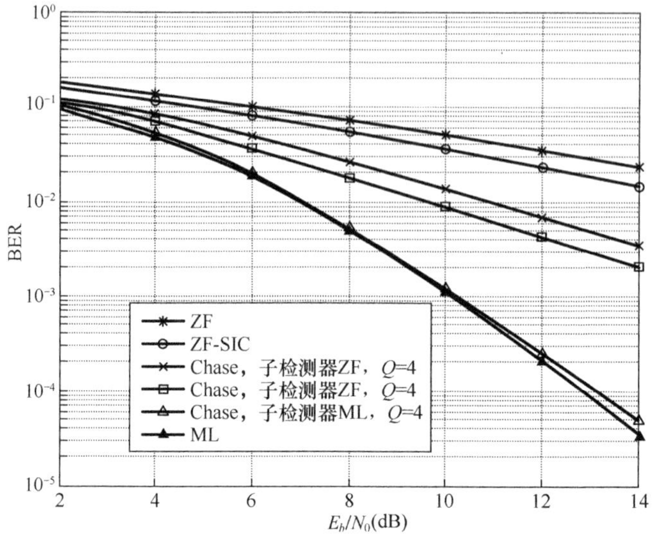

图 6-8　4×4 MIMO 系统采用 16-QAM 调制时使用不同子检测器的列表检测器误码性能

6.4　本章小结

本章我们分别介绍了几种经典 MIMO 信号检测方法以及基于串行干扰消除的信号检测方法。作为低复杂度 MIMO 检测的关键技术，列表检测法能够提高串行干扰消除的性能，同时降低计算复杂度。通过理论分析和数值仿真，我们证明了基于串行干扰消除的列表检测法具有逼近 ML 的性能，且其复杂度较传统方法有大幅度降低。尽管基于串行干扰消除的检测方法能在低复杂度下实现一定程度的性能提升，但是我们却无法保证能同时获得完全的接收分集增益。更关键的是，对于高维矩阵下的信号检测，本章所介绍的方法仍具有较高的计算复杂度。为了在低复杂度的条件下获得完全的接收分集增益，第 7 章我们将介绍基于格基规约的 MIMO 检测技术。

参考文献

[1]　BAI L, LI Y, HUANG Q, et al. Spatial signal combining theories and key technologies

[M]. Beijing: Posts and Telecom Press, 2013: 142-182.

[2] FAN H Y, MURCH R D, MOW W H. Near-maximum-likelihood detection schemes for wireless MIMO systems[J]. IEEE transactions on wireless communication, 2004, 3(5): 1427-1430.

[3] LI Y, LUO Z Q. Parallel detection for V-BLAST system[C]// IEEE International Conference on Communications, 2002: 340-344.

[4] HASSIBI B, VIKALO H. On the sphere-decoding algorithm I: expected complexity[J]. IEEE transactions on signal processing, 2005, 53(8): 2806-2818.

[5] AGRELL E, ERIKSSON T, VARDY A, et al. Closest point search in lattices[J]. IEEE transactions on information theory, 2002, 48(8): 2201-2214.

[6] LENSTRA A K, LENSTRA H W, LOVASZ L. Factoring polynomials with rational coefficients[J]. Mathematische annalen, 1982, 261(4): 515-534.

[7] WINDPASSINGER C, LAMPE L H J, FISCHER R F H. From lattice-reduction-aided detection towards maximum-likelihood detection in MIMO systems[C]// Proceedings of IEEE Information Theory Workshop, 2003: 144-148.

[8] WUBBEN D, BOHNKE R, KUHN V, et al. Near-maximum likelihood detection of MIMO systems using MMSE-based lattice reduction[C]// Proceedings of IEEE international conference on communications, 2004: 798-802.

[9] GAN Y H, LING C, MOW W H. Complex lattice reduction algorithm for low-complexity full-diversity MIMO detection[J]. IEEE transactions on signal processing, 2009, 57(7): 2701-2710.

[10] MOW W H. Universal lattice decoding: a review and some recent results[C]// IEEE International Conference on Communications, 2004: 2842-2846.

[11] MA X, ZHANG W. Performance analysis for MIMO systems with lattice-reduction aided linear equalization[J]. IEEE transactions on communications, 2008, 56(2): 309-318.

第 7 章
基于格基规约的检测技术

作为实现低复杂度高性能信号组合和检测的关键技术，第 6 章介绍的连续干扰消除和列表检测法已被广泛研究，然而这些方法在高维矩阵较高复杂度的情况下仍然可能阻碍其工程应用。另一方面，格基规约（Lattice Basis Reduction 或 Lattice Reduction，LR）方法能够在多项式（Polynomial）时间内将空间中的一组基底变换为一组准正交基底。当把 MIMO 系统的接收信号看成由其信道矩阵的基底（Basis）张成的向量空间的格基（Lattice）时，我们便可以应用 LR 方法对基底进行准正交变换，从而在有限的复杂度之内大幅度提高空间组合信号的抗干扰能力。本章我们介绍基于 LR 的信号检测方法，从而在高维 MIMO 系统中实现低复杂度、高性能及完全接收分集增益的信号检测[1]。

7.1 基于格基规约的天线阵信号组合概述

对于一组由 M 个线性无关实数向量组成的基底，即

$$\boldsymbol{B}=\{\boldsymbol{b}_1,\boldsymbol{b}_2,\cdots\boldsymbol{b}_M\} \tag{7-1}$$

由于其整系数线性组合能够组成一个格基，因此我们定义由 $\boldsymbol{B}$ 张成的格基为

$$\Lambda=\left\{\boldsymbol{u}\middle|\boldsymbol{u}=\sum_{m=1}^{M}\boldsymbol{b}_m z_m, z_m\in \mathrm{Z}\right\} \tag{7-2}$$

其中，Z 表示整数域。需要指出的是，同样的格基能够由不同的基底张成。

让我们回顾一下由 N_t 根发射天线和 N_r 根接收天线组成的 MIMO 系统的信道模型，在这里有以下 3 点需要注意。

① $\boldsymbol{H}$ 成为一组基底（即式（7-1）中的 $\boldsymbol{B}$），因此 $\boldsymbol{H}$ 的基底向量（即 $\boldsymbol{H}$ 的各个列向量）应由实数组成。

② 式（7-2）中的整系数线性组合应由 $\boldsymbol{s}$ 构成，因此 $\boldsymbol{s}$ 中的元素应为整数。

③ $\boldsymbol{y}$ 成为由基底 $\boldsymbol{H}$ 张成的格基中的一条向量。

With kind permission from Springer Science+Business Media: <Low Complexity MIMO Detection, List and Lattice Reduction-Based Methods, 2012, pp. 43-90, L. Bai and J. Choi >.

使用复数矩阵和实数矩阵之间的转换关系，可以将 $\boldsymbol{H}$ 变换为一组由实数基底组成的矩阵，变换方法为

$$\begin{bmatrix}\Re(\boldsymbol{y})\\ \Im(\boldsymbol{y})\end{bmatrix}=\begin{bmatrix}\Re(\boldsymbol{H}) & -\Im(\boldsymbol{H})\\ \Im(\boldsymbol{H}) & \Re(\boldsymbol{H})\end{bmatrix}\begin{bmatrix}\Re(\boldsymbol{s})\\ \Im(\boldsymbol{s})\end{bmatrix}+\begin{bmatrix}\Re(\boldsymbol{w})\\ \Im(\boldsymbol{w})\end{bmatrix} \tag{7-3}$$

其中，$\Re(\cdot)$ 和 $\Im(\cdot)$ 分别代表实部和虚部。相应地，我们可以定义 $2N_r\times 1$ 的实数接收信号向量 $\boldsymbol{y}_r=\left[\Re(\boldsymbol{y})^{\mathrm{T}}\ \Im(\boldsymbol{y})^{\mathrm{T}}\right]^{\mathrm{T}}$，$2N_t\times 1$ 的实数发送信号向量 $\boldsymbol{s}_r=\left[\Re(\boldsymbol{s})^{\mathrm{T}}\Im(\boldsymbol{s})^{\mathrm{T}}\right]^{\mathrm{T}}$，$2N_r\times 1$ 的噪声向量 $\boldsymbol{w}_r=\left[\Re(\boldsymbol{w})^{\mathrm{T}}\ \Im(\boldsymbol{w})^{\mathrm{T}}\right]^{\mathrm{T}}$，$2N_r\times 2N_t$ 的实数信道矩阵 $\boldsymbol{H}_r=\begin{bmatrix}\Re(\boldsymbol{H}) & -\Im(\boldsymbol{H})\\ \Im(\boldsymbol{H}) & \Re(\boldsymbol{H})\end{bmatrix}$，于是式（7-3）可以写为

$$\boldsymbol{y}_r=\boldsymbol{H}_r\boldsymbol{s}_r+\boldsymbol{w}_r \tag{7-4}$$

其中，实数信道矩阵 $\boldsymbol{H}_r$ 可以作为格基的一组基底。

接下来，利用平移和缩放将发送信号 $\boldsymbol{s}_r$ 变换到连续整数域上。例如，假设 $\boldsymbol{s}_r\in S^4$ 且 $S=\{-3,-1,1,3\}$，令 $\overline{\boldsymbol{s}}_r=\frac{1}{2}(\boldsymbol{s}_r+3\boldsymbol{1})$，其中 $\boldsymbol{1}=[1\ 1\ \cdots\ 1]^{\mathrm{T}}$，则 $\overline{\boldsymbol{s}}_r$ 中的元素成为连续整数集合中的元素。如果将式（7-4）中的 $\boldsymbol{y}_r$、$\boldsymbol{s}_r$ 和 $\boldsymbol{w}_r$ 替换为 $\overline{\boldsymbol{y}}_r=\frac{1}{2}(\boldsymbol{y}_r+3\boldsymbol{H}\boldsymbol{1})$、$\overline{\boldsymbol{s}}_r=\frac{1}{2}(\boldsymbol{s}_r+3\boldsymbol{1})$ 和 $\overline{\boldsymbol{w}}_r=\frac{1}{2}\boldsymbol{w}_r$，则接收信号向量又可以表示为

$$\overline{\boldsymbol{y}}_r=\boldsymbol{H}_r\overline{\boldsymbol{s}}_r+\overline{\boldsymbol{w}}_r \tag{7-5}$$

由式（7-5）可知 $\boldsymbol{H}_r\overline{\boldsymbol{s}}$（或者近似地可以认为是 $\overline{\boldsymbol{y}}_r$）成了由基底 $\boldsymbol{H}_r$ 张成的格基空间中的某个向量。因此，MIMO 检测问题可转化为在格基中寻找某向量的问题。

尽管最初我们在实数基底 $\boldsymbol{H}_r$ 上考虑格基空间，但是之后的研究表明可以通过复数信道矩阵 $\boldsymbol{H}$[2-4] 来得到格基空间，且应用复值格基规约可以降低 MIMO 检测的复杂度。对于复值格基规约，我们可以将 QAM 符号 s_k 的实部和虚部都转化到连续整数域上，s_k 是 s 的第 k 个元素。我们认定 C=Z+jZ 为连续复整数域，其中 $\mathrm{j}=\sqrt{-1}$。为简单起见，省略符号下标 k。经过适当的缩放和平移，可以得到

$$\{\alpha s+\beta\}\subseteq \mathrm{C},\quad s\in S \tag{7-6}$$

其中，α 和 β 分别代表缩放和平移的参数。对于 K-QAM 调制，可以得到符号集合为

$$S=\{s=a+\mathrm{j}b\mid a,b\in\{-(2P-1)A,\cdots,-3A,-A,A,3A,\cdots,(2P-1)A\}\} \tag{7-7}$$

其中，$P=\frac{\mathrm{lb}K}{2}$，$A=\sqrt{\frac{3E_{\mathrm{s}}}{2(K-1)}}$，这里，$E_{\mathrm{s}}=\mathrm{E}\left[|s|^2\right]$ 表示符号能量。而使式（7-6）成立的缩放和平移的参数为

$$\begin{cases}\alpha = \dfrac{1}{2A} \\ \beta = \dfrac{2P-1}{2}(1+\mathrm{j})\end{cases} \tag{7-8}$$

注意，α 和 β 的取值并不是唯一的。

由式（7-6）易得

$$\bar{\boldsymbol{s}} = \alpha \boldsymbol{s} + \beta \boldsymbol{1} \in \mathrm{C}^{N_t} \tag{7-9}$$

因此，复值格基规约的 MIMO 系统模型为

$$\begin{aligned}\bar{\boldsymbol{y}} &= \alpha \boldsymbol{y} + \beta \boldsymbol{H}\boldsymbol{1} \\ &= \boldsymbol{H}\bar{\boldsymbol{s}} + \bar{\boldsymbol{w}}\end{aligned} \tag{7-10}$$

其中，$\bar{\boldsymbol{w}} = \alpha \boldsymbol{w}$。此外，文献 [2] 表明实值和复值的格基规约在原理和性能上均不存在差异。

为方便起见，除非另外声明，这里我们假设信号和信道都是复值的。另外，E_s 表示 $\boldsymbol{s}$ 的符号能量，且有 $\mathrm{E}\left[\boldsymbol{w}\boldsymbol{w}^{\mathrm{H}}\right] = N_0 \boldsymbol{I}$。

7.2 基于格基规约的 MIMO 系统检测

因为一个格基空间可以由不同基底或信道矩阵得到，为了消除噪声和多信号间的干扰，我们可以找到这样一个矩阵，它的基底能和原信道矩阵的基底张成同样的空间，而且其列向量之间近似正交。这种技术即为 LR，LR 应用在 MIMO 系统中可以提高 MIMO 次优检测方法的性能，相应的检测方法就被称为基于 LR 的 MIMO 检测方法[2-9]。这一节将研究 MIMO 系统中基于 LR 的检测方法。

有两组基底 $\boldsymbol{H}$ 和 $\boldsymbol{G}$，它们能张成同样的格基空间，且每组基底的列向量是另一组基底列向量的整系数线性组合。例如，如果有

$$\boldsymbol{H} = \begin{bmatrix} 1 & 2 \\ 1 & 1 \end{bmatrix} \tag{7-11}$$

$$\boldsymbol{G} = \begin{bmatrix} 1 & 0 \\ 0 & 1 \end{bmatrix} \tag{7-12}$$

易得

$$\begin{bmatrix} 1 \\ 1 \end{bmatrix} = \begin{bmatrix} 1 \\ 0 \end{bmatrix} + \begin{bmatrix} 0 \\ 1 \end{bmatrix} \tag{7-13}$$

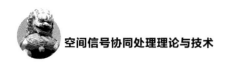

$$\begin{bmatrix}2\\1\end{bmatrix}=2\times\begin{bmatrix}1\\0\end{bmatrix}+\begin{bmatrix}0\\1\end{bmatrix} \tag{7-14}$$

因此，基底 $\boldsymbol{H}$ 和 $\boldsymbol{G}$ 能张成同样的空间。我们还能得到

$$\boldsymbol{H}=\boldsymbol{G}\boldsymbol{U} \tag{7-15}$$

其中，$\boldsymbol{U}$ 是一个幺模矩阵。于是，接收信号可以改写为

$$\boldsymbol{y}=\boldsymbol{G}\boldsymbol{U}\boldsymbol{s}+\boldsymbol{w}=\boldsymbol{G}\boldsymbol{c}+\boldsymbol{w} \tag{7-16}$$

其中，$\boldsymbol{c}=\boldsymbol{U}\boldsymbol{s}$。幺模矩阵 $\boldsymbol{U}$ 中的元素均为整数，如果 $\boldsymbol{s}\in\mathrm{C}^{N_t}$，那么我们可以得到 $\boldsymbol{c}\in\mathrm{C}^{N_t}$。然而，由于 $\boldsymbol{s}$ 是由 QAM 符号即 s_k 组成的，那么就可利用式（7-8）中缩放和平移的参数将 s_k 的实部和虚部转换到连续整数域中。

根据式（7-16），由于可以将接收信号看作由基底（例如 $\boldsymbol{H}$ 或 $\boldsymbol{G}$）张成的格基空间中的点，而针对由此建立的 MIMO 系统，我们可以利用传统的低复杂度检测方法（例如线性或者 SIC 方法）来检测 $\boldsymbol{c}$。这里我们应该注意，若将 ML 检测方法应用于格基规约后的矩阵，不会有性能的提升，这是因为传统的 ML 检测方法已经具有最优的性能表现。

7.2.1　基于格基规约的线性检测

用于检测 $\boldsymbol{c}$ 的基于格基规约的线性滤波器可以表示为 [8]

$$\tilde{\boldsymbol{c}}=\boldsymbol{W}^{\mathrm{H}}\boldsymbol{y} \tag{7-17}$$

这里基于 LR 的 ZF 滤波器为 $\boldsymbol{W}^{\mathrm{H}}=\left(\boldsymbol{G}^{\mathrm{H}}\boldsymbol{G}\right)^{-1}\boldsymbol{G}^{\mathrm{H}}$；而基于 LR 的 MMSE 滤波器为 $\boldsymbol{W}^{\mathrm{H}}=\left(\boldsymbol{G}^{\mathrm{H}}\boldsymbol{G}+\dfrac{N_0}{E_s}\boldsymbol{U}^{-\mathrm{H}}\boldsymbol{U}^{-1}\right)^{-1}\boldsymbol{G}^{\mathrm{H}}$。假设 $\boldsymbol{s}$ 包含 QAM 符号，同时令 $\overline{\boldsymbol{c}}=\boldsymbol{U}\,\overline{\boldsymbol{s}}$。根据式（7-9），经过缩放和平移，我们有

$$\begin{aligned}\overline{\boldsymbol{c}}&=\alpha\boldsymbol{U}\boldsymbol{s}+\beta\boldsymbol{U}\boldsymbol{1}\\&=\alpha\boldsymbol{c}+\beta\boldsymbol{U}\boldsymbol{1}\in\mathrm{C}^{N_t}\end{aligned} \tag{7-18}$$

因此，c 的硬检测可表示为

$$\hat{\boldsymbol{c}}=\frac{1}{\alpha}\left(\lfloor\alpha\tilde{\boldsymbol{c}}+\beta\boldsymbol{U}\boldsymbol{1}\rceil-\beta\boldsymbol{U}\boldsymbol{1}\right) \tag{7-19}$$

其中，$\lfloor.\rceil$ 表示取整操作。那么，$\boldsymbol{s}$ 的估计值即可由 $\hat{\boldsymbol{c}}$ 得到，即

$$\hat{\boldsymbol{s}}=\boldsymbol{U}^{-1}\hat{\boldsymbol{c}} \tag{7-20}$$

这里应注意到，如果 $\boldsymbol{s}\in\mathrm{C}^{M}$，那么便不再需要对 $\hat{\boldsymbol{c}}$ 进行缩放和平移。

图 7-1 和图 7-2 分别给出了由两组基底 $\boldsymbol{H}$ 和 $\boldsymbol{G}$ 张成的向量空间中 ZF 检测的判决边界。可以看出，图 7-1 中的判决边界较窄，较小的噪声即可造成检测误差。

而图 7-2 中，正交基底 $\boldsymbol{G}$ 较宽的判决边界使我们能够获得较好的检测性能。因此，对于次优 MIMO 检测，接近正交的基底能够有效地提高检测性能。

如图 7-2 所示，由于利用了正交的基底或信道矩阵，ZF 检测与 ML 检测有相同的判决区域，可以使得 ZF 检测达到最优的 ML 检测性能。因此，找到一个幺模矩阵 $\boldsymbol{U}$ 来生成正交或准正交矩阵 $\boldsymbol{G}$(即矩阵 $\boldsymbol{G}$ 的列向量是正交或准正交的)就尤为重要。下面将详细介绍如何利用 LR 方法从 $\boldsymbol{H}$ 中生成 $\boldsymbol{G}$，而相应地，由 LR 方法生成的矩阵 $\boldsymbol{G}$ 被称为格基规约矩阵。

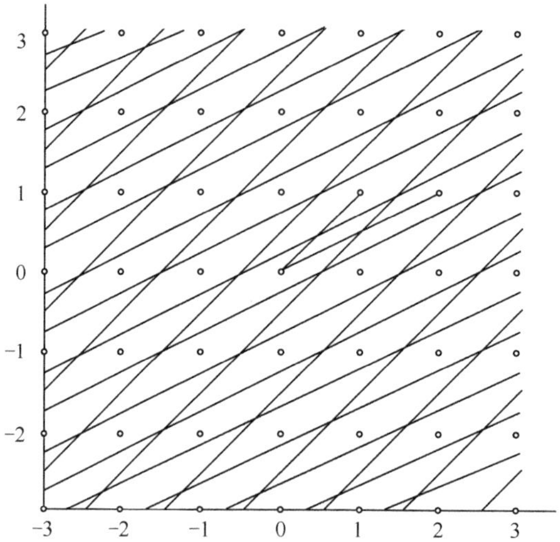

图 7-1　ZF 检测在非正交格基中的边界示意

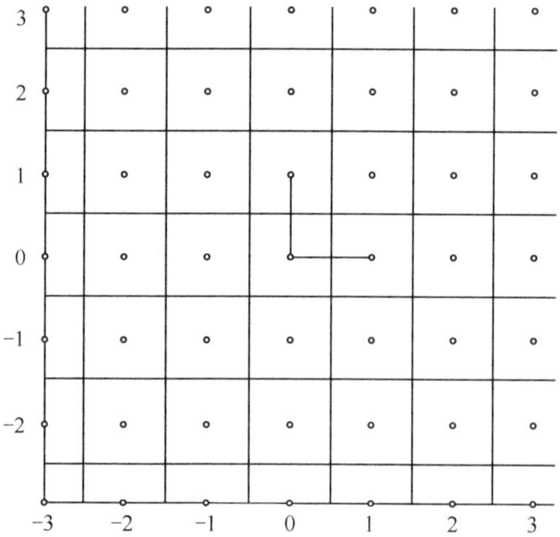

图 7-2　ZF 检测在正交格基中的边界示意

例 7-1：一个 2×2 的信道矩阵和一个正交矩阵分别如式（7-21）和式（7-22）所示。

$$\boldsymbol{H}=\begin{bmatrix}1 & 3\\0 & 1\end{bmatrix} \tag{7-21}$$

$$\boldsymbol{G}=\begin{bmatrix}1 & 0\\0 & 1\end{bmatrix} \tag{7-22}$$

我们可以得到

$$\boldsymbol{H}=\boldsymbol{G}\underbrace{\begin{bmatrix}1 & 3\\0 & 1\end{bmatrix}}_{\boldsymbol{U}} \tag{7-23}$$

其中，$\boldsymbol{U}$ 是元素为整数的幺模矩阵。因此，$\boldsymbol{H}$ 和 $\boldsymbol{G}$ 张成相同的格基空间，而 $\boldsymbol{G}$ 中的两个列向量与 $\boldsymbol{H}$ 相比具有更好的正交性。

令 $\boldsymbol{s}=\begin{bmatrix}-1\\1\end{bmatrix}$ 和 $\boldsymbol{w}=\begin{bmatrix}-0.4\\0.3\end{bmatrix}$ 分别表示发射信号向量和噪声向量，于是接收信号可表示为

$$\boldsymbol{y}=\boldsymbol{Hs}+\boldsymbol{w}=\begin{bmatrix}1.6\\1.3\end{bmatrix} \tag{7-24}$$

一方面，利用传统的 ZF 检测对 $\boldsymbol{s}$ 进行检测，可得式（7-25），即为错误检测。

$$\hat{\boldsymbol{s}}=\lfloor(\boldsymbol{H}^{\mathrm{H}}\boldsymbol{H})^{-1}\boldsymbol{H}^{\mathrm{H}}\boldsymbol{y}\rceil=\left\lfloor\begin{bmatrix}-2.3\\1.3\end{bmatrix}\right\rceil=\begin{bmatrix}-2\\1\end{bmatrix} \tag{7-25}$$

另一方面，如果利用正交矩阵 $\boldsymbol{G}$ 进行 ZF 检测，令 $\boldsymbol{y}=\boldsymbol{G}\underbrace{\boldsymbol{Us}}_{\boldsymbol{c}}+\boldsymbol{w}$，有

$$\hat{\boldsymbol{c}}=\lfloor(\boldsymbol{G}^{\mathrm{H}}\boldsymbol{G})^{-1}\boldsymbol{G}^{\mathrm{H}}\boldsymbol{y}\rceil=\left\lfloor\begin{bmatrix}1.6\\1.3\end{bmatrix}\right\rceil=\begin{bmatrix}2\\1\end{bmatrix} \tag{7-26}$$

那么，由 $\hat{\boldsymbol{c}}$ 可以得到 $\boldsymbol{s}$ 的估计值为

$$\hat{\boldsymbol{s}}=\boldsymbol{U}^{-1}\hat{\boldsymbol{c}}=\begin{bmatrix}-1\\1\end{bmatrix} \tag{7-27}$$

如此便得到了正确的检测值。

7.2.2　基于格基规约的 SIC 检测

对于基于 LR 的 ZF-SIC 滤波器[5]，矩阵 $\boldsymbol{G}$ 可 QR 分解为

$$\boldsymbol{G}=\boldsymbol{QR} \tag{7-28}$$

其中，$\boldsymbol{Q}$ 是酉矩阵，$\boldsymbol{R}$ 是上三角矩阵。对式（7-16）中的 $\boldsymbol{y}$ 左乘 $\boldsymbol{Q}^{\mathrm{H}}$，可以得到

$$\begin{aligned}\boldsymbol{Q}^{\mathrm{H}}\boldsymbol{y}=\boldsymbol{Q}^{\mathrm{H}}(\boldsymbol{Gc}+\boldsymbol{w})&=\\ \boldsymbol{Q}^{\mathrm{H}}\boldsymbol{QRc}+\boldsymbol{Q}^{\mathrm{H}}\boldsymbol{w}&=\\ \boldsymbol{Rc}+\boldsymbol{w}\end{aligned}\tag{7-29}$$

式(7-29)中第二行到第三行的推导依据是 $\boldsymbol{Q}^{\mathrm{H}}\boldsymbol{w}$ 和 $\boldsymbol{w}$ 具有相同的统计特性。

对于基于 LR 的 MMSE-SIC 滤波器 [2]，可将式（7-4）改写为

$$\begin{bmatrix}\boldsymbol{y}\\0\end{bmatrix}=\begin{bmatrix}\boldsymbol{H}\\\sqrt{\dfrac{N_0}{E_\mathrm{s}}}\boldsymbol{I}\end{bmatrix}\boldsymbol{s}+\begin{bmatrix}\boldsymbol{w}\\-\sqrt{\dfrac{N_0}{E_\mathrm{s}}}\boldsymbol{s}\end{bmatrix}\tag{7-30}$$

令 $\boldsymbol{y}_{\mathrm{ex}}=\left[\boldsymbol{y}^{\mathrm{T}}\ \boldsymbol{0}\right]^{\mathrm{T}}$，$\boldsymbol{H}_{\mathrm{ex}}=\left[\boldsymbol{H}^{\mathrm{T}}\ \sqrt{\dfrac{N_0}{E_\mathrm{s}}}\boldsymbol{I}\right]^{\mathrm{T}}$，$\boldsymbol{w}_{\mathrm{ex}}=\left[\boldsymbol{w}^{\mathrm{T}}\ -\sqrt{\dfrac{N_0}{E_\mathrm{s}}}\boldsymbol{s}^{\mathrm{T}}\right]^{\mathrm{T}}$。在 $\boldsymbol{H}_{\mathrm{ex}}$ 上进行 LR 操作后得到的矩阵 $\boldsymbol{G}_{\mathrm{ex}}$ 可表示为 $\boldsymbol{G}_{\mathrm{ex}}=\boldsymbol{H}_{\mathrm{ex}}\boldsymbol{U}_{\mathrm{ex}}$，这里，$\boldsymbol{U}_{\mathrm{ex}}$ 是幺模矩阵，则式（7-30）可以改写为

$$\boldsymbol{y}_{\mathrm{ex}}=\boldsymbol{G}_{\mathrm{ex}}\boldsymbol{c}_{\mathrm{ex}}+\boldsymbol{w}_{\mathrm{ex}}\tag{7-31}$$

其中，$\boldsymbol{c}_{\mathrm{ex}}=\boldsymbol{U}_{\mathrm{ex}}\boldsymbol{s}$。再对 $\boldsymbol{G}_{\mathrm{ex}}$ 进行 QR 分解，我们有 $\boldsymbol{G}_{\mathrm{ex}}=\boldsymbol{Q}_{\mathrm{ex}}\boldsymbol{R}_{\mathrm{ex}}$，这里 $\boldsymbol{Q}_{\mathrm{ex}}$ 和 R_{ex} 分别为酉矩阵和上三角矩阵。对式（7-31）的 $\boldsymbol{y}_{\mathrm{ex}}$ 左乘$\boldsymbol{Q}_{\mathrm{ex}}^{\mathrm{H}}$，我们便可得到基于 LR 的 MMSE-SIC 滤波器表示为

$$\boldsymbol{Q}_{\mathrm{ex}}^{\mathrm{H}}\boldsymbol{y}_{\mathrm{ex}}=\boldsymbol{R}_{\mathrm{ex}}\boldsymbol{c}_{\mathrm{ex}}+\boldsymbol{w}_{\mathrm{ex}}\tag{7-32}$$

因为 $\boldsymbol{Q}_{\mathrm{ex}}^{\mathrm{H}}\boldsymbol{w}_{\mathrm{ex}}$ 和 $\boldsymbol{w}_{\mathrm{ex}}$ 有相同的统计特性，式（7-32）中可用 $\boldsymbol{w}_{\mathrm{ex}}$ 代表 $\boldsymbol{Q}_{\mathrm{ex}}^{\mathrm{H}}\boldsymbol{w}_{\mathrm{ex}}$。

现在我们便可用 ZF-SIC 和 MMSE-SIC 分别对式(7-29)中的 $\boldsymbol{c}$ 和式(7-32)中的 $\boldsymbol{c}_{\mathrm{ex}}$ 进行检测操作。以 ZF-SIC 为例，我们分别用 c_j、x_j 和 $r_{p,q}$ 表示 $\boldsymbol{c}$ 中的第 i 个元素、$\boldsymbol{x}$ 中的第 j 个元素和 $\boldsymbol{R}$ 中的第 (p,q) 个元素。最后一行的元素，即 $\boldsymbol{c}$ 中的第 M 个元素将被首先按如下方法进行检测。

$$\hat{c}_M=\frac{1}{\alpha}\left(\lfloor\alpha\tilde{c}_M+\beta\boldsymbol{u}_M\boldsymbol{1}\rceil-\beta\boldsymbol{u}_M\boldsymbol{1}\right)\tag{7-33}$$

其中，$\tilde{c}_M=\dfrac{x_M}{r_{M,M}}$，且 u_k 表示 $\boldsymbol{U}$ 中的第 k 列。在消除 c_M 对倒数第二行的影响后接着将 $\boldsymbol{c}$ 中的第 N_t-1 个元素检测出来。如此往复直到检测出第一行（即 $\boldsymbol{c}$ 中）的第 1 个元素。在消除 N_t-m 个符号后，$\boldsymbol{c}$ 中第 m 个元素的检测为

$$\hat{c}_m=\frac{1}{\alpha}\left(\lfloor\alpha\tilde{c}_m+\beta\boldsymbol{u}_m\boldsymbol{1}\rceil-\beta\boldsymbol{u}_m\boldsymbol{1}\right)\tag{7-34}$$

其中，$\tilde{c}_m=r_{k,k}^{-1}\left(x_{N_t}-\sum\limits_{q=m+1}^{N_t}r_{m,q}\hat{c}_q\right)$，$m\in\{1,2,\cdots,N_t-1\}$。再令 $\hat{\boldsymbol{c}}=\left[\hat{c}_1\ \hat{c}_2\cdots\hat{c}_n\right]^{\mathrm{T}}$，则

s 的估计值为

$$\hat{s}=U^{-1}\hat{c} \tag{7-35}$$

由于式（7-34）采用了取整操作来代替传统 SIC 中的穷尽检索方式，因此我们能够得到更低的计算复杂度。

例 7-2：一个 MIMO 系统原始的信道矩阵 H 和进行 LR 后的矩阵 G 的关系为

$$\underbrace{\begin{bmatrix}1 & 1\\ 2 & 1\end{bmatrix}}_{H}=\underbrace{\begin{bmatrix}1 & 0\\ 0 & 1\end{bmatrix}}_{G}\underbrace{\begin{bmatrix}1 & 1\\ 2 & 1\end{bmatrix}}_{U} \tag{7-36}$$

令 $s=\begin{bmatrix}-1\\ 1\end{bmatrix}$ 和 $w=\begin{bmatrix}-0.4\\ 0.3\end{bmatrix}$ 分别表示发射信号向量和噪声向量，则接收信号可表示为

$$\underbrace{\begin{bmatrix}-0.4\\ -0.7\end{bmatrix}}_{y}=Hs+w \tag{7-37}$$

一方面，对 H 进行 QR 分解可得

$$H=\underbrace{\begin{bmatrix}0.4472 & 0.8944\\ 0.8944 & -0.4472\end{bmatrix}}_{Q}\underbrace{\begin{bmatrix}2.2361 & 1.3416\\ 0 & 0.4472\end{bmatrix}}_{R} \tag{7-38}$$

通过对 y 左乘 Q^{H} 进行传统 ZF-SIC 检测，得到

$$\underbrace{\begin{bmatrix}-0.8050\\ -0.0447\end{bmatrix}}_{Q^{\mathrm{H}}y}=\underbrace{\begin{bmatrix}2.2361 & 1.3416\\ 0 & 0.4472\end{bmatrix}}_{R}\begin{bmatrix}S_1\\ S_2\end{bmatrix}+Q^{\mathrm{H}}w \tag{7-39}$$

式（7-39）中的符号可按下列方式依次检出。

$$\hat{s}_2=\left\lfloor\frac{-0.0447}{0.4472}\right\rceil=0\Rightarrow\hat{s}_1=\left\lfloor\frac{(2.2361-(1.3416\times\hat{s}_2))}{2.2361}\right\rceil=1 \tag{7-40}$$

很明显，传统的 ZF-SIC 检测方法不能得到正确结果。

另一方面，对于正交矩阵 G，基于 LR 的 ZF-SIC 检测方法可通过 QR 分解 G 为

$$G=\underbrace{\begin{bmatrix}1 & 0\\ 0 & 1\end{bmatrix}}_{Q}\underbrace{\begin{bmatrix}1 & 0\\ 0 & 1\end{bmatrix}}_{R} \tag{7-41}$$

然后有

$$\underbrace{\begin{bmatrix}-0.4\\ -0.7\end{bmatrix}}_{Q^{\mathrm{H}}y}=\underbrace{\begin{bmatrix}1 & 0\\ 0 & 1\end{bmatrix}}_{R}\begin{bmatrix}c_1\\ c_2\end{bmatrix}+Q^{\mathrm{H}}w \tag{7-42}$$

其中的符号可依次检出为

$$\hat{c}_2 = \lfloor -0.7 \rceil = -1 \Rightarrow \hat{c}_1 = \lfloor -0.4 \rceil = 0 \tag{7-43}$$

令 $\hat{\boldsymbol{c}} = [\hat{c}_1 \ \ \hat{c}_2]^{\mathrm{T}}$，可得 $\boldsymbol{s}$ 的估计值为

$$\hat{\boldsymbol{s}} = \boldsymbol{U}^{-1}\hat{\boldsymbol{c}} = \begin{bmatrix} -1 \\ 1 \end{bmatrix} \tag{7-44}$$

由此可得到正确结果。

7.2.3　两基底系统的格基规约方式

在正交准则下，找到一个给定格基的最佳基底向量的问题，实质上是寻找格基中非零最短向量的问题，或者称为 NP 难问题 [10]。人们提出了不同的方法试图解决这个复杂的问题，这其中的 LLL（Lenstra-Lenstra-Lovasz）算法由于具有多项式复杂度而被广泛应用。在这一节中，我们先来解释如何在两基底系统中使用 LR 来寻找两个最短的向量；接下来几节详述基于 LLL 算法的 LR 在不同 MIMO 检测中的应用。

我们介绍过两基底系统中的 QR 分解，其中有 $\boldsymbol{H} = [\boldsymbol{h}_1 \ \boldsymbol{h}_2]$。对于 SIC 检测，最佳的基底排序策略是寻找 $\min\{\|\boldsymbol{h}_1\|,\|\boldsymbol{r}_2\|\}$ 的最大值。和 QR 分解方法不同的是，这里考虑如何通过 LR 对基底 H 生成的格基进行处理，而不是对 QR 分解后 $\boldsymbol{H} = [\boldsymbol{h}_1 \ \boldsymbol{h}_2]$ 张成的子空间进行处理。用式（7-15）中的线性关系，接收信号可写为

$$\boldsymbol{y} = \boldsymbol{H}\boldsymbol{s} + \boldsymbol{w} = \boldsymbol{G}\boldsymbol{U}\boldsymbol{s} + \boldsymbol{w} = \boldsymbol{G}\boldsymbol{c} + \boldsymbol{w} \tag{7-45}$$

其中，$\boldsymbol{G} = [\boldsymbol{g}_1 \ \boldsymbol{g}_2]$，且定义整数矩阵 $\boldsymbol{U}$ 使得 $\boldsymbol{c} \in \mathrm{Z}^2$。如同 7.2.2 节中阐述的那样，可以利用低复杂度的检测方法从 $\boldsymbol{c}$（而不是从 $\boldsymbol{s}$）中检测信号。

用 $\tilde{\boldsymbol{g}}_1$ 表示 $\boldsymbol{g}_1$ 中与 $\boldsymbol{g}_2$ 正交的部分，$\tilde{\boldsymbol{g}}_2$ 也同理定义。利用式（7-4）中的方法，$\tilde{\boldsymbol{g}}_1$ 和 $\tilde{\boldsymbol{g}}_2$ 可以通过如下方式产生。

$$\begin{cases} \tilde{\boldsymbol{g}}_1 = \boldsymbol{g}_1 \\ \tilde{\boldsymbol{g}}_2 = \boldsymbol{g}_2 - \omega \boldsymbol{g}_1 \end{cases} \tag{7-46}$$

其中，$\omega = \dfrac{\langle \boldsymbol{g}_2, \boldsymbol{g}_1 \rangle}{\|\boldsymbol{g}_1\|^2}$。由于 $\boldsymbol{H}$ 和 $\boldsymbol{G}$ 能张成相同的格基空间，所以我们希望能找到某个 $\boldsymbol{G}$，使得次优检测方法（包括线性和 SIC 检测方法）能实现更好的性能。例如对于 SIC 检测，因为检测 s_1 和 s_2 的有效 SNR 分别是 $\|\boldsymbol{g}_1\|$ 和 $\|\tilde{\boldsymbol{g}}_2\|$，所以最佳的基底为

$$\max_{U}\min\left\{\|\boldsymbol{g}_1\|,\|\tilde{\boldsymbol{g}}_2\|\right\}\quad \text{s.t.}\quad \boldsymbol{H}=\boldsymbol{G}\boldsymbol{U} \tag{7-47}$$

根据式（7-47），即可生成格基规约后的矩阵 $\boldsymbol{G}$，并应用于次优的 MIMO 检测。为解决式（7-47）的问题，我们需要引入如下定义。

定义 7-1：对于一个格基空间 Λ，当 $\boldsymbol{g}_1$ 是格基中的非零最短向量，$\boldsymbol{g}_2$ 是不与 $\boldsymbol{g}_1$ 相关的最短向量时，那么基底 $\boldsymbol{G}=[\boldsymbol{g}_1\ \boldsymbol{g}_2]$ 即为 Λ 中一个格基规约后的基底。

下面用两个定理来证明定义 7-1 能够得到式（7-47）中的解。

定理 7-1：格基空间 Λ 由一个两基底矩阵张成，$\boldsymbol{H}=[\boldsymbol{h}_1\ \boldsymbol{h}_2]$。假设存在一个矩阵 $\boldsymbol{G}=[\boldsymbol{g}_1\ \boldsymbol{g}_2]$ 使得 $\boldsymbol{H}=\boldsymbol{G}\boldsymbol{U}$，其中 $\boldsymbol{U}$ 是整数幺模矩阵。令 $\boldsymbol{g}_1$ 是格基中的非零最短向量，$\boldsymbol{g}_2$ 是不与 $\boldsymbol{g}_1$ 相关的最短向量，那么，我们有

$$\min\left\{\|\boldsymbol{g}_1\|,\|\tilde{\boldsymbol{g}}_2\|\right\}\geqslant\min\left\{\|\boldsymbol{h}_1\|,\|\tilde{\boldsymbol{h}}_2\|\right\} \tag{7-48a}$$

证明　定理 7-1 说明如果能证明以下两部分，那么 $\boldsymbol{H}$ 可以转换为 $\boldsymbol{G}$

$$\begin{cases}\|\boldsymbol{g}_1\|\geqslant\min\left\{\|\boldsymbol{h}_1\|,\|\tilde{\boldsymbol{h}}_2\|\right\} & \text{(7-48b)}\\ \|\tilde{\boldsymbol{g}}_2\|\geqslant\min\left\{\|\boldsymbol{h}_1\|,\|\tilde{\boldsymbol{h}}_2\|\right\} & \text{(7-48c)}\end{cases}$$

（1）式（7-48b）的证明

在由 $\{\boldsymbol{h}_1\ \boldsymbol{h}_2\}$ 和 $\{\boldsymbol{g}_1\ \boldsymbol{g}_2\}$ 张成的同一格基空间 Λ 中，令 $a_1,a_2\in\mathrm{Z}$，我们有 $\boldsymbol{g}_1=a_1\boldsymbol{h}_1+a_2\boldsymbol{h}_2$。定义 $\hat{\boldsymbol{h}}_2=\boldsymbol{h}_2-\tilde{\boldsymbol{h}}_2\perp\boldsymbol{h}_2$，这里 $\tilde{\boldsymbol{h}}_2$ 与 $\hat{\boldsymbol{h}}_2$ 和 $\boldsymbol{h}_1$ 垂直，于是我们有

$$\|\boldsymbol{g}_1\|=\|a_1\boldsymbol{h}_1+a_2\boldsymbol{h}_2\|=\left\|a_1\boldsymbol{h}_1+a_2\left(\tilde{\boldsymbol{h}}_2+\hat{\boldsymbol{h}}_2\right)\right\|\geqslant\|a_2\tilde{\boldsymbol{h}}_2\| \tag{7-49}$$

因为 $a_1,a_2\in\mathrm{Z}$，$|a_2|\geqslant1$时，有

$$\|\boldsymbol{g}_1\|\geqslant\|a_2\tilde{\boldsymbol{h}}_2\|\geqslant\|\tilde{\boldsymbol{h}}_2\|\geqslant\min\left\{\|\boldsymbol{h}_1\|,\|\tilde{\boldsymbol{h}}_2\|\right\} \tag{7-50}$$

当 $a_2=0$ 且 $a_1\neq0$ 时，可以得到

$$\|\boldsymbol{g}_1\|=|a_1|\cdot\|\boldsymbol{h}_1\|\geqslant\|\boldsymbol{h}_1\| \tag{7-51}$$

注意到 $\boldsymbol{g}_1$ 为最短向量，使得

$$\|\boldsymbol{g}_1\|\leqslant\|\boldsymbol{h}_1\| \tag{7-52}$$

那么根据式（7-51）和式（7-52）可以得到

$$\|\boldsymbol{g}_1\|=\|\boldsymbol{h}_1\|\geqslant\min\left\{\|\boldsymbol{h}_1\|,\|\tilde{\boldsymbol{h}}_2\|\right\} \tag{7-53}$$

至此，式（7-48b）证毕。

（2）式（7-48c）的证明

因为 $\{\boldsymbol{h}_1\ \boldsymbol{h}_2\}$ 和 $\{\boldsymbol{g}_1\ \boldsymbol{g}_2\}$ 张成同一格基空间 Λ，于是有

$$\|\boldsymbol{g}_1\|\cdot\|\tilde{\boldsymbol{g}}_2\|=\|\boldsymbol{h}_1\|\|\tilde{\boldsymbol{h}}_2\| \tag{7-54}$$

由式（7-52）和式（7-54）可以得到

$$\|\tilde{\boldsymbol{g}}_2\|\geqslant\|\tilde{\boldsymbol{h}}_2\|\geqslant\min\left\{\|\boldsymbol{h}_1\|,\|\tilde{\boldsymbol{h}}_2\|\right\} \tag{7-55}$$

至此，式（7-48c）证毕。

定理 7-1 说明，根据式（7-48），基底 $\boldsymbol{G}$ 能产生更好的检测性能。下一个问题便是向量的排序 $\boldsymbol{G}=[\boldsymbol{g}_1\ \boldsymbol{g}_2]$ 和 $\boldsymbol{G}=[\boldsymbol{g}_2\ \boldsymbol{g}_1]$ 哪个更好？该问题由下述定理证明。

定理 7-2：$\boldsymbol{\Lambda}$ 是由一个二维向量基底矩阵 $\boldsymbol{G}=[\boldsymbol{g}_1\ \boldsymbol{g}_2]$ 张成的空间。令 $\boldsymbol{g}_1$ 是 $\boldsymbol{\Lambda}$ 中的非零最短向量，$\boldsymbol{g}_2$ 是不与 $\boldsymbol{g}_1$ 相关的最短向量，那么，我们有

$$\min\left\{\|\boldsymbol{g}_1\|,\|\tilde{\boldsymbol{g}}_2\|\right\}\geqslant\min\left\{\|\boldsymbol{g}_2\|,\|\tilde{\boldsymbol{g}}_1\|\right\} \tag{7-56}$$

证明 因为 $\tilde{\boldsymbol{g}}_1$ 表示 $\boldsymbol{g}_1$ 中与式（7-46）中 $\boldsymbol{g}_2$ 正交的部分，而且 $\boldsymbol{g}_1$ 是 $\boldsymbol{\Lambda}$ 中的非零最短向量，有 $\|\boldsymbol{g}_2\|\geqslant\|\boldsymbol{g}_1\|\geqslant\|\tilde{\boldsymbol{g}}_1\|$，于是

$$\min\left\{\|\boldsymbol{g}_2\|,\|\tilde{\boldsymbol{g}}_1\|\right\}=\|\tilde{\boldsymbol{g}}_1\| \tag{7-57}$$

由于有 $\|\boldsymbol{g}_1\|\geqslant\|\tilde{\boldsymbol{g}}_1\|$ 和式（7-57），因此则只需证明 $\|\tilde{\boldsymbol{g}}_2\|\geqslant\|\tilde{\boldsymbol{g}}_1\|$ 即可证明式（7-56）中的不等式。为此有

$$\|\tilde{\boldsymbol{g}}_1\|^2=\|\boldsymbol{g}_1\|^2-\frac{\left|\langle\boldsymbol{g}_1,\boldsymbol{g}_2\rangle\right|^2}{\|\boldsymbol{g}_2\|^2} \tag{7-58}$$

$$\|\tilde{\boldsymbol{g}}_2\|^2=\|\boldsymbol{g}_2\|^2-\frac{\left|\langle\boldsymbol{g}_2,\boldsymbol{g}_1\rangle\right|^2}{\|\boldsymbol{g}_1\|^2} \tag{7-59}$$

于是有

$$\left|\langle\boldsymbol{g}_2,\boldsymbol{g}_1\rangle\right|^2=\|\boldsymbol{g}_2\|^2\left(\|\boldsymbol{g}_1\|^2-\|\tilde{\boldsymbol{g}}_1\|^2\right)=\|\boldsymbol{g}_1\|^2\left(\|\boldsymbol{g}_2\|^2-\|\tilde{\boldsymbol{g}}_2\|^2\right) \tag{7-60}$$

至此，我们可以得出

$$\frac{\|\tilde{\boldsymbol{g}}_1\|^2}{\|\boldsymbol{g}_1\|^2}=\frac{\|\tilde{\boldsymbol{g}}_2\|^2}{\|\boldsymbol{g}_2\|^2} \tag{7-61}$$

或者

$$\|\tilde{\boldsymbol{g}}_1\|^2=\frac{\|\boldsymbol{g}_1\|^2}{\|\boldsymbol{g}_2\|^2}\|\tilde{\boldsymbol{g}}_2\|^2\leqslant\|\tilde{\boldsymbol{g}}_2\|^2 \tag{7-62}$$

证毕。

根据定义 7-1 得到的基底 $\boldsymbol{G}$ 是格基规约后的结果，并且其能提高次优检测

的性能。另外，为了得到格基规约的基底，定理 7-3 提供了充分条件。

定理 7-3：Λ 是由一个二向量基底矩阵 $\boldsymbol{G}=[\boldsymbol{g}_1\ \boldsymbol{g}_2]$ 张成的空间。假设 $\|\boldsymbol{g}_1\|<\|\boldsymbol{g}_2\|$ 且有 $|\langle\boldsymbol{g}_1\ \boldsymbol{g}_2\rangle|\leqslant\frac{1}{2}\|\boldsymbol{g}_1\|^2$，那么 $\boldsymbol{g}_1$ 是 Λ 中的非零最短向量，并且 $\boldsymbol{g}_2$ 是不与 $\boldsymbol{g}_1$ 相关的最短向量。

证明　① 证明 $\boldsymbol{g}_1$ 是 $\boldsymbol{\Lambda}$ 中的非零最短向量。

令 $\boldsymbol{b}=a_1\boldsymbol{g}_1+a_2\boldsymbol{g}_2$ 是 $\boldsymbol{\Lambda}$ 中的向量，这里 $a_1,a_2\in \mathrm{Z}$，可以得到

$$\begin{aligned}\|\boldsymbol{b}\|^2&=|a_1|^2\|\boldsymbol{g}_1\|^2+|a_2|^2\|\boldsymbol{g}_2\|^2+2\langle a_1\boldsymbol{g}_1,a_2\boldsymbol{g}_2\rangle\geqslant\\&|a_1|^2\|\boldsymbol{g}_1\|^2+|a_2|^2\|\boldsymbol{g}_2\|^2+2|a_1a_2|\langle\boldsymbol{g}_1,\boldsymbol{g}_2\rangle\geqslant\\&\left(|a_1|^2+|a_2|^2+|a_1a_2|\right)\|\boldsymbol{g}_1\|^2\end{aligned}\tag{7-63}$$

对于 $a_1,a_2\in \mathrm{Z}$，鉴于 a_1 和 a_2 不同时为零，我们有

$$|a_1|^2+|a_2|^2+|a_1a_2|\geqslant 1\tag{7-64}$$

由式（7-63）和式（7-64）我们得到，对于任意的 $\boldsymbol{b}\in\boldsymbol{\Lambda},\boldsymbol{b}\neq 0$，有 $\|\boldsymbol{g}_1\|^2\leqslant\|\boldsymbol{b}\|^2$。至此证毕。

② 证明 $\boldsymbol{g}_2$ 是 $\boldsymbol{\Lambda}$ 中不与 $\boldsymbol{g}_1$ 相关的最短向量。

令 $\boldsymbol{b}=a_1\boldsymbol{g}_1+a_2\boldsymbol{g}_2\in\boldsymbol{\Lambda}\setminus\{c\boldsymbol{g}_1,c\in \mathrm{Z}\}$，其中 $a_1,a_2\in \mathrm{Z}$ 且 $\boldsymbol{b}\neq 0$，“\”表示集合减法。于是可得到

$$\begin{aligned}\|\boldsymbol{b}\|^2&=|a_1|^2\|\boldsymbol{g}_1\|^2+|a_2|^2\|\boldsymbol{g}_2\|^2+2\langle a_1\boldsymbol{g}_1,a_2\boldsymbol{g}_2\rangle+\left(|a_1|^2\|\boldsymbol{g}_1\|^2-|a_2|^2\|\boldsymbol{g}_2\|^2\right)=\\&|a_2|^2\left(\|\boldsymbol{g}_2\|^2-\|\boldsymbol{g}_1\|^2\right)+|a_1|^2\|\boldsymbol{g}_1\|^2+|a_2|^2\|\boldsymbol{g}_1\|^2+2\langle a_1\boldsymbol{g}_1,a_2\boldsymbol{g}_2\rangle\end{aligned}\tag{7-65}$$

因为 $\left\{|a_1|^2\|\boldsymbol{g}_1\|^2+|a_2|^2\|\boldsymbol{g}_1\|^2+2\langle a_1\boldsymbol{g}_1,a_2\boldsymbol{g}_2\rangle\right\}\geqslant\|\boldsymbol{g}_1\|^2$，式（7-65）可改写为

$$\|\boldsymbol{b}\|^2\geqslant\left(|a_2|^2-1\right)\left(\|\boldsymbol{g}_2\|^2-\|\boldsymbol{g}_1\|^2\right)+\|\boldsymbol{g}_2\|^2\tag{7-66}$$

由于 $|a_2|^2-1\geqslant 0$ 且 $\|\boldsymbol{g}_2\|-\|\boldsymbol{g}_1\|\geqslant 0$，所以有

$$\|\boldsymbol{b}\|^2\geqslant\|\boldsymbol{g}_2\|^2\tag{7-67}$$

至此证毕。

此外，定理 7-3 还能很容易地扩展到复基底的情形。

定理 7-4：Λ 是由一个二维向量基底矩阵 $\boldsymbol{G}=[\boldsymbol{g}_1\ \boldsymbol{g}_2]$ 张成的空间。假设 $\|\boldsymbol{g}_1\|<\|\boldsymbol{g}_2\|$，$|\Re\langle\boldsymbol{g}_1,\boldsymbol{g}_2\rangle|\leqslant\frac{1}{2}\|\boldsymbol{g}_1\|^2$，且 $|\Im\langle\boldsymbol{g}_1,\boldsymbol{g}_2\rangle|\leqslant\frac{1}{2}\|\boldsymbol{g}_1\|^2$，那么 $\boldsymbol{g}_1$ 是 $\boldsymbol{\Lambda}$ 中的非零最短向量，并且 $\boldsymbol{g}_2$ 是不与 $\boldsymbol{g}_1$ 相关的最短向量。

7.2.4 两基底系统的高斯格基规约

利用 7.2.3 节中的结果，我们可以构建出二维格基的高斯 LR 算法。由两个列向量组成的实值矩阵 $\boldsymbol{H}=[\boldsymbol{h}_1\ \boldsymbol{h}_2]$，满足条件 $\|\boldsymbol{h}_1\|\leqslant\|\boldsymbol{h}_2\|$（可利用列交换来满足该条件）。为找到一个对矩阵 $\boldsymbol{H}$ 进行格基规约后的矩阵，令 $\boldsymbol{G}=[\boldsymbol{g}_1\ \boldsymbol{g}_2]$，其中有

$$\begin{cases}\boldsymbol{g}_1=\boldsymbol{h}_1\\ \boldsymbol{g}_2=\boldsymbol{h}_2-c\boldsymbol{h}_1\end{cases} \tag{7-68}$$

根据格基的原则，式（7-68）中 $c\in\mathrm{Z}$。利用 $\boldsymbol{H}$ 和 $\boldsymbol{G}$ 的线性关系，式（7-68）可改写为

$$\boldsymbol{G}=\boldsymbol{H}\boldsymbol{U}^{-1} \tag{7-69}$$

其中，幺模矩阵 $\boldsymbol{U}^{-1}=\begin{bmatrix}1 & -c\\ 0 & 1\end{bmatrix}$。这里，$c$ 用于将 $\boldsymbol{g}_2$ 长度最小化，并将 $\boldsymbol{g}_1$ 和 $\boldsymbol{g}_2$ 的相关程度最小化，具体可分别表示为

$$\hat{c}=\arg\min_{c\in\mathrm{Z}}\|\boldsymbol{g}_2\|^2=\arg\min_{c\in\mathrm{Z}}\|\boldsymbol{h}_2-c\boldsymbol{h}_1\|^2=\left\lfloor\frac{\langle\boldsymbol{h}_2,\boldsymbol{h}_1\rangle}{\|\boldsymbol{h}_1\|^2}\right\rceil \tag{7-70}$$

$$\hat{c}=\arg\min_{c\in\mathrm{Z}}\|\langle\boldsymbol{h}_2-c\boldsymbol{h}_1,\boldsymbol{h}_1\rangle\|^2=\arg\min_{c\in\mathrm{Z}}\left\|\langle\boldsymbol{h}_2,\boldsymbol{h}_1\rangle-c\|\boldsymbol{h}_1\|^2\right\|^2=\left\lfloor\frac{\langle\boldsymbol{h}_2,\boldsymbol{h}_1\rangle}{\|\boldsymbol{h}_1\|^2}\right\rceil \tag{7-71}$$

可以看出，将 $\boldsymbol{g}_2$ 长度最小化等价于将 $\boldsymbol{g}_1$ 和 $\boldsymbol{g}_2$ 的相关程度最小化。我们还能看出，当 $c=\dfrac{\langle\boldsymbol{h}_2,\boldsymbol{h}_1\rangle}{\|\boldsymbol{h}_1\|^2}$ 时，$\boldsymbol{g}_1$ 和 $\boldsymbol{g}_2$ 正交；但是，由于 $c\in\mathrm{Z}$，$\boldsymbol{g}_1$ 和 $\boldsymbol{g}_2$ 可能无法正交，它们的相关性可表示为

$$\langle\boldsymbol{g}_2,\boldsymbol{g}_1\rangle=\langle(\boldsymbol{h}_2-\hat{c}\boldsymbol{h}_1),\boldsymbol{h}_1\rangle=\langle\boldsymbol{h}_2,\boldsymbol{h}_1\rangle-\hat{c}\|\boldsymbol{h}_1\|^2=\left(\frac{\langle\boldsymbol{h}_2,\boldsymbol{h}_1\rangle}{\|\boldsymbol{h}_1\|^2}-\hat{c}\right)\|\boldsymbol{h}_1\|^2 \tag{7-72}$$

由 $\hat{c}=\left\lfloor\dfrac{\langle\boldsymbol{h}_2,\boldsymbol{h}_1\rangle}{\|\boldsymbol{h}_1\|^2}\right\rceil$ 可以得出

$$\left|\frac{\langle\boldsymbol{h}_2,\boldsymbol{h}_1\rangle}{\|\boldsymbol{h}_1\|^2}-\hat{c}\right|\leqslant\frac{1}{2} \tag{7-73}$$

并且式（7-72）可改写为

$$|\langle\boldsymbol{g}_2,\boldsymbol{g}_1\rangle|\leqslant\frac{1}{2}\|\boldsymbol{g}_1\|^2 \tag{7-74}$$

满足定理 7-3。

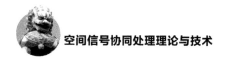

用 $\boldsymbol{H}=\begin{bmatrix}\boldsymbol{h}_1 & \boldsymbol{h}_2\end{bmatrix}$ 和 $\boldsymbol{T}=\begin{bmatrix}1 & 0\\ 0 & 1\end{bmatrix}$ 分别表示实值的、由两列向量组成的矩阵和单位矩阵，那么实值的高斯 LR 算法见表 7-1。

表 7-1　最优排序准则生成算法

输入：$\{\boldsymbol{H},\boldsymbol{T}\}$
输出：$\{\boldsymbol{G},\boldsymbol{T}\}$
① if $\lVert\boldsymbol{h}_1\rVert > \lVert\boldsymbol{h}_2\rVert$
② 分别交换 $\boldsymbol{H}$ 和 $\boldsymbol{T}$ 的两列
③ end if
④ if $2\lvert\langle\boldsymbol{h}_2,\boldsymbol{h}_1\rangle\rvert > \lVert\boldsymbol{h}_1\rVert^2$
⑤ $c=\lfloor(\dfrac{\langle\boldsymbol{h}_2,\boldsymbol{h}_1\rangle}{\lVert\boldsymbol{h}_1\rVert^2})\rceil$
⑥ $\boldsymbol{h}_2=\boldsymbol{h}_2-c\boldsymbol{h}_1$，$\boldsymbol{T}=\boldsymbol{T}\begin{bmatrix}1 & -c\\ 0 & 1\end{bmatrix}$
⑦ end if
⑧ if $\lVert\boldsymbol{h}_1\rVert < \lVert\boldsymbol{h}_2\rVert$
⑨ $\boldsymbol{G}\leftarrow\boldsymbol{H}$，算法结束
⑩ else
⑪ 返回步骤①
⑫ end if

这里，两个向量的相关程度和向量长度在第④步和第⑧步中进行检验。如果两个条件都满足，我们可以得到格基规约后的矩阵 $\boldsymbol{G}$ 和整数幺模矩阵 $\boldsymbol{T}$，有

$$\boldsymbol{G}=\boldsymbol{H}\boldsymbol{T} \tag{7-75}$$

且有 $\boldsymbol{T}=\boldsymbol{U}^{-1}$。

例 7-3：考虑一个实值信道矩阵

$$\boldsymbol{H}=\begin{bmatrix}\boldsymbol{h}_1 & \boldsymbol{h}_2\end{bmatrix}=\begin{bmatrix}60 & 49\\ 52 & 42\end{bmatrix} \tag{7-76}$$

其中，

$$\boldsymbol{h}_1=\begin{bmatrix}60\\ 52\end{bmatrix}\quad \boldsymbol{h}_2=\begin{bmatrix}49\\ 42\end{bmatrix} \tag{7-77}$$

令 $\boldsymbol{T}=\begin{bmatrix}1 & 0\\0 & 1\end{bmatrix}$ 为单位矩阵，用 $\boldsymbol{H}$ 和 $\boldsymbol{T}$ 作为输入，高斯 LR 算法可以通过下述方式进行。

因为 $\|\boldsymbol{h}_1\|>\|\boldsymbol{h}_2\|$，且由于 $\boldsymbol{T}=\begin{bmatrix}1 & 0\\0 & 1\end{bmatrix}$，交换基底向量

$$\begin{cases}\boldsymbol{h}_1=\begin{bmatrix}49\\42\end{bmatrix}\\ \boldsymbol{h}_2=\begin{bmatrix}60\\52\end{bmatrix}\end{cases} \tag{7-78}$$

在算法第④步中检验两向量的相关度，有

$$\frac{\langle \boldsymbol{h}_2,\boldsymbol{h}_1\rangle}{\|\boldsymbol{h}_1\|^2}=1.23>\frac{1}{2} \tag{7-79}$$

鉴于

$$c=\left\lfloor \frac{\langle \boldsymbol{h}_2,\boldsymbol{h}_1\rangle}{\|\boldsymbol{h}_1\|^2}\right\rceil=1 \tag{7-80}$$

进行格基规约

$$\boldsymbol{h}_2\Leftarrow\boldsymbol{h}_2-\left\lfloor \frac{\langle \boldsymbol{h}_2,\boldsymbol{h}_1\rangle}{\|\boldsymbol{h}_1\|^2}\right\rceil\boldsymbol{h}_1=\begin{bmatrix}11\\10\end{bmatrix} \tag{7-81}$$

且有

$$\boldsymbol{T}=\begin{bmatrix}0 & 1\\1 & 0\end{bmatrix}\begin{bmatrix}1 & -1\\0 & 1\end{bmatrix}=\begin{bmatrix}0 & 1\\1 & -1\end{bmatrix} \tag{7-82}$$

在算法第⑧步中检验更新后向量的长度，有

$$\underbrace{\left\|\begin{bmatrix}49\\42\end{bmatrix}\right\|}_{\boldsymbol{h}_1}>\underbrace{\left\|\begin{bmatrix}11\\10\end{bmatrix}\right\|}_{\boldsymbol{h}_2} \tag{7-83}$$

并不满足要求，于是转到第①步，对更新后的 $\{\boldsymbol{h}_1,\boldsymbol{h}_2,\boldsymbol{T}\}$ 进行处理。

高斯 LR 算法不断进行迭代，直到两个条件（两向量的相关度和向量长度）都满足。简而言之，基底规约的迭代过程可以表示为

$$[\boldsymbol{h}_1\ \boldsymbol{h}_2]=\begin{bmatrix}60 & 49\\52 & 42\end{bmatrix}\Rightarrow\begin{bmatrix}49 & 11\\42 & 10\end{bmatrix}\Rightarrow\begin{bmatrix}11 & 5\\10 & 2\end{bmatrix}\Rightarrow\begin{bmatrix}5 & 4\\2 & -4\end{bmatrix} \tag{7-84}$$

令 $\boldsymbol{G}=\begin{bmatrix}5 & -4\\2 & 4\end{bmatrix}$ 和 $\boldsymbol{T}=\begin{bmatrix}-4 & -13\\5 & 16\end{bmatrix}$ 分别表示格基规约后的矩阵和相应的

整数幺模矩阵，并且有 $\boldsymbol{G}=\boldsymbol{HT}$。格基规约后的基底比原基底有更短的长度和更低的相关度，其证明如下。

$$\text{原始基底}\ \boldsymbol{H}\begin{cases}\{\|\boldsymbol{h}_1\|,\|\boldsymbol{h}_2\|\}=\{79.39,64.53\}\\ \dfrac{\boldsymbol{h}_1^{\mathrm{H}}\boldsymbol{h}_2}{\|\boldsymbol{h}_1\|\|\boldsymbol{h}_2\|}\approx 1\end{cases}\tag{7-85}$$

$$\text{简约基底}\ \boldsymbol{G}\begin{cases}\{\|\boldsymbol{g}_1\|,\|\boldsymbol{g}_2\|\}=\{5.38,5.65\}\\ \dfrac{\boldsymbol{g}_1^{\mathrm{H}}\boldsymbol{g}_2}{\|\boldsymbol{g}_1\|\|\boldsymbol{g}_2\|}=-0.40\end{cases}\tag{7-86}$$

如将实值的高斯 LR 拓展到复值空间，我们便可以得到复值的高斯 LR 算法。用 $\boldsymbol{H}=[\boldsymbol{h}_1\ \boldsymbol{h}_2]$ 表示由两列向量组成的复值矩阵，其中 $\|\boldsymbol{h}_1\|<\|\boldsymbol{h}_2\|$。如式（7-69）所示，对于复值矩阵 $\boldsymbol{H}$，同样存在一个由复值列向量组成的格基规约后的矩阵 $\boldsymbol{G}=[\boldsymbol{g}_1\ \boldsymbol{g}_2]$。不同之处在于这里的 c 是一个复整数，即 $c\in \mathrm{Z+jZ}$。于是我们有

$$\hat{c}=\arg\min_{c\in \mathrm{Z+jZ}}\left|\langle \boldsymbol{h}_1-c\boldsymbol{h}_1,\boldsymbol{h}_1\rangle\right|^2=\arg\min_{c\in \mathrm{Z+jZ}}\left|\langle \boldsymbol{h}_2,\boldsymbol{h}_1\rangle-c\|\boldsymbol{h}_1\|^2\right|^2=\left\lfloor\frac{\langle \boldsymbol{h}_2,\boldsymbol{h}_1\rangle}{\|\boldsymbol{h}_1\|^2}\right\rceil\tag{7-87}$$

其中，取整操作是针对复数的，即 $\lfloor x\rceil=\lfloor\Re(x)\rceil+\mathrm{j}\lfloor\Im(x)\rceil$。由式（7-72）和式（7-87）可得

$$\langle \boldsymbol{g}_2,\boldsymbol{g}_1\rangle=\left(\frac{\langle \boldsymbol{h}_2,\boldsymbol{h}_1\rangle}{\|\boldsymbol{h}_1\|^2}-\hat{c}\right)\|\boldsymbol{h}_1\|^2\tag{7-88}$$

另有

$$\begin{cases}\left|\Re\left(\dfrac{\langle \boldsymbol{h}_2,\boldsymbol{h}_1\rangle}{\|\boldsymbol{h}_1\|^2}-\hat{c}\right)\right|\leqslant 1/2\\ \left|\Im\left(\dfrac{\langle \boldsymbol{h}_2,\boldsymbol{h}_1\rangle}{\|\boldsymbol{h}_1\|^2}-\hat{c}\right)\right|\leqslant 1/2\end{cases}\tag{7-89}$$

根据式（7-88）和式（7-89）可得

$$\begin{cases}\left|\Re\left(\langle \boldsymbol{g}_2,\boldsymbol{g}_1\rangle\right)\right|\leqslant \dfrac{1}{2}\|\boldsymbol{g}_1\|^2\\ \left|\Im\left(\langle \boldsymbol{g}_2,\boldsymbol{g}_1\rangle\right)\right|\leqslant \dfrac{1}{2}\|\boldsymbol{g}_1\|^2\end{cases}\tag{7-90}$$

满足定理 7-4 的条件。

用 $\boldsymbol{H}=[\boldsymbol{h}_1\ \boldsymbol{h}_2]$ 和 $\boldsymbol{T}=\begin{bmatrix}1 & 0\\ 0 & 1\end{bmatrix}$ 分别表示由两列向量组成的复值矩阵和单位阵，复值的高斯 LR 算法见表 7-2。

表 7-2　最优排序准则生成算法

输入：$\{\boldsymbol{H},\boldsymbol{T}\}$

输出：$\{\boldsymbol{G},\boldsymbol{T}\}$

① if $\|\boldsymbol{h}_1\|>\|\boldsymbol{h}_2\|$

② 分别交换 $\boldsymbol{H}$ 和 $\boldsymbol{T}$ 的两列

③ end

④ if $2\left|\Re(\langle \boldsymbol{h}_2,\boldsymbol{h}_1\rangle)\right|>\|\boldsymbol{h}_1\|^2$ 或 $2\left|\Im(\langle \boldsymbol{h}_2,\boldsymbol{h}_1\rangle)\right|>\|\boldsymbol{h}_1\|^2$

⑤ $c=\lfloor(\dfrac{\langle \boldsymbol{h}_2,\boldsymbol{h}_1\rangle}{\|\boldsymbol{h}_1\|^2})\rceil$

⑥ $\boldsymbol{h}_2=\boldsymbol{h}_2-c\boldsymbol{h}_1$，$\boldsymbol{T}=\boldsymbol{T}\begin{bmatrix}1 & -c\\ 0 & 1\end{bmatrix}$

⑦ end if

⑧ if $\|\boldsymbol{h}_1\|<\|\boldsymbol{h}_2\|$

⑨ $\boldsymbol{G}\leftarrow\boldsymbol{H}$，算法结束

⑩ else

⑪ 返回步骤①

⑫ end if

复值高斯 LR 算法有两部分区别于实值 LR，第④步中，相关性在实部和虚部分别检验；第⑤步中，进行取整操作后取整到复整数上。

例 7-4：有一个复值信道矩阵

$$\boldsymbol{H}=[\boldsymbol{h}_1\ \boldsymbol{h}_2]=\begin{bmatrix}27+39\mathrm{i} & 46+55\mathrm{i}\\ 36+45\mathrm{i} & 47+60\mathrm{i}\end{bmatrix} \tag{7-91}$$

其中，$\boldsymbol{h}_1=\begin{bmatrix}27+39\mathrm{i}\\ 36+45\mathrm{i}\end{bmatrix}$ 和 $\boldsymbol{h}_2=\begin{bmatrix}46+55\mathrm{i}\\ 47+60\mathrm{i}\end{bmatrix}$。

应用复值高斯 LR 算法，迭代的基底规约过程为

$$\begin{aligned}[\boldsymbol{h}_1\ \boldsymbol{h}_2]=&\begin{bmatrix}27+39\mathrm{i} & 46+55\mathrm{i}\\ 36+45\mathrm{i} & 47+60\mathrm{i}\end{bmatrix}\Rightarrow\begin{bmatrix}27+39\mathrm{i} & 19+16\mathrm{i}\\ 36+45\mathrm{i} & 11+15\mathrm{i}\end{bmatrix}\Rightarrow\\ &\begin{bmatrix}19+16\mathrm{i} & -11+7\mathrm{i}\\ 11+15\mathrm{i} & 14+10\mathrm{i}\end{bmatrix}\Rightarrow\begin{bmatrix}-11+4\mathrm{i} & 19+17\mathrm{i}\\ 14+10\mathrm{i} & 11+18\mathrm{i}\end{bmatrix}\end{aligned} \tag{7-92}$$

$$\boldsymbol{T}=\begin{bmatrix}1 & 0\\0 & 1\end{bmatrix}\Rightarrow\begin{bmatrix}1 & -1\\0 & 1\end{bmatrix}\Rightarrow\begin{bmatrix}-1 & 1\\3 & -2\end{bmatrix}\Rightarrow\begin{bmatrix}3 & -1\\-2 & 1\end{bmatrix} \tag{7-93}$$

令 $\boldsymbol{G}=\begin{bmatrix}-11+7\mathrm{i} & 19+16\mathrm{i}\\14+15\mathrm{i} & 11+15\mathrm{i}\end{bmatrix}$ 和 $\boldsymbol{T}=\begin{bmatrix}3 & -1\\-2 & 1\end{bmatrix}$ 分别表示格基规约后的矩阵和相应的整数幺模矩阵，于是有 $\boldsymbol{G}=\boldsymbol{HT}$。注意格基规约后的基底相对于原基底有更短的长度和更低的相关度，其验证如下。

$$\text{原始基底 } \boldsymbol{H}\begin{cases}\{\|\boldsymbol{h}_1\|,\|\boldsymbol{h}_2\|\}=\{74.64,104.64\}\\ \left|\dfrac{\boldsymbol{h}_1^{\mathrm{H}}\boldsymbol{h}_2}{\|\boldsymbol{h}_1\|\|\boldsymbol{h}_2\|}\right|\approx 1\end{cases} \tag{7-94}$$

$$\text{约简基底 } \boldsymbol{G}\begin{cases}\{\|\boldsymbol{g}_1\|,\|\boldsymbol{g}_2\|\}=\{24.31,31.03\}\\ \left|\dfrac{\boldsymbol{g}_1^{\mathrm{H}}\boldsymbol{g}_2}{\|\boldsymbol{g}_1\|\|\boldsymbol{g}_2\|}\right|=0.26\end{cases} \tag{7-95}$$

7.2.5 LLL 算法和 CLLL 算法

为了找到一个列向量近似正交的矩阵来张成相同的格基空间，文献 [10] 提出了 LLL 算法。LLL 算法可以对一个有着 $N_r\times N_t$（$N_r\geqslant N_t$）信道矩阵的 N_t 基底的 MIMO 系统进行 LR。LLL 算法最初是为实值矩阵设计的，而之后的研究将 LLL 算法拓展到了复值矩阵上，即 CLLL（Complex Lenstra-Lenstra-Lovasz，复杂 LLL）算法。在这一节中，我们首先介绍 MIMO 系统 LR 中的实值 LLL 算法。

运用式（7-3）中的方法，我们从 $N_r\times N_t$ 的复值矩阵 $\boldsymbol{H}$ 中得到 $2N_r\times 2N_t$ 的实值矩阵 $\boldsymbol{H}_r$，于是 LLL 算法即可将给定的基底 $\boldsymbol{H}_r$ 转变为一个由准正交基底向量构成的新矩阵 $\boldsymbol{G}_r$。将 $\boldsymbol{G}_r$ 进行 QR 分解为

$$\boldsymbol{G}_r=\boldsymbol{Q}_r\boldsymbol{R}_r \tag{7-96}$$

其中，$\boldsymbol{Q}_r$ 是一个 $2N_r\times 2N_t$ 的酉矩阵（$\boldsymbol{Q}_r^{\mathrm{T}}\boldsymbol{Q}_r=\boldsymbol{I}_N$），$\boldsymbol{R}_r$ 是一个 $2N_r\times 2N_t$ 的上三角矩阵。$2N_r\times 2N_t$ 的实值矩阵 $\boldsymbol{G}_r$ 可看作 LLL 规约后的矩阵 [11]，如果 QR 分解后的 $\boldsymbol{R}_r$ 的元素满足式（7-97）和式（7-98）。

$$\left|[\boldsymbol{R}_r]_{\ell,\rho}\right|\leqslant\frac{1}{2}\left|[\boldsymbol{R}_r]_{\ell,\ell}\right|,\ 1\leqslant\ell<\rho\leqslant 2N_t \tag{7-97}$$

$$\delta[\boldsymbol{R}_r]^2_{\rho-1,\rho-1}\leqslant[\boldsymbol{R}_r]^2_{\rho,\rho}+[\boldsymbol{R}_r]^2_{\rho-1,\rho},\ \rho=2,\cdots,2N_t \tag{7-98}$$

其中，$[\boldsymbol{R}_r]_{p,q}$ 表示 R_r 中的第 (p,q) 个元素。参数 δ 的选取对算法的性能和复

杂度折中起着关键作用[11]。在 LLL 和 CLLL 算法中 δ 取值范围通常为 $\left(\frac{1}{4},1\right)$ 和 $\left(\frac{1}{2},1\right)$[4]，而选择 $\delta=\frac{3}{4}$ 可以较好地满足性能和复杂度的折中要求。

LLL 算法[8,11]从实值矩阵 $\boldsymbol{H}_r$ 生成 LLL 规约后的矩阵 $\boldsymbol{G}_r$ 的过程见表 7-3，其中输入和输出分别为 $\{\boldsymbol{H}_r\}$ 和 $\{\boldsymbol{Q}_r,\boldsymbol{R}_r,\boldsymbol{T}_r\}$。

表 7-3　最优排序准则生成算法

输入：$\{\boldsymbol{H}_r\}$

输出：$\{\boldsymbol{Q}_r,\boldsymbol{R}_r,\boldsymbol{T}_r\}$

① $[\boldsymbol{Q}_r,\boldsymbol{R}_r]\leftarrow qr(\boldsymbol{H}_r)$

② $\xi\leftarrow \mathrm{size}(\boldsymbol{H}_r,2)$

③ $\boldsymbol{T}_r\leftarrow \boldsymbol{I}_\xi$

④ while $\rho\leqslant\xi$

⑤ for $l=1:\rho-1$

⑥ $\mu\leftarrow\left\lceil\left(\boldsymbol{R}_r(\rho-\ell,\rho)/\boldsymbol{R}_r(\rho-\ell,\rho-\ell)\right)\right\rfloor$

⑦ if $\mu\neq 0$

⑧ $\boldsymbol{R}_r(1:\rho-\ell,\rho)\leftarrow\boldsymbol{R}_r(1:\rho-\ell,\rho)-\mu\boldsymbol{R}_r\boldsymbol{R}_r(1:\rho-\ell,\rho-\ell)$

⑨ $\boldsymbol{T}_r(:,\rho)\leftarrow\boldsymbol{T}_r(:\rho)-\mu\boldsymbol{T}_r(:\rho-\ell)$

⑩ end if

⑪ end for

⑫ if $\delta\left(\boldsymbol{R}_r(\rho-1,\rho-1)\right)^2>\boldsymbol{R}_r(\rho,\rho)^2+\boldsymbol{R}_r(\rho-1,\rho)^2$

⑬ 将 $\boldsymbol{R}_r$ 中的第 $\rho-1$ 列与第 ρ 列交换，并将 $\boldsymbol{T}_r$ 中的第 $\rho-1$ 列与第 ρ 列交换

⑭ $\Theta=\begin{bmatrix}\alpha & \beta\\ -\beta & \alpha\end{bmatrix}$，$\alpha=\dfrac{\boldsymbol{R}_r(\rho-1,\rho-1)}{\left\|\boldsymbol{R}_r(\rho-1:\rho,\rho-1)\right\|}$，$\beta=\dfrac{\boldsymbol{R}_r(\rho,\rho-1)}{\left\|\boldsymbol{R}_r(\rho-1:\rho,\rho-1)\right\|}$

⑮ $\boldsymbol{R}_r(\rho-1:\rho,\rho-1:\zeta)\leftarrow\Theta\boldsymbol{R}_r(\rho-1:\rho,\rho-1:\zeta)$

⑯ $\boldsymbol{Q}_r(:,\rho-1:\rho)\leftarrow\boldsymbol{Q}_r(:,\rho-1:\rho)\Theta^{\mathrm{T}}$

⑰ $\rho\leftarrow\max\{\rho-1,2\}$

⑱ else

⑲ $\rho\leftarrow\rho+1$

⑳ end if

㉑ end while

由输出可以得到 LLL 规约后的矩阵 $\boldsymbol{G}_r=\boldsymbol{H}_r\boldsymbol{T}_r$。利用规约后的矩阵 $\boldsymbol{G}_r$ 和相应的整数幺模矩阵 $\boldsymbol{T}_r$ 可实现基于 LR 的线性或 SIC 的 MIMO 检测器（细节详见 7.2.2 节）。

例 7-5：有一个 4×4 的复值矩阵

$$\boldsymbol{H}=\begin{bmatrix}0 & 0 & 1 & 0\\1-\mathrm{i} & 1 & \mathrm{i} & 1-\mathrm{i}\\\mathrm{i} & \mathrm{i} & 1 & 0\\1-\mathrm{i} & 1 & 1-\mathrm{i} & \mathrm{i}\end{bmatrix} \tag{7-99}$$

为了应用 LLL 算法，$\boldsymbol{H}$ 需要转换成 8×8 实值矩阵，即

$$\boldsymbol{H}_r=\begin{bmatrix}\Re(\boldsymbol{H}) & -\Im(\boldsymbol{H})\\\Im(\boldsymbol{H}) & \Re(\boldsymbol{H})\end{bmatrix}=\begin{bmatrix}\boldsymbol{h}_1 & \boldsymbol{h}_2 & \boldsymbol{h}_3 & \boldsymbol{h}_4 & \boldsymbol{h}_5 & \boldsymbol{h}_6 & \boldsymbol{h}_7 & \boldsymbol{h}_8\end{bmatrix}=$$

$$\begin{bmatrix}0 & 0 & 1 & 0 & 0 & 0 & 0 & 0\\1 & 1 & 0 & 1 & 1 & 0 & -1 & 1\\0 & 0 & 1 & 0 & -1 & -1 & 0 & 0\\1 & 1 & 1 & 0 & 1 & 0 & 1 & -1\\0 & 0 & 0 & 0 & 0 & 0 & 1 & 0\\-1 & 0 & 1 & -1 & 1 & 1 & 0 & 1\\1 & 1 & 0 & 0 & 0 & 0 & 1 & 0\\-1 & 0 & -1 & 1 & 1 & 1 & 1 & 0\end{bmatrix} \tag{7-100}$$

经过 LR 后（用 LLL 算法），可得幺模矩阵 $\boldsymbol{T}_r$ 为

$$\boldsymbol{T}_r=\begin{bmatrix}1 & 0 & 1 & 1 & -1 & 0 & 0 & -1\\-1 & -1 & -1 & -2 & 1 & 0 & 0 & 1\\0 & 0 & 1 & 0 & 0 & 0 & 0 & 0\\0 & 0 & 1 & 0 & 0 & 0 & -1 & 0\\0 & 1 & -1 & 1 & 0 & 1 & 1 & 0\\1 & -1 & 2 & -1 & 0 & -1 & -1 & 0\\0 & 0 & 0 & 1 & 0 & 0 & 0 & 0\\0 & 0 & 0 & 1 & 0 & 0 & 0 & -1\end{bmatrix} \tag{7-101}$$

那么 LLL 规约后的矩阵 $\boldsymbol{G}_r$ 变为

$$G_r = H_r T_r = [g_1 g_2 g_3 g_4 g_5 g_6 g_7 g_8] = \begin{bmatrix} 0 & 0 & 1 & 0 & 0 & 0 & 0 & 0 \\ 0 & 0 & 0 & 0 & 0 & 1 & 0 & -1 \\ -1 & 0 & 0 & 0 & 0 & 0 & 0 & 0 \\ 0 & 0 & 0 & 0 & 0 & 1 & 1 & 1 \\ 0 & 0 & 0 & 1 & 0 & 0 & 0 & 0 \\ 0 & 0 & 0 & 0 & 1 & 0 & 1 & 0 \\ 0 & -1 & 0 & 0 & 0 & 0 & 0 & 0 \\ 0 & 0 & 0 & 0 & 1 & 0 & -1 & 1 \end{bmatrix} \tag{7-102}$$

这里，正交分离度（Orthogonal Deficiency，OD）[3] 可以用来比较原矩阵和 LLL 规约后矩阵的正交性，由式（7-103）可以看出，高度相关的矩阵 $\boldsymbol{H}_r$ 经过 LR 后转换为一个准正交矩阵 $\boldsymbol{G}_r$。

$$\text{正交分离度} \begin{cases} \boldsymbol{H}_r : 1 - \dfrac{\det\left(\boldsymbol{H}_r^{\mathrm{H}} \boldsymbol{H}_r\right)}{\prod\limits_{i=1}^{8} \|\boldsymbol{h}_i\|^2} = 0.9995 \\ \boldsymbol{G}_r : 1 - \dfrac{\det\left(\boldsymbol{G}_r^{\mathrm{H}} \boldsymbol{G}_r\right)}{\prod\limits_{i=1}^{8} \|\boldsymbol{g}_i\|^2} = 0.3056 \end{cases} \tag{7-103}$$

在文献 [2,4] 中，CLLL 算法可直接对复值矩阵进行 LR，从而省略式（7-3）中的变换。与 LLL 算法相比，CLLL 算法在提供相同性能的前提下，复杂度可以降低大约一半。因此，就降低复杂度而言，人们更推崇应用 CLLL 算法进行 LR 变换。

对于由一个 $N_r \times N_t$ 的矩阵 $\boldsymbol{H}$ 经过 CLLL 算法得到的矩阵 $\boldsymbol{G}$，进行 QR 分解，有 $\boldsymbol{G}=\boldsymbol{QR}$，其中，$\boldsymbol{Q}$ 是酉矩阵，$\boldsymbol{R}$ 是上三角矩阵。如果 $\boldsymbol{R}$ 满足如下条件，$\boldsymbol{G}$ 便是经过 CLLL 规约后的矩阵。

$$\begin{matrix} \left|\Re\left([\boldsymbol{R}]_{\ell,\rho}\right)\right| \leqslant \dfrac{1}{2}\left|\Re\left([\boldsymbol{R}]_{\ell,\ell}\right)\right| \\ \left|\Im\left([\boldsymbol{R}]_{\ell,\rho}\right)\right| \leqslant \dfrac{1}{2}\left|\Re\left([\boldsymbol{R}]_{\ell,\ell}\right)\right| \end{matrix}, \quad 1 \leqslant \ell < \rho \leqslant N_t \tag{7-104}$$

$$\delta\left|[\boldsymbol{R}]_{\rho-1,\rho-1}\right|^2 \leqslant \left|[\boldsymbol{R}]_{\rho,\rho}\right|^2 + \left|[\boldsymbol{R}]_{\rho-1,\rho}\right|^2, \rho=2,\cdots,N_t \tag{7-105}$$

其中，$[\boldsymbol{R}]_{p,q}$ 表示 $\boldsymbol{R}$ 中的第 (p,q) 个元素。令 $\delta = \left(\dfrac{1}{2}, 1\right)$，则 CLLL 算法 [2,4]

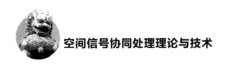

见表 7-4，其中输入和输出分别为 $\{\boldsymbol{H}\}$ 和 $\{\boldsymbol{Q},\boldsymbol{R},\boldsymbol{T}\}$。

表 7-4　最优排序准则生成算法

输入：$\{\boldsymbol{H}\}$

输出：$\{\boldsymbol{Q},\boldsymbol{R},\boldsymbol{T}\}$

① $[\boldsymbol{Q}\ \boldsymbol{R}] \leftarrow qr(\boldsymbol{H})$

② $\xi \leftarrow \text{size}(\boldsymbol{H},2)$

③ $T \leftarrow I_\xi$

④ while $\rho \leqslant \xi$

⑤ 　for $l=1:\rho-1$

⑥ 　$\mu \leftarrow \lceil (\boldsymbol{R}(\rho-\ell,\rho)/\boldsymbol{R}(\rho-\ell,\rho-\ell)) \rfloor$

⑦ 　if $\mu \neq 0$

⑧ 　　$\boldsymbol{R}(1:\rho-\ell,\rho) \leftarrow \boldsymbol{R}(1:\rho-\ell,\rho) - \mu \boldsymbol{R}(1:\rho-\ell,\rho-\ell)$

⑨ 　　$\boldsymbol{T}(:,\rho) \leftarrow \boldsymbol{T}(:,\rho) - \mu \boldsymbol{T}_r(:\rho-\ell)$

⑩ 　end if

⑪ end for

⑫ 　if $\delta|(\boldsymbol{R}(\rho-1,\rho-1))|^2 > |\boldsymbol{R}(\rho,\rho)|^2 + |\boldsymbol{R}(\rho-1,\rho)|^2$

⑬ 　将 R 中的第 $\rho-1$ 列与第 ρ 列交换，并将 T_r 中的第 $\rho-1$ 列与第 ρ 列交换

⑭ 　$\Theta = \begin{bmatrix} \alpha^* & \beta \\ -\beta & \alpha \end{bmatrix}$，$\alpha = \dfrac{\boldsymbol{R}(\rho-1,\rho-1)}{\|\boldsymbol{R}(\rho-1:\rho,\rho-1)\|}$，$\beta = \dfrac{\boldsymbol{R}(\rho,\rho-1)}{\|\boldsymbol{R}(\rho-1:\rho,\rho-1)\|}$

⑮ 　$\boldsymbol{R}(\rho-1:\rho,\rho-1:\zeta) \leftarrow \Theta \boldsymbol{R}(\rho-1:\rho,\rho-1:\zeta)$

⑯ 　$\boldsymbol{Q}(:,\rho-1:\rho) \leftarrow \boldsymbol{Q}(:,\rho-1:\rho)\Theta^{\mathrm{H}}$

⑰ 　$\rho \leftarrow \max\{\rho-1,2\}$

⑱ 　else

⑲ 　$\rho \leftarrow \rho+1$

⑳ 　end if

㉑ end while

CLLL 算法和 LLL 算法的主要不同之处有 3 点：第⑥步中的取整操作是在复整数中进行的；第⑫步中采用取绝对值操作；酉矩阵 $\boldsymbol{\Theta}$ 是在复整数中进行的。

应用复值幺模矩阵 $\boldsymbol{T}$ 和 CLLL 规约后的矩阵 $\boldsymbol{G}=\boldsymbol{HT}$，基于 LR 的线性和 SIC 检测器即可用于估计 $\boldsymbol{c}$（细节详见 7.2.2 节）。这里需要注意，为了将 $\boldsymbol{c}$ 转换到 $\boldsymbol{s}$，

在实部和虚部做相应的平移和缩放是必要的。

例 7-6 与例 7-5 中相同的 4×4 的复值信道矩阵

$$\boldsymbol{H}=\left[\boldsymbol{h}_1\ \boldsymbol{h}_2\ \boldsymbol{h}_3\ \boldsymbol{h}_4\right]=\begin{bmatrix}0 & 0 & 1 & 0\\ 1-\mathrm{i} & 1 & \mathrm{i} & 1-\mathrm{i}\\ \mathrm{i} & \mathrm{i} & 1 & 0\\ 1-\mathrm{i} & 1 & 1-\mathrm{i} & \mathrm{i}\end{bmatrix} \tag{7-106}$$

经过 LR 后（用 CLLL 算法），幺模矩阵 $\boldsymbol{T}$ 为

$$\boldsymbol{T}=\begin{bmatrix}-\mathrm{i} & 1-\mathrm{i} & -1 & 0\\ 1+\mathrm{i} & -1+2\mathrm{i} & 1 & 0\\ 0 & 1 & 0 & 0\\ 0 & 1 & 0 & -1\end{bmatrix} \tag{7-107}$$

CLLL 规约后的矩阵 $\boldsymbol{G}_r$ 变为

$$\boldsymbol{G}=\begin{bmatrix}0 & 1 & 0 & 0\\ 0 & 0 & i & i\\ i & 0 & 0 & 0\\ 0 & 0 & i & 1-i\end{bmatrix} \tag{7-108}$$

比较原矩阵和 CLLL 规约后的矩阵的正交分离度为

$$\text{正交分离度}\begin{cases}\boldsymbol{H}:1-\dfrac{\det\left(\boldsymbol{H}^{\mathrm{H}}\boldsymbol{H}\right)}{\prod\limits_{i=1}^{4}\left\|\boldsymbol{h}_i\right\|^2}=0.9778\\ \boldsymbol{G}:1-\dfrac{\det\left(\boldsymbol{G}^{\mathrm{H}}\boldsymbol{G}\right)}{\prod\limits_{i=1}^{4}\left\|\boldsymbol{g}_i\right\|^2}=0.1667\end{cases} \tag{7-109}$$

因此，可以看出在正交性上 CLLL 和 LLL 的性能相似。此外，由于在 CLLL 算法第 ⑬ 步中列向量交换次数为 4，而 LLL 算法中列向量交换次数为 13，可见 CLLL 算法能够极大地降低计算复杂度。

7.2.6 性能评价

在这一节中，我们推导基于 LR 的 MIMO 检测的差错概率，其中信道矩阵 $\boldsymbol{H}$ 的元素是方差为 σ_h^2 的零均值 CSCG 随机变量。噪声向量 $\boldsymbol{w}$ 也可认为是零均

值 CSCG 随机向量，且有$\mathrm{E}\left[\boldsymbol{w}\boldsymbol{w}^{\mathrm{H}}\right]=N_0\boldsymbol{I}$。

定义 7-2：一个 $N_r\times N_t$ 的矩阵 $\boldsymbol{H}=\left[\boldsymbol{h}_1\ \cdots\ \boldsymbol{h}_{N_t}\right]$，定义其正交分离度为

$$OD_M\left(\boldsymbol{H}\right)=1-\frac{\det\left(\boldsymbol{H}^{\mathrm{H}}\boldsymbol{H}\right)}{\prod_{i=1}^{M}\left\|\boldsymbol{h}_i\right\|^2} \tag{7-110}$$

LR 可以找到一个新的信道矩阵，它比原矩阵更加正交（或有更低的正交分离度）。那么，系统模型可改写为

$$\boldsymbol{y}=\boldsymbol{GUs}+\boldsymbol{w} \tag{7-111}$$

其中，$\boldsymbol{U}$ 是一个幺模矩阵。其中在 $\boldsymbol{H}$ 转变为 $\boldsymbol{G}$ 的过程中应用了 CLLL 算法。根据式（7-104）和式（7-105），有

$$\left|\left[\boldsymbol{R}\right]_{\ell,\ell}\right|^2\geqslant\delta\left|\left[\boldsymbol{R}\right]_{\ell-1,\ell-1}\right|^2-\left|\left[\boldsymbol{R}\right]_{\ell-1,\ell}\right|^2\geqslant\left(\delta-\frac{1}{2}\right)\left|\left[\boldsymbol{R}\right]_{\ell-1,\ell-1}\right|^2 \tag{7-112}$$

于是有

$$\left|\left[\boldsymbol{R}\right]_{\ell,\ell}\right|^2\leqslant\left(\delta-\frac{1}{2}\right)^{\ell-\rho}\left|\left[\boldsymbol{R}\right]_{\rho,\rho}\right|^2 \tag{7-113}$$

其中，$1\leqslant l<\rho\leqslant M$。令 $\boldsymbol{r}_\rho$ 表示 $\boldsymbol{R}$ 的第 ρ 列，则我们有

$$\begin{aligned}\left\|\boldsymbol{r}_\rho\right\|^2=\left|\left[\boldsymbol{R}\right]_{\rho,\rho}\right|^2+\sum_{\ell=1}^{\rho-1}\left|\left[\boldsymbol{R}\right]_{\ell,\rho}\right|^2\leqslant\\ \left|\left[\boldsymbol{R}\right]_{\rho,\rho}\right|^2+\sum_{\ell=1}^{\rho-1}\frac{1}{2}\left|\left[\boldsymbol{R}\right]_{\ell,\ell}\right|^2\leqslant\\ \left|\left[\boldsymbol{R}\right]_{\rho,\rho}\right|^2+\sum_{\ell=1}^{\rho-1}\frac{1}{2}\left(\rho-\frac{1}{2}\right)^{\ell-\rho}\left|\left[\boldsymbol{R}\right]_{\rho,\rho}\right|^2\end{aligned} \tag{7-114}$$

令 $\zeta=\dfrac{2}{2\rho-1}$，由于 $\rho=\left(\dfrac{1}{2},1\right)$，因此 $\zeta\in\left(2,\infty\right)$，且式（7-114）可改写为

$$\left\|\boldsymbol{r}_\rho\right\|^2\leqslant\left(\frac{1}{2}+\frac{1-\zeta^\rho}{2\left(1-\zeta\right)}\right)\left|\left[\boldsymbol{R}\right]_{\rho,\rho}\right|^2\leqslant\frac{1}{2}\zeta^\rho\left|\left[\boldsymbol{R}\right]_{\rho,\rho}\right|^2 \tag{7-115}$$

那么，对于一个规约后的 $N_r\times N_t$ 矩阵 $\boldsymbol{G}$，正交分离度满足

$$\begin{aligned}OD_{N_t}\left(\boldsymbol{G}\right)=1-\frac{\det\boldsymbol{H}^{\mathrm{H}}\boldsymbol{H}}{\prod_{i=1}^{N_t}\left\|\boldsymbol{h}_i\right\|^2}=1-\frac{\prod_{i=1}^{N_t}\left|\left[\boldsymbol{R}\right]_{i,i}\right|^2}{\prod_{i=1}^{N_t}\left\|\boldsymbol{r}_i\right\|^2}\leqslant1-\frac{\prod_{i=1}^{N_t}\left|\left[\boldsymbol{R}\right]_{i,i}\right|^2}{\prod_{i=1}^{N_t}\frac{1}{2}\zeta^i\left|\left[\boldsymbol{R}\right]_{i,i}\right|^2}\leqslant\\ 1-2^{N_t}\zeta^{-\frac{N_t\left(N_t+1\right)}{2}}=1-2^{N_t}\left(\frac{2}{2\rho-1}\right)^{-\frac{N_t\left(N_t+1\right)}{2}}\end{aligned} \tag{7-116}$$

可以发现

$$\sqrt{1-OD_{N_t}(\boldsymbol{G})} \geqslant 2^{\frac{N_t}{2}}\left(\frac{2}{2\delta-1}\right)^{-\frac{N_t(N_t+1)}{4}} := c_\delta \tag{7-117}$$

LLL（实值）的推导可以得到同样的结果，那么，经过 LLL/CLLL-LR 后（即 LR 使用 LLL 或 CLLL 算法），$OD_{Nt}(\boldsymbol{G})$ 被限制在 $1-c_\delta^2$。为方便起见，在接下来的几节中，假设 LR 应用 CLLL 算法。

定理 7-5： 对于一个 $N_r \times N_t$ 的 MIMO 系统（$N_r \geqslant N_t$），基于 LR 的线性检测可以达到最大接收分集增益，即 N_r。

证明 为了获得分集增益，对于基于 LR 的线性检测方式，我们计算其错误概率 $P_{e,LR}$。从文献 [4] 中可以知道，基于 LR 的 MMSE 检测和基于 LR 的 ZF 检测有着相同的错误概率。为了便于分析，我们假设 MIMO 检测中应用的是基于 LR 的 ZF 方式。根据式（7-111），令 $\boldsymbol{x}=\boldsymbol{G}^{\dagger}\boldsymbol{y}$ 表示基于 LR 的 ZF 检测的输出，其中 $\boldsymbol{G}^{\dagger}$ 表示 $\boldsymbol{G}$ 的伪逆，于是我们有

$$\boldsymbol{x}=\boldsymbol{U}\boldsymbol{s}+\boldsymbol{G}^{\dagger}\boldsymbol{w} \tag{7-118}$$

为方便起见，令式（7-7）中 A=1，则可得 $\boldsymbol{s}$ 的估计为

$$\begin{aligned}\hat{\boldsymbol{s}} &= 2\boldsymbol{U}^{-1}\left\lfloor \frac{1}{2}\left(\boldsymbol{x}-\boldsymbol{U}(1+\mathrm{j})\boldsymbol{1}\right)\right\rceil+(1+\mathrm{j})\boldsymbol{1} \\ &= \boldsymbol{s}+2\boldsymbol{U}^{-1}\left\lfloor \frac{1}{2}\boldsymbol{G}^{\dagger}\boldsymbol{w}\right\rceil\end{aligned} \tag{7-119}$$

因为当 $\left\lfloor \frac{1}{2}\boldsymbol{G}^{\dagger}\boldsymbol{w}\right\rceil=0$ 时可以得到 $\boldsymbol{s}$ 的正确检测，所以对于给定的 $\boldsymbol{H}$，检测 $\boldsymbol{s}$ 的错误概率的上界为

$$P_{\mathrm{e},LR|\boldsymbol{H}} \leqslant 1-Pr\left(\left\lfloor \frac{1}{2}\boldsymbol{G}^{\dagger}\boldsymbol{w}\right\rceil=0 \middle| \boldsymbol{H}\right) \tag{7-120}$$

定义 $\boldsymbol{G}^{\dagger}=\left[\hat{\boldsymbol{g}}_1 \cdots \hat{\boldsymbol{g}}_{N_t}\right]^{\mathrm{T}}$，其中，$\hat{\boldsymbol{g}}_i^{\mathrm{T}}\ (i=1,2,\cdots,N_t)$ 表示 $\boldsymbol{G}^{\dagger}$ 中的第 i 列；且 $\boldsymbol{G}=\left[\boldsymbol{g}_1 \cdots \boldsymbol{g}_{N_t}\right]$，$g_1$ 表示 $\boldsymbol{G}$ 中的第 i 列。于是，式（7-120）可改写为

$$P_{\mathrm{e},LR|\boldsymbol{H}} \leqslant Pr\left(\max_{1\leqslant i\leqslant N_t}\left|\hat{\boldsymbol{g}}_i^{\mathrm{T}}\boldsymbol{w}\right| \geqslant 1 \middle| \boldsymbol{H}\right) \tag{7-121}$$

根据式（7-104）、式（7-105）和式（7-117），可以得到不等式

$$\max_{1\leqslant i\leqslant N_t}\left\|\hat{\boldsymbol{g}}_i^{\mathrm{T}}\right\| \leqslant \frac{1}{\sqrt{1-OD_{N_t}(\boldsymbol{G})}\cdot \min\limits_{1\leqslant i\leqslant N_t}\left\|\boldsymbol{g}_i\right\|} \tag{7-122}$$

因为

$$\max_{1\leqslant i\leqslant N_t}\left\|\hat{\boldsymbol{g}}_i^{\mathrm{T}}\boldsymbol{w}\right\|\leqslant\max_{1\leqslant i\leqslant N_t}\left\|\hat{\boldsymbol{g}}_i^{\mathrm{T}}\right\|\cdot\|\boldsymbol{w}\|\leqslant\frac{\|\boldsymbol{w}\|}{\sqrt{1-OD_{N_t}(\boldsymbol{G})}\cdot\min\limits_{1\leqslant i\leqslant N_t}\|\boldsymbol{g}_i\|} \quad (7\text{-}123)$$

于是 $P_{\mathrm{e},LR|\boldsymbol{H}}$ 的上界可进一步表示为

$$P_{\mathrm{e},LR|\boldsymbol{H}}\leqslant Pr\left(\frac{\|\boldsymbol{w}\|}{\sqrt{1-OD_{N_t}(\boldsymbol{G})}\cdot\min\limits_{1\leqslant i\leqslant N_t}\|\boldsymbol{g}_i\|}\geqslant\middle|\boldsymbol{H}\right) \quad (7\text{-}124)$$

根据式（7-117），有 $\sqrt{1-OD_{N_t}(\boldsymbol{G})}\geqslant c_\delta$。再用 $\boldsymbol{h}_{\min}$ 表示 $\boldsymbol{H}$ 张成的空间中所有向量里范数最小的非零向量，又因为 $\boldsymbol{H}$ 和 $\boldsymbol{G}$ 张成相同的空间，于是易得

$$\|\boldsymbol{h}_{\min}\|\leqslant\min_{1\leqslant i\leqslant N_t}\|\boldsymbol{g}_i\| \quad (7\text{-}125)$$

由式（7-121）和式（7-124）可得

$$\begin{aligned}P_{\mathrm{e},LR|\boldsymbol{H}}&\leqslant Pr\left(\max_{1\leqslant i\leqslant N_t}\left|\hat{\boldsymbol{g}}_i^{\mathrm{T}}w\right|\geqslant1\middle|\boldsymbol{H}\right)\leqslant\\&Pr\left(\frac{\|\boldsymbol{w}\|}{\sqrt{1-OD_{N_t}(\boldsymbol{G})}\cdot\max\limits_{1\leqslant i\leqslant N_t}\|\boldsymbol{g}_i\|}\geqslant1\middle|\boldsymbol{H}\right)\leqslant\\&Pr\left(\|\boldsymbol{w}\|\geqslant c_\delta\|\boldsymbol{h}_{\min}\|\middle|\boldsymbol{H}\right)\end{aligned} \quad (7\text{-}126)$$

此外，符号平均错误概率的上界为

$$\begin{aligned}E_{H}\left[P_{\mathrm{e},LR|\boldsymbol{H}}\right]&\leqslant E_{H}\left[Pr\left(\|\boldsymbol{w}\|^2\geqslant c_\delta^2\|\boldsymbol{h}_{\min}\|^2\middle|\boldsymbol{H}\right)\right]=\\&E_{\boldsymbol{w}}\left[Pr\left(\|\boldsymbol{h}_{\min}\|^2\leqslant\frac{\|\boldsymbol{w}\|^2}{c_\delta^2}\middle|\boldsymbol{w}\right)\right]\end{aligned} \quad (7\text{-}127)$$

其中，c_δ^2 是常数，且 $c_\delta<1$。

用 $\boldsymbol{b}$ 表示一个非零的 $M\times1$ 向量，其元素都属于复整数系数集，并令 $\boldsymbol{u}_b=\boldsymbol{Hb}$ 表示一个由 $\boldsymbol{H}$ 张成的空间 $\boldsymbol{\varLambda}$ 中的 $N\times1$ 向量，那么我们有

$$\|\boldsymbol{h}_{\min}\|^2=\arg\min_{u_b\in\varLambda,u_b\neq0}\|\boldsymbol{u}_b\|^2 \quad (7\text{-}128)$$

因为 $\boldsymbol{H}$ 中的元素是独立的，且满足分布 $CN(0,1)$，那么 $\boldsymbol{u}_b$ 满足分布 $CN(0,\|\boldsymbol{b}\|^2)$，且 $2\dfrac{\|\boldsymbol{u}_b\|^2}{\|\boldsymbol{b}\|^2}$ 为 $2N_r$ 自由度的中心卡方分布。因此，令 $\kappa=\dfrac{\|\boldsymbol{w}\|^2}{c_\delta^2}$，那么 $\|\boldsymbol{u}_b\|^2\leqslant\kappa$ 的概率上界为

$$Pr\left(\left\|\boldsymbol{u}_b\right\|^2 \leqslant \kappa\right) = 1 - \mathrm{e}^{-\frac{\kappa}{\|\boldsymbol{b}\|^2}} \sum_{n=0}^{N_r-1} \frac{\left(\frac{\kappa}{\|\boldsymbol{b}\|^2}\right)^n}{n!} = \tag{7-129}$$

$$\mathrm{e}^{-\frac{\kappa}{\|\boldsymbol{b}\|^2}} \sum_{n=N_r}^{\infty} \frac{\left(\frac{\kappa}{\|\boldsymbol{b}\|^2}\right)^n}{n!} \leqslant \left(\frac{1}{\|\boldsymbol{b}\|^2}\right)^{N_r} \kappa^{N_r}$$

令 H_W 表示在 $w \in [1, \infty)$ 下 u_b 的第 w 种情况，且 $H_{\min} = \left\|\boldsymbol{h}_{\min}\right\|^2$。由 $H_{\min}$ 的累积分布函数

$$\begin{aligned} &Pr\left(H_{\min} < v\right) = 1 - Pr\left(H_{\min} \geqslant v\right) = \\ &1 - \lim_{W \to \infty} \int_v^{\infty} \mathrm{d}H_1 \int_v^{\infty} \mathrm{d}H_2 \cdots \int_v^{\infty} f\left(H_1, H_2, \cdots, H_W\right) \mathrm{d}H_W \end{aligned} \tag{7-130}$$

可得 $H_{\min}$ 的概率密度函数为

$$\begin{aligned} &f(v) = \lim_{W \to \infty} \sum_{w=1}^{W} \int_v^{\infty} \mathrm{d}H_1 \int_v^{\infty} \mathrm{d}H_{w-1} \int_v^{\infty} \mathrm{d}H_{w+1} \cdots \int_v^{\infty} f\left(H_1, \cdots, H_{w-1}, v,\right. \\ &\left.H_{w+1}, \cdots, H_W\right) \mathrm{d}H_w \leqslant \sum_{w=1}^{\infty} f_{H_W}(v) \end{aligned} \tag{7-131}$$

其中，$f_{HW}(v)$ 表示 H_W 的概率密度函数。那么，根据式（7-129）和式（7-131），我们有

$$P_r\left(\left\|\boldsymbol{h}_{\min}\right\|^2 \leqslant K\right) \leqslant \int_0^K \sum_{w=1}^{\infty} f_{H_W}(v) \mathrm{d}v \leqslant \sum_{t=1}^{\infty} \sum_{\forall \|\boldsymbol{b}\|^2 = t} \left(\frac{1}{\|\boldsymbol{b}\|^2}\right)^{N_r} \kappa^{N_r} \tag{7-132}$$

于是，当式（7-133）成立时存在一个依赖于 N_t 和 N_r 的有限常数 $c_{N_r N_t}$，即使 $N_t = N_r$ 也是如此。

$$Pr\left(\left\|\boldsymbol{h}_{\min}\right\|^2 \leqslant \kappa\right) \leqslant c_{N_r N_t} \kappa^{N_r} \tag{7-133}$$

此外，由于 $\|\boldsymbol{b}\|^2 = t$ 是一个 $2M$ 维空间中半径为 $\sqrt{t}$ 的超球体，那么在 $\|\boldsymbol{b}\|^2 = t$ 条件下整数向量 $\boldsymbol{b}$ 的个数则被限制在此超球体之内，于是进一步可得 $Pr\left(\left\|\boldsymbol{h}_{\min}\right\|^2 \leqslant \kappa\right)$ 的上界为

$$Pr\left(\left\|\boldsymbol{h}_{\min}\right\|^2 \leqslant \kappa\right) \leqslant \sum_{t=1}^{\infty} \left(\frac{2\pi^{N_t} t^{N_t - \frac{1}{2}}}{(N_t - 1)!} \left(\frac{1}{t}\right)^{N_r}\right) \kappa^{N_r} = \left(\sum_{t=1}^{\infty} \frac{1}{t^{N_r - N_t + \frac{1}{2}}}\right) \frac{2\pi^{N_t}}{(N_t - 1)!} \kappa^{N_r} \tag{7-134}$$

其中，当 $N_r>N_t$ 时，不等式的右半部分能收敛到一个有限的常数。

简而言之，根据式（7-127）和式（7-133），平均错误概率的上界为

$$E_{\boldsymbol{H}}\left[P_{\mathrm{e},LR|\boldsymbol{H}}\right]\leqslant E_{\boldsymbol{w}}\left[Pr\left(\left\|\boldsymbol{h}_{\min}\right\|^2\leqslant\frac{\|\boldsymbol{w}\|^2}{c_\delta^2}\middle|\ \boldsymbol{w}\right)\right]\leqslant$$
$$E_{\boldsymbol{w}}\left[c_{N_r N_t}\left(\frac{1}{c_\delta^2}\right)^{N_r}\|\boldsymbol{w}\|^{2N_r}\right]= \tag{7-135}$$
$$c_{N_r N_t}\left(\frac{1}{c_\delta^2}\right)^{N_r}\frac{(2N_r-1)!}{(N_r-1)!}\left(\frac{1}{N_0}\right)^{-N_r}$$

由于式（7-135）中 $P_{\mathrm{e},LR|\boldsymbol{H}}$ 的上界为卡方随机变量 $\|\boldsymbol{w}\|^2$ 的 N_r 阶矩，可见基于 LR 的线性检测器的接收分集增益大于或等于 N_r。值得注意的是，N_r 也是 $N_r\times N_t$ MIMO 系统的最大接收分集增益。因此，基于 LR 的线性检测器能够达到完全接收分集增益 N_r。定理 7-5 证毕。

对于基于 LR 的 SIC 检测，可以像基于 LR 的线性检测那样由文献 [12] 推导出 $\|\boldsymbol{w}\|^2$ 在同样条件下的平均错误概率上界。

定理 7-6：对于一个 $N_r\times N_t$ 的 MIMO 系统（$N_r\geqslant N_t$），基于 LR 的 SIC 检测可以达到最大接收分集增益，即 N_r。

证明　从 $\boldsymbol{H}$ 格基规约后得到的矩阵 G 进行 QR 分解后有 $\boldsymbol{G}=\boldsymbol{QR}$，其中，$\boldsymbol{Q}$ 是酉矩阵，$\boldsymbol{R}$ 是上三角矩阵。令 $\boldsymbol{x}=\boldsymbol{Q}^{\mathrm{H}}\boldsymbol{y}$，如式（7-29）所示，那么有

$$\boldsymbol{x}=\boldsymbol{Rc}+\boldsymbol{w} \tag{7-136}$$

其中，$\boldsymbol{c}\in\mathrm{Z}^M+\mathrm{j}\mathrm{Z}^M$，$\boldsymbol{w}=\left[w_1\ w_2\cdots w_{N_r}\right]^{\mathrm{T}}$，且 w_k 是 $\boldsymbol{w}$ 的第 k 个元素。如果 $\dfrac{|w_{N_t}|}{[\boldsymbol{R}]_{N_t,N_t}}<\dfrac{1}{2}$ 或者 $4|w_{N_t}|^2<\left|[\boldsymbol{R}]_{N_t,N_t}\right|^2$，则第 N_t 层的检测不会出现错误。以此类推，如果 $4|w_k|^2<\left|[\boldsymbol{R}]_{k,k}\right|^2$，$k=1,2,\cdots,N_t$，则所有层的检测均不会出现错误。据此，错误概率的下界为

$$Pr(\text{无错})\geqslant Pr\left(4|w_k|^2<\left|[\boldsymbol{R}]_{k,1}\right|^2,\forall k\right)=$$
$$\prod_{k=1}^{N_t}Pr\left(4|w_k|^2<\left|[\boldsymbol{R}]_{k,k}\right|\right) \tag{7-137}$$

因为 $|w_k|^2$ 是两自由度的卡方随机变量，我们有

$$Pr\left(4|w_k|^2<\left|[\boldsymbol{R}]_{k,k}\right|\right)=1-\mathrm{e}^{-\frac{\left|[\boldsymbol{R}]_{k,k}\right|^2}{4N_0}} \tag{7-138}$$

由式（7-137）和式（7-138）可得，当 N_0 趋近于 0 时，基于 LR 的 SIC 检测错误概率为

$$P_{e,LR|\boldsymbol{H}} \leqslant 1-\prod_{k=1}^{N_t}\left(1-e^{-\frac{\left|[\boldsymbol{R}]_{k,k}\right|^2}{4N_0}}\right) \simeq e^{-\min\limits_{k}\frac{\left|[\boldsymbol{R}]_{k,k}\right|^2}{4N_0}} \tag{7-139}$$

此外，由式（7-104）和式（7-105）可得

$$\delta\left|[\boldsymbol{R}]_{k,k}\right|^2 \leqslant \left|[\boldsymbol{R}]_{k,k+1}\right|^2+\left|[\boldsymbol{R}]_{k+1,k+1}\right|^2,\quad k=1,2,\cdots,N_t-1 \tag{7-140}$$

假设 $\delta=1$，那么可以得到式（7-141）和式（7-142）。

$$\left|[\boldsymbol{R}]_{k+1,k+1}\right|^2 \geqslant \left(\delta-\frac{1}{4}\right)\left|[\boldsymbol{R}]_{k,k}\right|^2 \tag{7-141}$$

$$\min_k\left|[\boldsymbol{R}]_{k,k}\right|^2 \geqslant \left(\delta-\frac{1}{4}\right)^{N_t-1}\left|[\boldsymbol{R}]_{1,1}\right|^2 \tag{7-142}$$

由 $\boldsymbol{G}=\boldsymbol{QR}$ 可以看出 $\left|[\boldsymbol{R}]_{1,1}\right|^2=|\boldsymbol{g}_1|^2$，且有

$$\|\boldsymbol{g}_1\|^2 \geqslant \min_{\boldsymbol{d}\in D,\boldsymbol{d}\neq 0}\|\boldsymbol{Hd}\|^2 \tag{7-143}$$

其中，$\boldsymbol{g}_1$ 表示 $\boldsymbol{G}$ 的第一列，且 $D=\left\{\boldsymbol{d}=\boldsymbol{s}-\boldsymbol{s}' \middle| \boldsymbol{s},\ \boldsymbol{s}'\in S^{N_t}\right\}\subset \mathrm{Z}^{N_t}+\mathrm{j}\mathrm{Z}^{N_t}$。这里假设 $\boldsymbol{s}$ 是发送信号，而被错误地检测为 $\boldsymbol{s}'$。那么，由式（7-142）和式（7-143）可得

$$\min_k\left|[\boldsymbol{R}]_{k,k}\right|^2 \geqslant \left(\delta-\frac{1}{4}\right)^{N_t-1},\quad \min_{\boldsymbol{d}\in D,\boldsymbol{d}\neq 0}\|\boldsymbol{Hd}\|^2 \tag{7-144}$$

此外，在 $\sigma_h=1$ 的假设下，有

$$\mathrm{E}\left[\exp\left(-\min_k\frac{\left|[\boldsymbol{R}]_{k,k}\right|^2}{4N_0}\right)\right] \leqslant \sum_{\boldsymbol{d}\in D,\boldsymbol{d}\neq 0}\det\left(\boldsymbol{I}+\frac{\left(\delta-\frac{1}{4}\right)^{N_t-1}}{4N_0}\boldsymbol{dd}^{\mathrm{H}}\right)^{-N_r} \tag{7-145}$$

由式（7-139）和式（7-145），可得错误概率为

$$P_e \leqslant \sum_{\boldsymbol{d}\in D,\boldsymbol{d}\neq 0}\det\left(\boldsymbol{I}+\frac{\left(\delta-\frac{1}{4}\right)^{N_t-1}}{4N_0}\boldsymbol{dd}^{\mathrm{H}}\right)^{-N_r} \tag{7-146}$$

据此可以判断基于 LR 的 SIC 检测可以提供的接收分集增益为 N_r。定理 7-6

证毕。

Gan、Ling 和 Mow 在文献 [2] 中研究了另一种分集增益的分析方式，其中 sup 为得到错误概率的界，设计出了接近因子[13]，并且定义基于 LR 的 ZF 检测的接近因子为

$$\rho_{i,\mathrm{ZF}} = sup \cdot \frac{\lambda^2(\Lambda)}{\|\boldsymbol{g}_i\|^2 \sin^2\theta_i} \tag{7-147}$$

其中，sup 表示格基规约后矩阵 $\boldsymbol{G}$ 中的上确界，θ_i 表示 $\boldsymbol{g}_i$ 和由剩余 N_t-1 个基底向量张成的线性子空间之间的夹角。令 $\rho_{\mathrm{ZF}} = \max\limits_{1 \leqslant i \leqslant N_t} \rho_{i,\mathrm{ZF}}$，对于给定的 SNR，基于 LR 的 ZF 检测错误概率的上界为

$$P_{\mathrm{e}}(SNR) \leqslant \sum_{i=1}^{N_t} P_{\mathrm{e,LD}}\left(\frac{SNR}{\rho_{i,\mathrm{ZF}}}\right) \leqslant N_t P_{\mathrm{e,LD}}\left(\frac{SNR}{\rho_{\mathrm{ZF}}}\right) \tag{7-148}$$

其中，LD 表示格基译码。此外，[5, Lemma 1] 说明

$$\sin\theta_i \geqslant \left(\frac{2}{2+\sqrt{2}}\right)^{N_t-i} \left(\sqrt{\alpha}\right)^{1-n} \tag{7-149}$$

其中，$\alpha = \left(\delta - \frac{1}{2}\right)^{-1} \geqslant 2$。如果 $N_t=2$，$\delta=1$，我们有 $\rho_{\mathrm{ZF}} \leqslant 2$，这与文献 [5] 中得出的结果一致（即最大损失为 3 dB）。用类似的方法，文献 [2] 中对基于 LR 的 SIC 检测性能也进行了分析。由此，我们可以证明基于 LR 的检测虽有部分 SNR 损失，但可以实现完全的接收增益。

在文献 [2,14,15] 中，人们研究了 LR 的计算复杂度，其平均复杂度为 $O\left(N_t^3 N_r \log N_t\right)$。此外，LR 的复杂度高度依赖于 LLL 算法和 CLLL 算法中第 13 步列交换的数目。表 7-5 列出了当 CLLL 应用在不同的 MIMO 系统中时（$N_r=2$ 且 $N_t=2,3,\cdots,8$），每次迭代的平均列交换数目。

表 7-5　不同 MIMO 信道条件下的 CLLL 算法平均列交换次数（$N_r=2$，$N_t=2,\cdots,8$）

M	CLLL
2	0.2909
3	0.9029
4	1.8022
5	3.0633
6	4.7711
7	7.2925
8	12.1228

7.2.7 仿真结果

在图 7-3 ～图 7-8 中，我们分别在 2 × 2 和 4 × 4 的 MIMO 系统上对基于 LR 的检测算法和传统检测算法的 BER 性能进行了仿真对比。仿真中分别采用了 4-QAM、16-QAM、64-QAM 的方式对信号进行调制，且利用了 LLL 算法来实现 LR。仿真结果表明，通过引入 LR 算法，MMSE 检测性能得到了显著的提高。

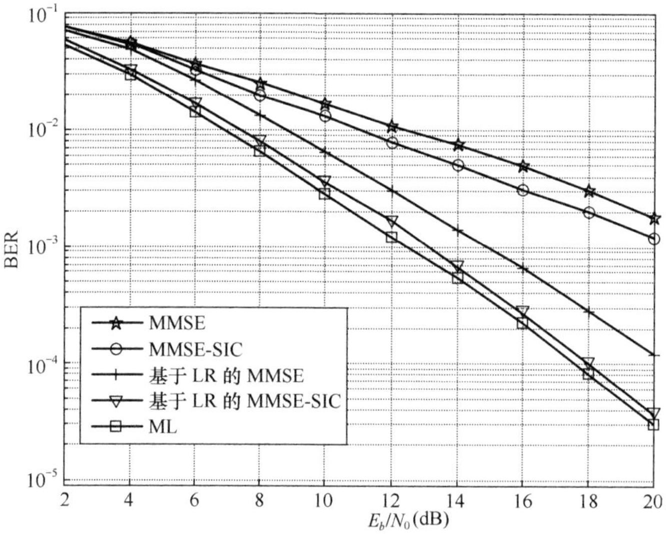

图 7-3 2×2 MIMO 系统采用 4-QAM 调制方式时各种检测方法的误比特性能

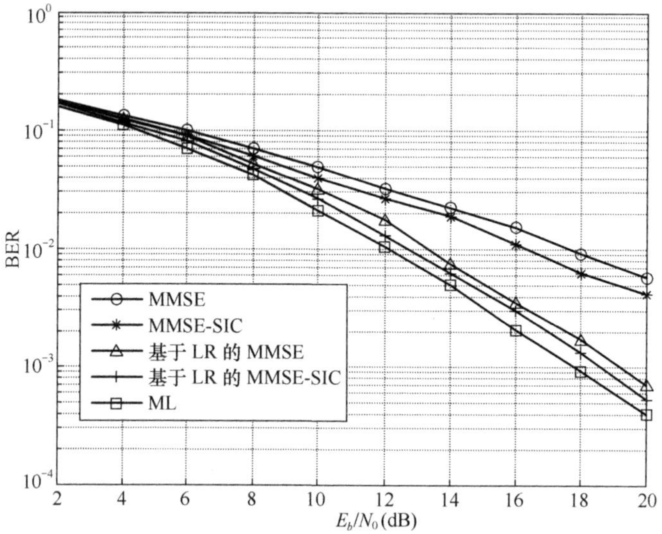

图 7-4 2×2 MIMO 系统采用 16-QAM 调制方式时各种检测方法的误比特性能

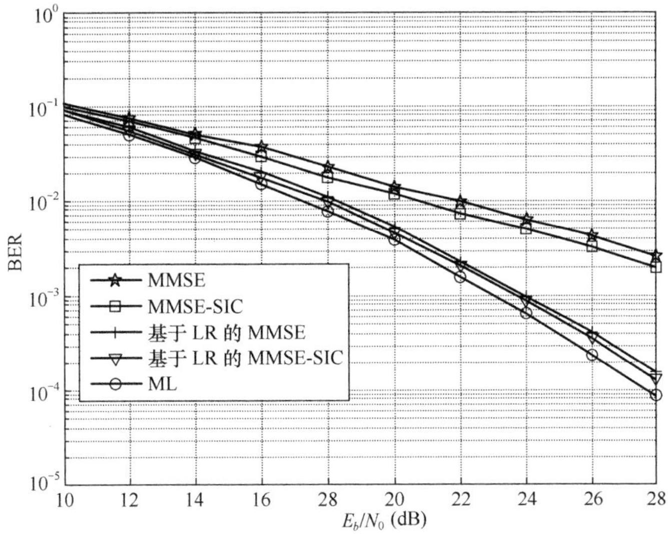

图 7-5　2×2 MIMO 系统采用 64-QAM 调制方式时各种检测方法的误比特性能

由于 SIC 算法可串行消除检测时多个信号的相互干扰，所以基于 LR 的 MMSE-SIC 检测算法的性能优于基于 LR 的 MMSE 检测算法，在如图 7-6 ～图 7-8 所示的大型 MIMO 系统（如 4×4 MIMO 系统）中这种优势会更加明显。此外，仿真结果表明基于 LR 的检测算法可获得与 ML 检测算法相同的完全接收分集增益。

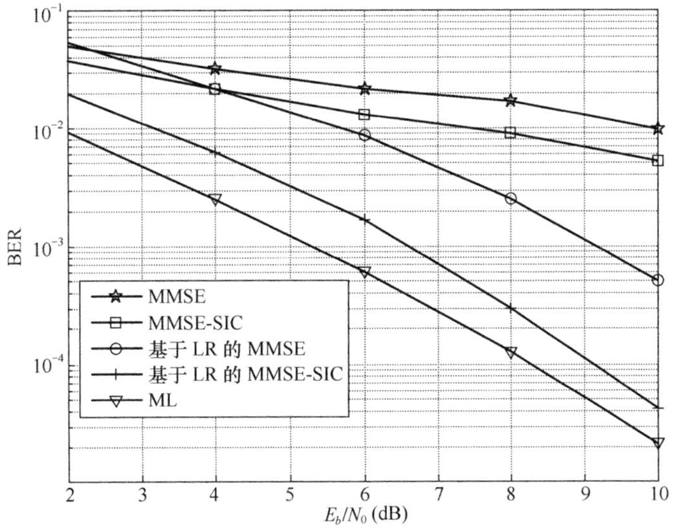

图 7-6　4×4 MIMO 系统采用 4-QAM 调制方式时各种检测方法的误比特性能

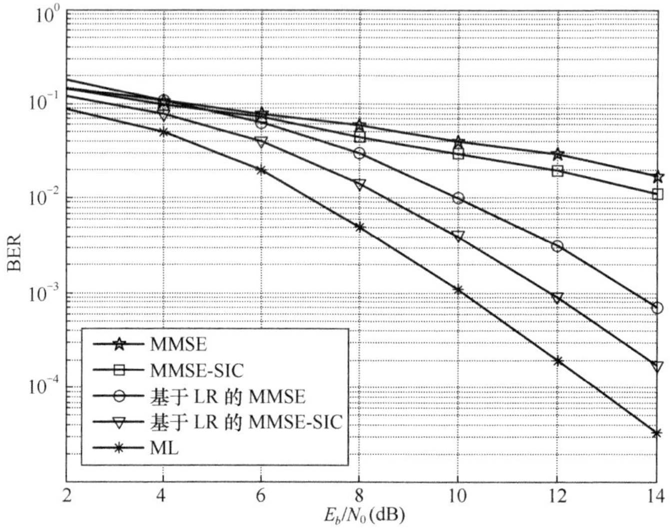

图 7-7　4×4 MIMO 系统采用 16-QAM 调制方式时各种检测方法的误比特性能

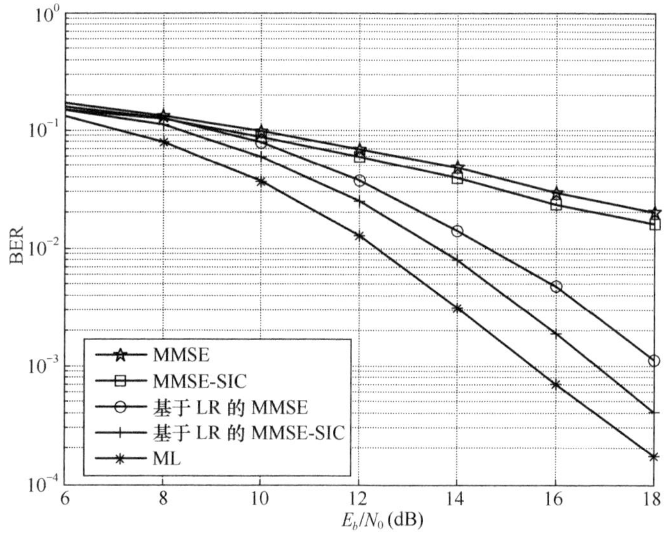

图 7-8　4×4 MIMO 系统采用 64-QAM 调制方式时各种检测方法的误比特性能

7.3　格基法列表检测

由于多数低复杂度的次优化 MIMO 检测器都不能充分利用接收分集增益，人们进一步研究出了能够提供完全接收分集增益而且运算复杂度较低的格基法 MIMO 检测器（这里为了方便，我们把基于格基规约的检测器简称为格基法检测器）。虽然 7.2 节介绍的格基法检测器能实现复杂度相对较低的检测，但由于格基归约算法具有多项式复杂度，其复杂度随着基底向量个数的增加而快速增大，所以，一个大规模 MIMO 系统（例如 8×8 的 MIMO 系统）的格基法检测器的运算复杂度仍然较高。如文献 [16] 所述，当我们运用 SIC 把一个大规模 MIMO 检测问题分解为多个小规模 MIMO 检测子问题，并运用格基法检测器解决各个子问题时，检测的复杂度将会降低。但由于使用了 SIC，这个方法的综合性能会受到误差传递的影响，这时我们就要采取一些方法来减轻这种影响。在这一节中，我们将引入列表译码来减小 SIC 导致的格基法子信号检测中的误差传递，这个解决方案称为格基法列表检测。因为每个子信号检测问题的基底向量个数都较少，相对应的格基法列表检测的复杂度较低。考虑到列表法本身的特性，这里还存在一个性能与复杂度的平衡问题。通常来说，表长越长，误差传递就越弱（即性能更佳），但同时复杂度也会随着表长的增加而增加。

考虑有 N_t 个发射天线、N_r 个接收天线的 MIMO 系统（其实这里将要提出的方法也适用于接收天线多于发射天线的情况，但为了方便理解，不妨令发射天线数等于接收天线数），$N_r \times 1$ 的接收信号向量可表示为

$$\boldsymbol{y}=\boldsymbol{H}\boldsymbol{s}+\boldsymbol{w} \tag{7-150}$$

其中，$\boldsymbol{H}$、$\boldsymbol{s}$、$\boldsymbol{w}$ 分别为 $N_r \times N_t$ 的信道矩阵、发射信号向量和零均值 GSCG 随机噪声向量，且 $\mathrm{E}[\boldsymbol{w}\boldsymbol{w}^{\mathrm{H}}]=N_0\boldsymbol{I}$。令 S 为符号字母表，s_k 为 $\boldsymbol{s}$ 中的第 k 个元素且 $s_k \in S$。再令 S 中元素的个数表示为 $|S|$。

根据 QR 分解，有 $H=\boldsymbol{Q}\boldsymbol{R}$，其中 $N_r \times N_t$ 矩阵 $\boldsymbol{Q}$ 和 $\boldsymbol{R}$ 分别为酉矩阵和上三角矩阵。这样，接收信号向量可以写成

$$\boldsymbol{x}=\boldsymbol{Q}^{\mathrm{H}}\boldsymbol{y}=\boldsymbol{R}\boldsymbol{s}+\boldsymbol{Q}^{\mathrm{H}}\boldsymbol{w} \tag{7-151}$$

因为 $\boldsymbol{Q}^{\mathrm{H}}\boldsymbol{w}$ 的统计性质与 $\boldsymbol{w}$ 的统计性质完全相同，在本章中，我们将 $\boldsymbol{Q}^{\mathrm{H}}\boldsymbol{w}$ 记为 $\boldsymbol{w}$。

With kind permission from Springer Science+Business Media: <*Low Complexity MIMO Detection*, Lattice Reduction-Based List Detection, 2012, pp. 113-139, L. Bai and J. Choi >.

7.3.1 算法描述

7.2 节中介绍的格基法检测器已能表现出接近采用完全枚举策略的 ML 检测器的优异性能。不仅如此，与 ML 检测器一样，格基法检测器已经能够得到完全的分集增益。但格基法检测器的复杂度会随着信道矩阵基底向量数量的增加而急剧增加，本节将介绍解决此问题的一种方法，即格基法列表检测。格基法列表检测的主要思想就是将一个高维度的 MIMO 检测问题分解为多个低维度的 MIMO 检测子问题。由于各个低维度子问题的基底向量个数较少，整个算法的复杂度也就降低了。

为了运用格基法列表检测，我们将式（7-151）写为

$$\begin{bmatrix} \boldsymbol{x}_1 \\ \boldsymbol{x}_2 \end{bmatrix} = \begin{bmatrix} \boldsymbol{A} & \boldsymbol{C} \\ \boldsymbol{0} & \boldsymbol{B} \end{bmatrix} \begin{bmatrix} \boldsymbol{s}_1 \\ \boldsymbol{s}_2 \end{bmatrix} + \begin{bmatrix} \boldsymbol{w}_1 \\ \boldsymbol{w}_2 \end{bmatrix} \tag{7-152}$$

其中，$\boldsymbol{x}_i$、$\boldsymbol{s}_i$ 和 $\boldsymbol{w}_i$ 分别为 $\boldsymbol{x}$、$\boldsymbol{s}$ 和 $\boldsymbol{w}$ 的第 i 个 $N_i\times 1$ 子向量，i=1,2，且 N_r=N_1+N_2。由式（7-152）, 我们可以得到

$$\boldsymbol{x}_2=\boldsymbol{B}\boldsymbol{s}_2+\boldsymbol{w}_2 \tag{7-153a}$$

$$\boldsymbol{x}_1=\boldsymbol{A}\boldsymbol{s}_1+\boldsymbol{C}\boldsymbol{s}_2+\boldsymbol{w}_1 \tag{7-153b}$$

这样，检测 $\boldsymbol{s}_1$、$\boldsymbol{s}_2$ 就成了两个连续进行的 MIMO 子检测问题。

在进行检测的过程中，先使用格基法子信号检测器检测 $\boldsymbol{s}_2$，并列出 $\boldsymbol{s}_2$ 的候选估计向量列表，通过在 $\boldsymbol{x}_1$ 中减去候选向量 $\boldsymbol{s}_2$ 的部分，即可在没有干扰的情况下用格基法子信号检测器检测出 $\boldsymbol{s}_1$。在以上过程中生成的候选估计向量列表可以减轻 SIC 算法中 $\boldsymbol{s}_2$ 造成的误差传递。格基法列表检测算法可概括如下。

① 由式（7-153a）可知，在检测 $\boldsymbol{s}_2$ 的过程中，$\boldsymbol{s}_1$ 并不造成干扰。所以通过处理接收信号 $\boldsymbol{x}_2$，格基法检测可表述为

$$\tilde{\boldsymbol{c}}_2 = LRD(\boldsymbol{x}_2) \tag{7-154}$$

其中，LRD 指格基法检测的运算，而 $\tilde{\boldsymbol{c}}_2$ 则是 $\boldsymbol{s}_2$ 在相应格基规约域（即将符号变换为连续整数后再进行格基归约运算后得到的域，也称为 LR 域）中的估计。在后面的内容中我们会讨论格基法检测的细节问题。

② LR 域中的候选估计向量列表为

$$C_2 = List_{\mathrm{LR}}(\tilde{\boldsymbol{c}}_2) \tag{7-155}$$

其中，$List_{\mathrm{LR}}$ 表示在格基规约域中找到 Q 个最接近 $\tilde{\boldsymbol{c}}_2$ 的向量的操作，且 $1\leqslant Q \leqslant |S|^{N_2}$。

③ $S_2=\{\hat{\boldsymbol{s}}_2^{(1)},\hat{\boldsymbol{s}}_2^{(2)},\cdots,\hat{\boldsymbol{s}}_2^{(Q)}\}$ 表示 $\boldsymbol{s}_2$ 的候选估计向量列表，可由 C_2 变换得到。

④ 根据式（7-153b）可知，$\boldsymbol{s}_1$ 的格基法检测应在 S_2 中候选估计向量的 SIC 之后进行，其方法可表述为

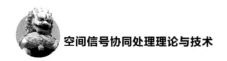

$$\tilde{\boldsymbol{c}}_1^{(q)} = LRD\left(\boldsymbol{x}_1 - \boldsymbol{C}\hat{\boldsymbol{s}}_2^{(q)}\right) \tag{7-156}$$

其中，$\hat{\boldsymbol{s}}_2^{(q)}$ 为 S_2 中的第 q 个向量，$q=1,\cdots,Q$。

⑤ 用 $\hat{\boldsymbol{s}}_1^{(q)}$ 表示与格基规约域中 $\tilde{\boldsymbol{c}}_1^{(q)}$ 对应的信号向量，于是可以得到

$$\hat{\boldsymbol{s}}^{(q)} = \begin{bmatrix} \hat{\boldsymbol{s}}_1^{(q)} \\ \hat{\boldsymbol{s}}_2^{(q)} \end{bmatrix} \tag{7-157}$$

这样，最终的硬判决可表示为

$$\hat{\boldsymbol{s}} = \arg \min_{q=1,2,\cdots,Q} \left\| \boldsymbol{x} - \boldsymbol{R}\hat{\boldsymbol{s}}^{(q)} \right\|^2 \tag{7-158}$$

在这里我们以均方误差的大小为标准来界定检测值的优劣，最优的检测值即均方误差最小的检测值。在接下来的章节中，将会进一步讨论上述检测方法的技术细节问题。

7.3.2　格基法检测

这里将会详细描述在步骤①和步骤④中用到的格基法检测。

MIMO 检测步骤①中的接收信号表示为

$$\boldsymbol{x}_2 = \boldsymbol{B}\boldsymbol{s}_2 + \boldsymbol{w}_2 \tag{7-159}$$

经过缩放变换运算，接收信号可变换为

$$\begin{aligned} \boldsymbol{d} &= \alpha \boldsymbol{x}_2 + \beta \boldsymbol{B}\boldsymbol{1} = \\ & \boldsymbol{B}(\alpha \boldsymbol{s}_2 + \beta \boldsymbol{1}) + \alpha \boldsymbol{w}_2 = \\ & \boldsymbol{B}\boldsymbol{b} + \alpha \boldsymbol{w}_2 \end{aligned} \tag{7-160}$$

其中，$\boldsymbol{1} = [1 1 \cdots 1]^{\mathrm{T}}$，且 $\boldsymbol{b} = \alpha \boldsymbol{x}_2 + \beta \boldsymbol{B}\boldsymbol{1} \in \mathrm{C}^{N_2}$。根据格基归约算法有

$$\underline{\boldsymbol{B}} = \boldsymbol{B}\boldsymbol{T} \tag{7-161}$$

其中，幺模矩阵 $\boldsymbol{T}$（即 $|\det(\boldsymbol{T})| = 1$）能缩短 $\underline{\boldsymbol{B}}$ 的列向量，且 $\boldsymbol{T}=\boldsymbol{U}^{-1}$。当基底向量为复向量时，可以使用复值格基归约算法，也可以将复矩阵变换为实矩阵（使用 CLLL 或 LLL 算法）。这样，我们有

$$\boldsymbol{d} = \boldsymbol{B}\boldsymbol{T}\boldsymbol{T}^{-1}\boldsymbol{b} + \alpha \boldsymbol{w}_2 = \underline{\boldsymbol{B}}\boldsymbol{c} + \alpha \boldsymbol{w}_2 \tag{7-162}$$

其中，$\boldsymbol{c}=\boldsymbol{T}^{-1}\boldsymbol{b}$。而用于估计 $\boldsymbol{c}$ 的 MMSE 滤波器表述为

$$\begin{aligned} \boldsymbol{W}_{\mathrm{mmse}} &= \min_{\boldsymbol{W}} \mathrm{E}\left(\left\| \boldsymbol{W}^{\mathrm{H}}(\boldsymbol{d} - \underline{\boldsymbol{d}}) - (\boldsymbol{c} - \underline{\boldsymbol{c}}) \right\|^2\right) = \\ & \left(\underline{\boldsymbol{B}}\mathrm{Cov}(\boldsymbol{c})\underline{\boldsymbol{B}}^{\mathrm{H}} + |a|^2 N_0 \boldsymbol{I}\right)^{-1} \underline{\boldsymbol{B}}\mathrm{Cov}(\boldsymbol{c}) = \\ & \left(\boldsymbol{B}\boldsymbol{B}^{\mathrm{H}} a^2 E_s + |a|^2 N_0 \boldsymbol{I}\right)^{-1} \boldsymbol{B}\boldsymbol{T}^{-\mathrm{H}} a^2 E_s \end{aligned} \tag{7-163}$$

其中，

$$\begin{cases} \underline{\boldsymbol{d}} = \mathrm{E}\left[\boldsymbol{d}\right] = \beta \boldsymbol{B}\boldsymbol{1} \\ \underline{\boldsymbol{c}} = \mathrm{E}\left[\boldsymbol{c}\right] = \boldsymbol{T}^{-1}\beta\boldsymbol{1} \\ \mathrm{Cov}\left(\boldsymbol{c}\right) = \left|a\right|^{2}\boldsymbol{T}^{-1}\boldsymbol{T}^{-\mathrm{H}}E_{s} \end{cases} \tag{7-164}$$

$\boldsymbol{s}_2$ 在与之对应的 LR 域中的估计可表示为

$$\tilde{\boldsymbol{c}}_2 = \underline{\boldsymbol{c}} + \boldsymbol{W}_{\mathrm{mmse}}^{\mathrm{H}}\left(\boldsymbol{d} - \underline{\boldsymbol{d}}\right) = \underline{\boldsymbol{c}} + a\boldsymbol{W}_{\mathrm{mmse}}^{\mathrm{H}}\boldsymbol{x}_2 \tag{7-165}$$

采用相同的检测方式（即式（7-159）～式（7-165）），同时将各参数与信号按照表 7-6 中所列的关系替换，即可完成步骤④中的格基法 MMSE 检测。前文提到的很多检测方法（包括格基法 MMSE-SIC 检测器）都可以在这两个步骤中使用。

表 7-6　式（7-152）与式（7-156）格基法检测中的信号与参数

步骤①	$\boldsymbol{x}_2$	$\boldsymbol{B}$	$\boldsymbol{s}_2$	$\boldsymbol{w}_2$	$\tilde{\boldsymbol{c}}_2$	N_2
步骤④	$\boldsymbol{x}_1 - \boldsymbol{C}\hat{\boldsymbol{s}}_2^{(q)}$	$\boldsymbol{A}$	$\boldsymbol{s}_1$	$\boldsymbol{w}_1$	$\tilde{\boldsymbol{c}}_1^{(q)}$	N_1

7.3.3　格基规约域中列表的生成

为了提高性能，也就是削弱误差传递，在检测 $\boldsymbol{s}_1$ 之前，可以先建立一个 $\boldsymbol{s}_2$ 的候选估计列表。在常规的列表检测中，我们一般用 ML 作为衡量标准，并将候选估计向量排序为

$$f\left(\boldsymbol{x}_2\left|\hat{\boldsymbol{s}}_2^{(1)}\right.\right) \geqslant f\left(\boldsymbol{x}_2\left|\hat{\boldsymbol{s}}_2^{(2)}\right.\right) \geqslant \cdots \geqslant f\left(\boldsymbol{x}_2\left|\hat{\boldsymbol{s}}_2^{\left(|S|^{N_2}\right)}\right.\right) \tag{7-166}$$

或

$$\left\|\boldsymbol{x}_2 - \boldsymbol{B}\hat{\boldsymbol{s}}_2^{(1)}\right\|^2 \leqslant \left\|\boldsymbol{x}_2 - \boldsymbol{B}\hat{\boldsymbol{s}}_2^{(2)}\right\|^2 \leqslant \cdots \leqslant \left\|\boldsymbol{x}_2 - \boldsymbol{B}\hat{\boldsymbol{s}}_2^{\left(|S|^{N_2}\right)}\right\|^2 \tag{7-167}$$

其中，$\hat{\boldsymbol{s}}_2^{(q)}$代表似然概率第 q 大的符号。这样可以得到步骤③中最优的 Q 个候选向量组成的列表为

$$S_2 = \{\hat{\boldsymbol{s}}_2^{(1)}, \hat{\boldsymbol{s}}_2^{(2)}, \cdots, \hat{\boldsymbol{s}}_2^{(Q)}\} \tag{7-168}$$

可以看出，式（7-166）与式（7-167）中的排序结果是基于穷举操作得到的，这样就需要计算所有 $\boldsymbol{s}_2 = S^{N_2}$ 所对应的 $\left|\boldsymbol{x}_2 - \boldsymbol{B}\boldsymbol{s}_2\right\|^2$，运算的复杂度将相当高。

我们可以采用 LR 域中的一种次优列表，来规避枚举运算的高复杂度。再

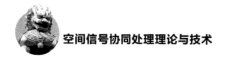

次分析步骤①中的 MIMO 检测问题，即

$$\boldsymbol{x}_2 = \boldsymbol{B}\boldsymbol{s}_2 + \boldsymbol{w}_2 \tag{7-169}$$

令

$$\begin{cases} \boldsymbol{d} = \alpha \boldsymbol{x}_2 + \beta \boldsymbol{B}\boldsymbol{1} \\ \boldsymbol{b} = \alpha \boldsymbol{s}_2 + \beta \boldsymbol{1} \end{cases} \tag{7-170}$$

其中，α 与 β 为相应的缩放变换率。运用式（7-161），用于列表的 ML 标准可写为

$$\|\boldsymbol{d} - \boldsymbol{B}\boldsymbol{b}\| = \|\boldsymbol{d} - \underline{\boldsymbol{B}}\boldsymbol{c}\| \tag{7-171}$$

可以看出，式（7-171）的右边是定义在 LR 域中的。$\boldsymbol{s}_2$ 是 S^{N_2} 中与 $\boldsymbol{c}_2$ 对应的向量，这里假设 $\tilde{\boldsymbol{s}}_2$ 与式（7-167）中的 $\hat{\boldsymbol{s}}_2^{(1)}$ 相当接近。有了这个假设，$\boldsymbol{d}$ 就可近似为

$$\boldsymbol{d} \simeq \underline{\boldsymbol{B}}\tilde{\boldsymbol{c}}_2 \tag{7-172}$$

由此用于建立列表的格基规约域的 ML 标准可近似为

$$\|\boldsymbol{d} - \underline{\boldsymbol{B}}\boldsymbol{c}\| \simeq \|\underline{\boldsymbol{B}}\tilde{\boldsymbol{c}}_2 - \underline{\boldsymbol{B}}\boldsymbol{c}\| = \|\tilde{\boldsymbol{c}}_2 - \boldsymbol{c}\|_{\underline{\boldsymbol{B}}^{\mathrm{H}}\underline{\boldsymbol{B}}} \tag{7-173}$$

其中，$\|\boldsymbol{T}\|_{\mathrm{G}} = \sqrt{\boldsymbol{T}^{\mathrm{H}}\boldsymbol{G}\boldsymbol{T}}$ 为关于 $\boldsymbol{G}$ 的矩阵范数。因此 LR 域中的列表为

$$C_2 = \left\{\boldsymbol{c}_2 \middle| \|\tilde{\boldsymbol{c}}_2 - \boldsymbol{c}\|_{\underline{\boldsymbol{B}}^{\mathrm{H}}\underline{\boldsymbol{B}}} < r_{\underline{\boldsymbol{B}}}(Q)\right\} \tag{7-174}$$

其中，$r_{\underline{\boldsymbol{B}}}(Q)$ 代表 LR 域中以 $\tilde{\boldsymbol{c}}_2$ 为中心包含 Q 个元素的椭球半径。

不仅如此，考虑到 LR 域中的基底向量具有正交性，$\boldsymbol{c}_2$ 的列表还可表示为

$$C_2 \simeq \left\{\boldsymbol{c}_2 \middle| \|\tilde{\boldsymbol{c}}_2 - \boldsymbol{c}\| < r(Q)\right\} \tag{7-175}$$

其中，$r(Q)>0$ 代表 LR 域中以 $\tilde{\boldsymbol{c}}_2$ 为中心包含 Q 个元素的球体半径。在这种情况下，由于没有额外的向量与矩阵的乘积运算，生成列表的复杂度自然就降低了。要注意使用式（7-175）的近似必须满足基底向量正交或近似正交。由于格基归约方法能保证规约后的基底正交或准正交，也就保证了式（7-161）中所生成的是一个近似性很好的列表。

7.3.4 表长的影响

表长 Q 在平衡格基法列表检测的复杂度与性能上起到了关键的作用。令 $P_e(S_2)$ 与 $P_e(C_2)$ 分别表示 S_2 与 C_2 中没有 $\boldsymbol{s}_2$ 与 $\boldsymbol{c}_2$ 的正确判定值的概率，即错误概率。随着 Q 的增大，$P_e(S_2)$ 与 $P_e(C_2)$ 均减小，这样一来，为了获得较好的性能，表长 Q 应取较大值，但这又会带来复杂度的提升。这里我们将着重讨论表长对

性能的影响，复杂度的问题将在后面的章节中着重讨论。

用 $\boldsymbol{s}_2'$ 与 $\boldsymbol{c}_2'$ 分别代表发送信号向量与该向量在 LR 域中的对应取值，这样，错误概率可表述为

$$P_{\mathrm{e}}(C_2)=Pr(\boldsymbol{c}_2' \notin C_2)= \\ Pr\left(\|\tilde{\boldsymbol{c}}_2-\boldsymbol{c}_2'\|_{\underline{\boldsymbol{B}}^{\mathrm{H}}\underline{\boldsymbol{B}}} > r_{\underline{\boldsymbol{B}}}(Q)\right) \tag{7-176}$$

为了对 $r_{\underline{\boldsymbol{B}}}(Q)$ 进行近似，设 C^{N_2} 中包含的格点的球体半径为 $\overline{r}_{\underline{\boldsymbol{B}}}(Q)$。假设该球的体积等于 Q 个 $\boldsymbol{c}_2$ 中格点所在基本区域的体积，也就是 $Q\times V(\underline{\boldsymbol{B}})$，$V(\underline{\boldsymbol{B}})$ 表示矩阵 $\underline{\boldsymbol{B}}$ 生成冯洛诺伊（Voronoi）区域的体积。在 Q 相当大时，这个假设是合理的。

由于半径为 r 的 n 维球体的体积可表示为

$$V_r=\frac{\pi^{n/2}r^n}{\Gamma\left(\frac{n}{2}+1\right)} \tag{7-177}$$

其中，$\Gamma(x)$ 为伽马函数，$V_n(r)=QV(\underline{\boldsymbol{B}})$，$n=2N_2$，则平方半径 $\overline{r}_{\underline{\boldsymbol{B}}}(Q)$ 可以表示为

$$\overline{r}_{\underline{\boldsymbol{B}}}^2(Q)=\frac{\left(QV(\underline{\boldsymbol{B}})N_2!\right)^{\frac{1}{N_2}}}{\pi} \tag{7-178}$$

由此，式（7-176）可以近似为

$$P_{\mathrm{e}}(C_2)\simeq P_{\mathrm{e}}(Q)= \\ Pr\left(\|\tilde{\boldsymbol{c}}_2-\boldsymbol{c}_2'\|^2_{\underline{\boldsymbol{B}}^{\mathrm{H}}\underline{\boldsymbol{B}}} > \overline{r}_{\underline{\boldsymbol{B}}}^2(Q)\right) \tag{7-179}$$

在式（7-162）中，令 $\boldsymbol{c}=\boldsymbol{c}_2'$，再由式（7-171）可以得到

$$\boldsymbol{d}=\underline{\boldsymbol{B}}\boldsymbol{c}_2'+\alpha\boldsymbol{w}_2 \simeq \underline{\boldsymbol{B}}\tilde{\boldsymbol{c}}_2 \tag{7-180}$$

在这里假设 $\tilde{\boldsymbol{c}}_2$ 为足够接近 ML 判决的解，即 $\boldsymbol{d}$ 与 $\underline{\boldsymbol{B}}\tilde{\boldsymbol{c}}_2$ 的距离取最小值（这个假设在构造 C_2 时已经用到过了），由此可以推出

$$\|\tilde{\boldsymbol{c}}_2-\boldsymbol{c}_2'\|^2_{\underline{\boldsymbol{B}}^{\mathrm{H}}\underline{\boldsymbol{B}}}\simeq|a|^2\|\boldsymbol{w}_2\|^2=\frac{|a|^2N_0}{2}\chi^2_{2N_2} \tag{7-181}$$

其中，χ_n^2 是一个具有 n 维自由度的卡方随机变量。根据式（7-181），式（7-179）中的错误概率可近似表述为

$$P_{\mathrm{e}}(C_2)\simeq P_{\mathrm{e}}(Q)=Pr\left(\chi^2_{2N_2}>\frac{2\overline{r}_{\underline{\boldsymbol{B}}}^2(Q)}{|a|^2N_0}\right) \tag{7-182}$$

这个错误概率是由背景噪声导致的 $\chi^2_{2N_2}$ 与衰落产生的 $\overline{r}^2_{\underline{B}}(Q)$ 这两个随机变量确定的。

当引入 MIMO 衰落信道时，$\underline{\boldsymbol{B}}$ 变成了一个随机矩阵，而 $V(\underline{\boldsymbol{B}})$ 又是由随机矩阵 $\underline{\boldsymbol{B}}$ 决定的。由 $\underline{\boldsymbol{B}}-\boldsymbol{BT}$ 和 $\det(\boldsymbol{T})=\pm1$，有

$$V(\underline{\boldsymbol{B}})=\sqrt{\det\left(\underline{\boldsymbol{B}}^{\mathrm{H}}\underline{\boldsymbol{B}}\right)}=\sqrt{\det\left(\boldsymbol{T}^{\mathrm{H}}\boldsymbol{B}^{\mathrm{H}}\boldsymbol{BT}\right)}=\sqrt{\det\left(\boldsymbol{B}^{\mathrm{H}}\boldsymbol{B}\right)}=V(\boldsymbol{B}) \tag{7-183}$$

定理 7-7：设式（7-150）中 $N_r\times N_t$ 矩阵 $\boldsymbol{H}$ 的各个元素为相互独立且服从零均值单位方差的对称复高斯随机变量。对于上三角矩阵 $\boldsymbol{B}$，存在两个矩阵满足

$$\boldsymbol{B}_2=\boldsymbol{Q}_2\boldsymbol{B} \tag{7-184}$$

其中，$N_2\times N_2$ 随机矩阵 $\boldsymbol{B}_2$ 中的各个元素均为相互独立且服从零均值单位方差高斯分布的随机变量；$\boldsymbol{Q}_2$ 为列向量相互正交的 $N_2\times N_2$ 矩阵。

从定理 7-7 可以推出

$$\det\left(\boldsymbol{B}^{\mathrm{H}}\boldsymbol{B}\right)=\det\left(\boldsymbol{B}_2^{\mathrm{H}}\boldsymbol{B}_2\right) \tag{7-185}$$

其中，$\boldsymbol{B}_2^{\mathrm{H}}\boldsymbol{B}_2$ 为一个威沙特（Wishart）矩阵。根据式（7-183）和式（7-185），我们定义

$$Z=V^{\frac{1}{N_2}}(\underline{\boldsymbol{B}})=V^{\frac{1}{N_2}}(\boldsymbol{B})=\det\left(\boldsymbol{B}_2^{\mathrm{H}}\boldsymbol{B}_2\right)^{\frac{1}{2N_2}} \tag{7-186}$$

将式（7-178）与式（7-186）代入式（7-182），Z 的条件错误概率为

$$P_{\mathrm{e,cond}}(Z)=Pr\left(\chi^2_{2N_2}>\mu Z\middle|Z\right)=1-\frac{\gamma(N_2\mu Z)}{\Gamma(N_2)} \tag{7-187}$$

其中，$\Gamma(x)$ 为伽马函数，$\gamma(n,x)=\int_0^x z^{n-1}e^{-z}\mathrm{d}z$ 为低阶不完整伽马函数，μ 满足

$$\mu=\frac{2(QN_2!)^{\frac{1}{N_2}}}{|\alpha|^2 N_0} \tag{7-188}$$

选择 A-QAM 作为调制方式，可得到

$$|\alpha|^2=\frac{1}{4A^2}=\frac{A-1}{6E_s} \tag{7-189}$$

于是式（7-188）可以写为

$$m=\frac{12E_s(QN_2!)^{\frac{1}{N_2}}}{(A-1)N_0} \tag{7-190}$$

由于这个条件错误概率是以 μZ 为界的卡方分布的尾概率，则此错误概率可以写为

$$P_e(Q)=\mathrm{E}\left[P_{e,\mathrm{cond}}(Z)\right] \tag{7-191}$$

进一步，Z 的均值可以表述为

$$\mathrm{E}[Z]=\mathrm{E}\left[\det\left(\boldsymbol{B}_2^{\mathrm{H}}\boldsymbol{B}_2\right)^{\frac{1}{2N_2}}\right]=\prod_{p=0}^{N_2-1}\frac{\Gamma\left(N_2-p+\frac{1}{N_2}\right)}{\Gamma(N_2)} \tag{7-192}$$

到这里，通过中间变量 μ，Q 的影响已经在式（7-187）中给出。因为 μ 与 $Q^{\frac{1}{N_2}}$ 成比例，则当 N_2 很大时，随着 Q 的增大，错误概率的改善是很缓慢的。

7.3.5 复杂度分析

令 $N_1=N_2=N_r/2$，对格基法列表检测器、MMSE 检测器和 ML 检测器的运算复杂度进行比较，其中 ML 检测器采用的是穷尽检索方法。在计算复杂度时，仅统计复数乘法（Complex Multiplications，CM）运算，而忽略其他的附加步骤。

$LR_{N/2}$ 表示对 $N_r/2$ 个基底进行格基规约运算，通常令 $N_r=4$。为了降低复杂度，将前面提到的复高斯格基规约算法在 2×2 子矩阵 $\boldsymbol{A}$ 和 $\boldsymbol{B}$ 上进行操作，则多数情况下各个列向量的交换次数少于 3 次，也就是说 $LR\leqslant 6(\mathrm{CM})$。而在该检测器中，因为对矩阵 $\boldsymbol{H}$ 进行了 QR 分解，所以仅需要对两个子矩阵使用格基归约算法。这个过程中豪斯霍尔德（Householder）变换需要 $\sum_{n=1}^{N_r-1}2\left(N_r-n+1\right)^2$ 复数乘法的复杂度。

令 $LR_2=6$，在表 7-7 中，可以看出当 $Q=8$、12 和 16 时，格基法列表检测的复杂度仅略高于 MMSE 检测器，也就是说其具有良好的计算效率。

表 7-7　不同检测器的复杂度分析

检测器	MMSE	ML	格基法列表检测器
CM	$2(N_r+1)N_t^2$	$N_r^2\lvert S\rvert^{N_r}$	$N_r^2(5N_r+12)/8+QN_r^2+2LR_{\frac{N_r}{2}}+\sum_{n=1}^{N_r-1}2(N_r-n+1)^2$
4-QAM	160	4 096	N/A
16-QAM	160	1.049×10^6	N/A

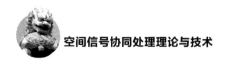

（续表）

检测器	MMSE	ML	格基法列表检测器
64-QAM	160	2.684×10^{8}	N/A
Q=8	N/A	N/A	262
Q=12	N/A	N/A	326
Q=16	N/A	N/A	390

7.3.6　格基法列表检测的构成

这里将介绍格基法列表检测中所执行和应用的各个步骤与相应的方法，还将介绍如何得到比特的对数似然比以及相应的软比特生成方法。为便于理解，在表 7-8 中列出了格基法列表检测的各个关键步骤。

表 7-8　格基法列表检测的各个关键步骤

序号	组件	实现方式	
1	QR 分解	$\boldsymbol{H}=\boldsymbol{QR}$	式（7-152）
2	高斯格基归约	$\underline{\boldsymbol{B}}=\boldsymbol{BT}$ $\underline{\boldsymbol{A}}=\boldsymbol{AT}'$	步骤① 步骤④
3	矩阵求逆	$\left(\boldsymbol{BB}^{\mathrm{H}}a^2E_s+\lvert a\rvert^2N_0\boldsymbol{I}\right)^{-}$ $\left(\boldsymbol{AA}^{\mathrm{H}}a^2E_s+\lvert a\rvert^2N_0\boldsymbol{I}\right)^{-}$	步骤① 步骤④
4	MMSE 滤波	$\tilde{c}_2=\underline{c}_2+a\boldsymbol{W}_{\mathrm{mmse},2}^{\mathrm{H}}\boldsymbol{x}_2$ $\tilde{c}_1^{(q)}=\underline{c}_1+a\boldsymbol{W}_{\mathrm{mmse},1}^{\mathrm{H}}\overline{\boldsymbol{x}}_1^{(q)}$	步骤① 步骤④
5	LR 域列表	$C_2\approx\left\{\boldsymbol{c}_2\,\middle\|\,\lVert\tilde{c}_2-\boldsymbol{c}\rVert<r(Q)\right\}$	步骤②

（1）QR 分解

式（7-152）中的 QR 分解为

$$\boldsymbol{H}=\boldsymbol{QR} \tag{7-193}$$

其中，

$$\boldsymbol{R}=\begin{bmatrix}\boldsymbol{A} & \boldsymbol{C}\\ \boldsymbol{0} & \boldsymbol{B}\end{bmatrix} \tag{7-194}$$

这里如果利用文献 [17] 中的 Cholesky 分解，便可以保证 QR 分解的数值稳定性。虽然在整个检测过程中，仅需要在信道更新时执行一次 QR 分解，但由于 QR 分解是作用于整个信道矩阵（$N_r \times N_t$）的，这个操作依然会带来较高的运算复杂度。所以这里将介绍两种低复杂度的 QR 分解算法，包括格拉姆 - 施密特（Gram-Schmidt，GS）反射算法和豪斯霍尔德反射算法。

① GS 算法。运用 GS 处理方式能将 $\boldsymbol{H}$ 分解为 $\boldsymbol{H}=\boldsymbol{QR}$，其中 $\boldsymbol{Q}$ 为酉矩阵，$\boldsymbol{R}$ 为上三角矩阵，但由于 GS 算法中需要进行开销较大的开方与除法运算，这个过程的复杂度较高。于是文献 [18] 中对 GS 算法做出了一些修改，这些修改的细节可参考文献 [18,19]。用 $[\boldsymbol{R}]_{p,q}$ 表示 $\boldsymbol{R}$ 的第（q,p）个元素，再令 $\boldsymbol{q}_i$ 为 $\boldsymbol{Q}$ 的第 i 个列向量，则 GS 算法见表 7-9。

表 7-9　GS 算法

① 初始化：$\boldsymbol{Q}=\boldsymbol{H}$，$\boldsymbol{R}=\boldsymbol{0}$
② for n=1:N_r
③ $[\boldsymbol{R}]_{n,n}=\sqrt{\boldsymbol{q}_n^{\mathrm{H}}\boldsymbol{q}_n}$
④ $\boldsymbol{q}_n=\dfrac{\boldsymbol{q}_n}{[\boldsymbol{R}]_{n,n}}$
⑤ for j=n+1: N
⑥ $[\boldsymbol{R}]_{n,j}=\boldsymbol{q}_n^{\mathrm{H}}\boldsymbol{q}_j$
⑦ $\boldsymbol{q}_j=\boldsymbol{q}_j-[\boldsymbol{R}]_{n,j}\boldsymbol{q}_n$
⑧ end for
⑨ end for

GS 对浮点数的计算精度要求很高，因此定点数据运算中的量化与四舍五入问题是不能被忽略的，而这恰恰将会导致算法的准确性下降，也就是导致 $\boldsymbol{Q}$ 失去正交性 [20]。根据文献 [21] 我们知道，定点版本 GS 算法的正交错误概率的边界是由矩阵 $\boldsymbol{H}$ 的条件数 $\kappa(\boldsymbol{H})$ 和机器精确度 ξ 这两个参数决定的，即

$$e_0=\left\|\boldsymbol{I}-\boldsymbol{Q}^{\mathrm{H}}\boldsymbol{Q}\right\|\leqslant\rho(N_r)\xi\kappa(\boldsymbol{H}) \tag{7-195}$$

其中，$\rho(N)$ 为仅由计算机运算的一些细节所决定的低阶多项式。式（7-195）表明，对于良态矩阵来说，GS 算法的定点构造相对于机器精确度的整数倍来说还是较准确的；但对于病态矩阵，这样计算所得到的 $\boldsymbol{Q}$ 的正交性会很差，不过基于酉变换，我们还是有很多更优的算法可以采用。

② 豪斯霍尔德反射算法：使用酉变换可以减轻常规算法对高运算精度等数值问题的依赖性，即在定点超大规模集成电路（Very Large Scale Integration，VLSI）执行中需要大量硅计算单元。酉变换并不改变向量的长度，因此不会造成动态范围的过度增加，也不会增加量化噪声。

基于酉变换，豪斯霍尔德反射算法通过递归将一系列酉变换 $\boldsymbol{Q}_i^{\mathrm{H}}$ 作用到 $\boldsymbol{H}$

上，即

$$\boldsymbol{R}^{(n+1)}=\boldsymbol{Q}_n^{\mathrm{H}}\boldsymbol{R}^{(n)} \tag{7-196}$$

其中，$\boldsymbol{R}^{(1)}=\boldsymbol{H}$。由于每一次变换都会生成更多的次对角元素，最终我们将得到

$$\boldsymbol{R}=\boldsymbol{R}^{N_r-1}=\boldsymbol{Q}_{N_r-1}^{\mathrm{H}}\boldsymbol{Q}_{N_r-2}^{\mathrm{H}}\cdots\boldsymbol{Q}_1^{\mathrm{H}}\boldsymbol{H} \tag{7-197}$$

其中，酉矩阵为

$$\boldsymbol{Q}^{\mathrm{H}}=\boldsymbol{Q}_{N_r-1}^{\mathrm{H}}\boldsymbol{Q}_{N_r-2}^{\mathrm{H}}\cdots\boldsymbol{Q}_1^{\mathrm{H}} \tag{7-198}$$

令 $\boldsymbol{r}_i$ 代表 $\boldsymbol{R}$ 的第 i 个列向量，则豪斯霍尔德反射算法见表 7-10。

表 7-10 豪斯霍尔德反射算法

① 初始化 $\boldsymbol{Q}^{(0)}=\boldsymbol{I}$, $\boldsymbol{R}^{(1)}=\boldsymbol{H}$

② for $n=1:N_r-1$

③ $\bar{\boldsymbol{q}}_n=\boldsymbol{r}_n+\|\boldsymbol{r}_n\|\boldsymbol{1}$

④ $\bar{\boldsymbol{Q}}_n=\boldsymbol{I}-2\dfrac{\boldsymbol{q}_n\boldsymbol{q}_n^{\mathrm{H}}}{\|\boldsymbol{q}_n\|^2}$

⑤ $\boldsymbol{P}_n=\begin{bmatrix}\boldsymbol{I}_{n-1} & 0\\ 0 & \bar{\boldsymbol{Q}}_n\end{bmatrix}$

⑥ $[\boldsymbol{R}]_{n+1}^{\mathrm{H}}=\boldsymbol{P}_n\boldsymbol{R}^{(n)}$

⑦ $\boldsymbol{Q}^{n}=\boldsymbol{P}_n\boldsymbol{Q}^{(n-1)}$

⑧ end for

⑨ $\boldsymbol{Q}^{\mathrm{H}}=\boldsymbol{Q}^{(H-1)}$

表 7-11 给出了以上两种算法的复杂度对比分析。从中可以看出，豪斯霍尔德反射算法的除法、CM 与开根次数略少于 GS 算法。例如，当 $N_r=4$ 时，GS 算法与豪斯霍尔德反射算法的 CM 分别为 80 和 78。不仅如此，在定点应用时，豪斯霍尔德反射算法更为稳定。此外，针对硬件实现，QR 分解的输出则需要 $(K^2+K(K+1)/2)$ 个整形存储单元（即存储单个复数的内存使用量）来存储矩阵 $\boldsymbol{Q}$ 和 $\boldsymbol{R}$。

表 7-11 GS 算法与豪斯霍尔德反射算法的复杂度比较

算法	GS	豪斯霍尔德反射
除法	N_r	N_r-1
开根	N_r	N_r-1
CM	$2N_r^{\ 2}+2\sum_{n=1}^{N}N_r(N_r-n)$	$2\sum_{n=1}^{N_r}(N_r-n+1)^2$

（2）高斯格基归约

在格基法列表检测的步骤①和步骤④中均需要用到高斯格基归约，即

$$\begin{cases} \underline{\boldsymbol{B}} = \boldsymbol{B}\boldsymbol{T} \\ \underline{\boldsymbol{A}} = \boldsymbol{A}\boldsymbol{T}' \end{cases} \tag{7-199}$$

其中，$\boldsymbol{T}$ 和 $\boldsymbol{T}'$ 均为幺模矩阵。

令 $N_1=N_2=2$，在格基法列表检测中仅需要对 2×2 的子矩阵 $\boldsymbol{A}$ 和 $\boldsymbol{B}$ 进行格基归约。为了提高运算效率，可以使用简化高斯格基归约法，对于多数信道矩阵，列向量交换的次数小于 3 次。所以，将矩阵列向量的交换次数限制在一个较小的范围内（例如使交换次数为 2）基本不会影响算法的性能。这样便可用一个固定的数 V 作为列向量交换次数的最大值，经此改进后，便能保证高斯格基归约的低复杂度。以 $\boldsymbol{B}=[\boldsymbol{b}_1,\boldsymbol{b}_2]$ 为例，表 7-12 中给出了改进后的高斯格基归约算法。

表 7-12　改进后的高斯格基归约算法

① 输入：$(\boldsymbol{b}_1,\boldsymbol{b}_2,V)$
② 令 $\boldsymbol{J}=\begin{bmatrix}0 & 1\\1 & 0\end{bmatrix}$，$\boldsymbol{T}=\begin{bmatrix}1 & 0\\0 & 1\end{bmatrix}$
③ $i=0$
④ do
⑤ if $\lVert\boldsymbol{b}_1\rVert>\lVert\boldsymbol{b}_2\rVert$
⑥ 交换 $\boldsymbol{b}_1$ 和 $\boldsymbol{b}_2$
⑦ $\boldsymbol{T}=\boldsymbol{T}\boldsymbol{J}$
⑧ end if
⑨ if $\lvert\langle\boldsymbol{b}_2,\boldsymbol{b}_1\rangle\rvert>\frac{1}{2}$
⑩ $\hat{t}=\left\lfloor\frac{\langle\boldsymbol{b}_2,\boldsymbol{b}_1\rangle}{\lVert\boldsymbol{b}_1\rVert^2}\right\rceil$
⑪ $\boldsymbol{b}_2=\boldsymbol{b}_2-\hat{t}\boldsymbol{b}_1$
⑫ $\boldsymbol{T}=\boldsymbol{T}\begin{bmatrix}1 & -t\\0 & 1\end{bmatrix}$
⑬ end if
⑭ $i=i+1$
⑮ while $(\lVert\boldsymbol{b}_1\rVert<\lVert\boldsymbol{b}_2\rVert)\&\&(i\leqslant V)$
⑯ return$(\boldsymbol{b}_1,\boldsymbol{b}_2,\boldsymbol{T})$

若最大重复次数为 $i=V$，高斯格基归约需要的 CM 次数为 $4V$，同时输出程序需要 6 个整形存储单元来存储幺模矩阵的数据。

（3）矩阵求逆

在格基法列表检测的步骤①和步骤④中均要用到矩阵求逆运算，而 MMSE 矩阵 $\boldsymbol{W}_{\mathrm{mmse}}=\left(\boldsymbol{B}\boldsymbol{B}^{\mathrm{H}}a^2E_s+|a|^2N_0\boldsymbol{I}\right)^{-1}$ 的运算复杂度主要也是由求逆运算产生的。当 $N_1=N_2=2$ 时，要求逆的仅是 2×2 矩阵，运算复杂度很低。例如，一个 2×2 矩阵 $\boldsymbol{D}=\begin{bmatrix} d_{1,1} & d_{1,2} \\ d_{2,1} & d_{2,2} \end{bmatrix}$ 的逆矩阵可由伴随法轻易求得，即

$$\boldsymbol{D}^{-1}=\frac{1}{d_{1,2}d_{2,1}-d_{1,1}d_{1,1}}\begin{bmatrix} d_{2,2} & -d_{2,1} \\ -d_{1,2} & d_{1,1} \end{bmatrix} \tag{7-200}$$

这个算法需要 1 次除法运算与 6 次 CM 运算。

而对于 $N_t>2$ 的 $N_r\times N_t$ 矩阵 $\boldsymbol{D}$，求逆运算的复杂度主要由采用哪种算法决定。我们在此列出一些典型算法。

① 伴随矩阵法：根据伴随矩阵法，矩阵 $\boldsymbol{D}$ 的逆可表述为

$$\boldsymbol{D}^{-1}=\frac{\mathrm{adj}(\boldsymbol{D})}{\det(\boldsymbol{D})} \tag{7-201}$$

这个过程所耗费的 CM 的数量级可近似为 2^B[22]，即

$$\mathrm{CM\,s}\approx a2^B+B^2+B \tag{7-202}$$

② L-R 分解：运用 L-R 分解，矩阵 $\boldsymbol{D}$ 能够被分解为一个下三角矩阵 $\boldsymbol{L}$ 和上三角矩阵 $\boldsymbol{R}$，即

$$\boldsymbol{D}^{-1}=\boldsymbol{R}^{-1}\boldsymbol{L}^{-1} \tag{7-203}$$

令 $[\boldsymbol{A}]_{p,q}$ 为矩阵 $\boldsymbol{A}$ 中第 p 行第 q 列的元素，表 7-13 总结了 L-R 分解算法，且该算法的 CM 数为 $4\left(N_t^3-N_t\right)/3$。

表 7-13　L-R 分解算法

① 初始化：$\boldsymbol{L}=\boldsymbol{D}$，$\boldsymbol{R}=\boldsymbol{I}$

② for $i=1:N_t$

③ 　for $j=1:N_t$

④ 　　$[\boldsymbol{R}]_{j,i}=[\boldsymbol{L}]_{j,i}-\sum_{k=1}^{j-1}[\boldsymbol{L}]_{j,k}[\boldsymbol{R}]_{k,j}$

⑤ 　　$[\boldsymbol{L}]_{j,i}=\dfrac{[\boldsymbol{R}]_{j,i}}{[\boldsymbol{R}]_{i,i}}$

⑥ 　end for

⑦ end for

③ QR 分解：使用 QR 分解，矩阵 $\boldsymbol{D}$ 可做变换

$$D^{-1}=R^{-1}Q^{\mathrm{H}} \tag{7-204}$$

其中，$\boldsymbol{Q}$ 为酉矩阵，$\boldsymbol{R}$ 为上三角矩阵。如果选用 GS 算法进行 QR 分解，那么矩阵求逆所需要的总 CM 数为 $\left(9N_t^3+10N_t^2-N_t\right)/6$。

矩阵求逆算法通常要求很高的数值精度，这便需要耗费定点 VLSI 执行中的大块硅计算单元。我们在下面列出两条原因来解释为何对数值精度有这么高的要求。

- 使用一些高支出运算（如开根与除法）会导致一些中间变量的动态范围增大。
- 为了减少高支出运算，用相应的乘法逆运算代替重复性的除法运算，但乘法运算通常会增加量化噪声，而这又对定点精度提出了更高的要求。

因此，基于优化 GS 算法的 QR 分解，文献 [18] 提出了一种能够解决定点执行问题的 VLSI 构造。对于一个 4 × 4 信道矩阵，这种有 18 个单位时间滞后并有一个区域使用 0:18 μm COMS 工艺的 72k 门的构造的时钟频率可以达到 277 MHz，这种结构能优于任何一种已知结构。不仅如此，由于这种结构还能有效减少矩阵求逆的运算次数，所以能很好地应用于多信道处理系统（即 MIMO 正交频分复用系统）。

（4）MMSE 滤波

在格基法列表检测的步骤①和步骤④中需要进行 MMSE 滤波运算。在步骤①中用于估计 $\boldsymbol{c}_2$ 的 MMSE 滤波运算为

$$\tilde{\boldsymbol{c}}_2=\underline{\boldsymbol{c}}_2+\alpha\boldsymbol{W}_{\mathrm{mmse},2}^{\mathrm{H}}\boldsymbol{x}_2 \tag{7-205}$$

其中，$\underline{\boldsymbol{c}}_2=\boldsymbol{U}_2^{-1}\beta\boldsymbol{1}$。在步骤④中要对接收信号向量 $\boldsymbol{x}_1$ 进行 Q 次相同的运算，即

$$\tilde{\boldsymbol{c}}_1^{(q)}=\underline{\boldsymbol{c}}_1+\alpha\boldsymbol{W}_{\mathrm{mmse},1}^{\mathrm{H}}\overline{\boldsymbol{x}}_1^{(q)},\quad q=1,2,\cdots,Q \tag{7-206}$$

其中，$\underline{\boldsymbol{c}}_1=\boldsymbol{U}_2^{-1}\beta\boldsymbol{1}$，$\overline{\boldsymbol{x}}_1^{(q)}=\overline{\boldsymbol{x}}_1-\boldsymbol{C}\hat{\boldsymbol{s}}_2^{(q)}$。由于以上 Q 次运算可并行进行，所以这种并行构架可以保证低时延与高流量。此外，为了使用这种并行构架，必须使用具有足够大带宽的寄存器堆的内存，这样一来就需要考虑硅单元的计算时延和数据流量之间的平衡。

权重矩阵 $\boldsymbol{W}_{\mathrm{mmse},1}$ 和 $\boldsymbol{W}_{\mathrm{mmse},2}$ 可以在预处理过程中被计算并存储。这个存储过程仅需要 8 个整形内存单元，而存储输出 $\left\{\tilde{c}_1,\tilde{c}_2,\cdots,\tilde{c}_Q\right\}$ 则需要 $2Q$ 个单元。

（5）格基规约域列表

步骤②中生成的 LR 域中的候选估计向量列表为

$$C_2\approx\{\boldsymbol{c}_2\mid \|\tilde{\boldsymbol{c}}_2-\boldsymbol{c}\|<r(Q)\} \tag{7-207}$$

其中，

$$\boldsymbol{c}=\boldsymbol{T}^{-1}(\alpha\boldsymbol{s}_2+\beta\boldsymbol{1}) \tag{7-208}$$

因此，LR 域中的信号字母表 $\boldsymbol{c}$ 会随信道的变化而变化。而根据高斯格基归约 $\boldsymbol{T}$ 变为

$$\boldsymbol{T}=\begin{bmatrix}1 & t\\0 & 1\end{bmatrix} \tag{7-209}$$

其中，t 是一个整数。又因为高斯格基归约算法中列向量交换的最大次数被限制为 V=2 或 3，则能够较容易获得 t 的集合从而生成 $\boldsymbol{T}$。此外，在用高斯格基归约算法对子矩阵 $\boldsymbol{B}$ 进行处理时，需要建立一个 $\boldsymbol{c}_2$ 的检索列表，且这种预处理数据需要消耗一些内存。具体来说，我们需要 $V|S|$ 个整形存储单元来存储 $\boldsymbol{c}_2$ 的列表，同时还需要 $2Q$ 个整形存储单元来建立 C_2。

（6）软比特生成

为了进行信道编码，每个比特都要进行 LLR（即生成软比特）的过程。列表中的第 q 个候选值 $\hat{\boldsymbol{s}}^{(q)}$ 的概率为

$$Pr\left(\hat{\boldsymbol{s}}^{(q)}\right)=C_Q\exp\left(-\frac{1}{N_0}\left\|\boldsymbol{x}-\boldsymbol{R}\hat{\boldsymbol{s}}^{(q)}\right\|^2\right) \tag{7-210}$$

其中，归一化常数 C_Q 为

$$C_Q=\left\{\sum_{q=1,2,\cdots,Q}\exp\left(-\frac{1}{N_0}\left\|\boldsymbol{x}-\boldsymbol{R}\hat{\boldsymbol{s}}^{(q)}\right\|^2\right)\right\}^{-1} \tag{7-211}$$

且

$$\sum_{q=1,2,\cdots,Q}Pr\left(\hat{\boldsymbol{s}}^{(q)}\right)=1 \tag{7-212}$$

令 $\hat{\boldsymbol{b}}^{(q)}$ 为 $\hat{\boldsymbol{s}}^{(q)}$ 的比特级向量，$\hat{\boldsymbol{b}}^{(q)}$ 的元素为二进制数且大小为 $\bar{S}\times1$，$\bar{S}=N\mathrm{lb}(S)$。定义 $\hat{\boldsymbol{s}}^{(q)}=M\left(\hat{\boldsymbol{b}}^{(q)}\right)$，且 $M(\cdot)$ 为映射操作符。这样一来，$\hat{\boldsymbol{b}}^{(q)}$ 的概率可表述为

$$Pr(\hat{\boldsymbol{b}}^{(q)})=C_Q\exp\left(-\frac{1}{N_0}\left\|\boldsymbol{x}-\boldsymbol{R}M\left(\hat{\boldsymbol{b}}^{(q)}\right)\right\|^2\right) \tag{7-213}$$

则 $\hat{\boldsymbol{b}}^{(q)}$ 的第 i 个比特 $b_i\left(i=1,2,\cdots,\bar{S}\right)$ 的软 LLR 为

$$\Lambda\left(b_i\right)=\log\frac{\sum_{\hat{b}^{(q)}\in B_i^+}Pr\left(\hat{\boldsymbol{b}}^{(q)}\right)}{\sum_{\hat{b}^{(q)}\in B_i^-}Pr\left(\hat{\boldsymbol{b}}^{(q)}\right)} \tag{7-214}$$

其中，$\boldsymbol{B}_i^{\pm}=\left\{\left[b_1\ b_2\cdots b_{\bar{S}}\right]^{\mathrm{T}}\left|b_i=\pm1,b_m\in\{+1,-1\},\forall m\neq i\right.\right\}$。

（7）仿真结果

这里将讨论表长 Q 取不同值时格基法列表检测的 BER 性能。这里仅考虑 4×4 MIMO 系统且取 $N_1=N_2=2$ 的情况，并分别用 4-QAM、16-QAM、64-QAM 作为发出信号的调制方式。MIMO 信道矩阵中的元素均为随机产生的单位方差零均值独立球对称复高斯随机变量，而 SNR 的定义为每比特能量与噪声功率谱密度的比值，即 E_b/N_0。

图 7-9 给出了采用 4-QAM 调制方式，且表长 Q 分别为 1、2、4、8 时格基法列表检测的性能。可以看出，当 Q=8 时，格基法列表检测的性能已经非常接近 ML 的性能。图 7-10 中的曲线展现了采用 16-QAM 调制方式时格基法列表检测的性能。在这种情况下，当 Q=12 时，格基法列表检测能表现出与 ML 近似的性能，即当 BER=10^{-4} 时，格基法列表检测相对于 ML 的 SNR 损失已经小于 0.5 dB。根据式（7-188），μ 会随着 A 的增大而减小，因此可以选用更大的表长值来增大 A，从而提高检测的性能。图 7-11 给出了采用 64-QAM 调制方式时格基法列表检测的性能，此时格基法列表检测仍能以较低的复杂度实现接近 ML 的性能。当 BER=10^{-4}、Q=16 时，相对于 ML，格基法列表检测的 SNR 损失已经小于 0.5 dB。很明显，通常随着 SNR 增大，SNR 损失也增大，但采用足够长的表长（如 4-QAM 时为 8、16-QAM 为 12、64-QAM 时为 16），便可以将 SNR 的损失控制在较小范围内。从这里可以看出，表长起到了平衡性能与复杂度的作用。从表 7-7 可以看出，即使采用较大 Q 值，格基法列表检测的复杂度仍能保持在较低水平。

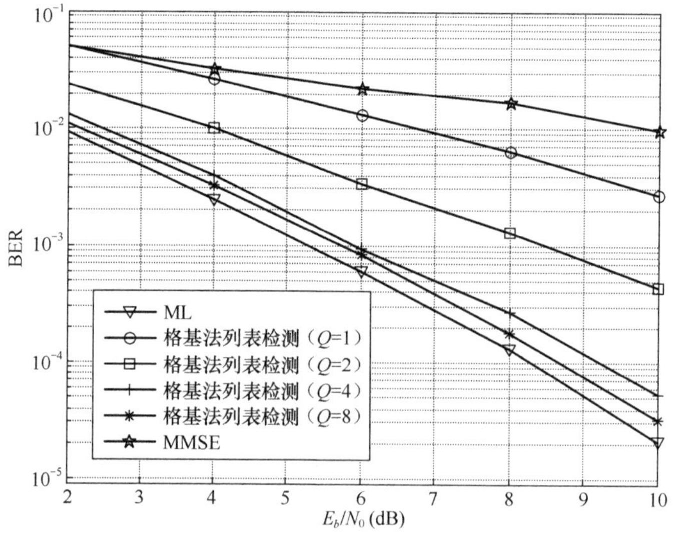

图 7-9　4-QAM 调制的 4×4 MIMO 系统（$N_1=N_2=2$）采用不同 MIMO 检测器时 BER 与 E_b/N_0 的对应关系

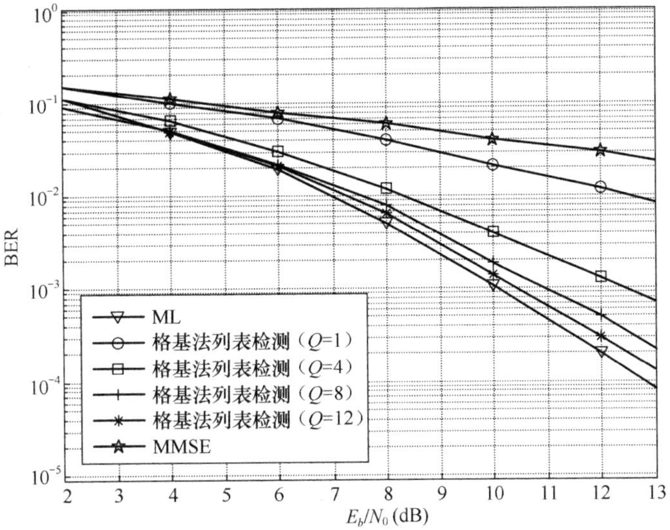

图 7-10 16-QAM 调制的 4×4 MIMO 系统（$N_1=N_2=2$）采用不同 MIMO 检测器时 BER 与 E_b/N_0 的对应关系

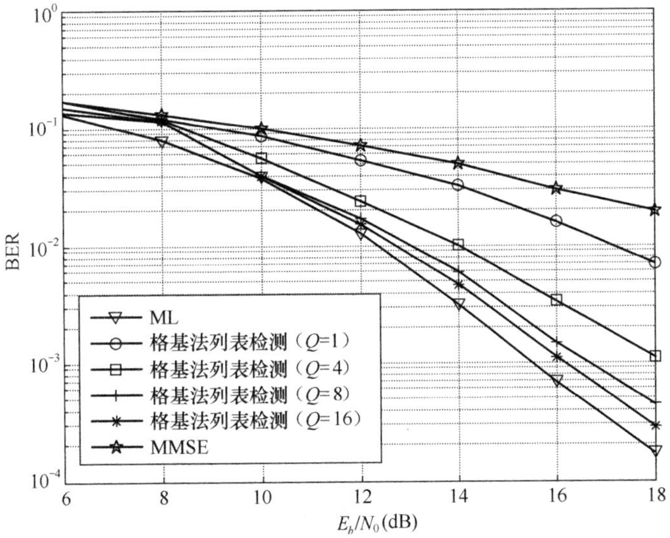

图 7-11 64-QAM 调制的 4×4 MIMO 系统（$N_1=N_2=2$）采用不同 MIMO 检测器时 BER 与 E_b/N_0 的对应关系

7.4 本章小结

在这一章中，我们详细阐述了格基规约法的原理以及其在 MIMO 检测中的应用。通过本章的论述可知，相对于传统检测器，基于格基规约的 MIMO 检测器能在复杂度接近线性检测器的同时提供完全的接收分集增益以及接近最优（ML）检测器的性能。

到此为止，本书介绍的低复杂度检测方法都是建立在接收天线数量大于或等于发射天线数量的基础之上。但是未编码 MIMO 系统并不能达到或接近系统的理论信道容量，为解决该问题，人们开始考虑比特交织编码调制（Bit-Interleaved Coded Modulation，BICM）系统。通过使用 BICM 系统，可将信道解码与信号检测进行联合迭代处理，进而进一步提高系统性能。第 8 章将介绍 BICM 系统迭代解码的基本原理以及低复杂度信号检测译码方法。

参考文献

[1] BAI L, LI Y, HUANG Q, et al. Spatial signal combining theories and key technologies[M]. Posts and Telecom Press, 2013: 183-236.

[2] GAN Y H, LING C, MOW W H. Complex lattice reduction algorithm for low- complexity full-diversity MIMO detection[J]. IEEE transactions on signal process, 2009, 57(7): 2701-2710.

[3] MOW W H. Universal lattice decoding: a review and some recent results[C]// IEEE International Conference on Communications, 2004, (5): 2842-2846.

[4] MA X, ZHANG W. Performance analysis for MIMO systems with lattice-reduction aided linear equalization[J]. IEEE transactions on communications, 2008, 56(2): 309-318.

[5] YAO H, WORNELL G W. Lattice-reduction-aided detectors for MIMO communication systems[C]// IEEE Global Telecommunications Conference, 2002, (1): 424-428.

[6] VITERBO E, BOUTROS J. A universal lattice code decoder for fading channels[J]. IEEE transactions on information theory, 1999, 45(1): 1639-1642.

[7] BABAI L. On Lovasz' lattice reduction and the nearest lattice point problem[J]. Combinatorica, 1986, (6): 1-13.

[8] WUBBEN D, BOHNKE R, KUHN V, et al. Near-maximum-likelihood detection of MIMO systems using MMSE-based lattice reduction[C]// IEEE International Conference on Communications, 2004, (2): 798-802.

[9] TAHERZADEH A M M, KHANDANI A K. LLL lattice-basis reduction achieves the maximum diversity in MIMO systems[C]// Proc. IEEE International Symposium on Information Theory, 2005: 1300-1304.

[10] MICCIANCIO D. The shortest vector in a lattice is hard to approximate to within some constant[C]// IEEE Foundations of Computer Science on 39th Annual Symposium, 1998: 92-98.

[11] LENSTRA A K, LENSTRA H W, LOVASZ L. Factoring polynomials with rational coefficients[J]. Mathematische annalen, 1982, 261(4): 515-534.

[12] CHOI J, ADACHI F. User selection criteria for multiuser systems with optimal and suboptimal LR based detectors[J]. IEEE transactions on signal process, 2010, 58(10): 5463-5468.

[13] LING C. Towards characterizing the performance of approximate lattice decoding in MIMO communications[C]// IEEE International Conference Source Channel Coding, 2006: 1-6.

[14] DAUDKE H, VALLKEE B. An upper bound on the average number of iterations of the LLL algorithm[J]. Theoret computer science, 1994, (123): 95-115.

[15] LING C, GRAHAM N H. Effective LLL reduction for lattice decoding[J]. IEEE international symposium information theory, 2007: 196-200.

[16] CHOI J. On the partial MAP detection with applications to MIMO channels [J]. IEEE transactions on signal process, 2005, 53(1): 158-167.

[17] DAVIS L M. Scaled and decoupled cholesky and QR decompositions with application to spherical MIMO detection[J]. IEEE wireless communications and networking conference, 2003, (1): 326-331.

[18] GOLUB G H, LOAN C F V. Matrix computations[M]. 3rd ed. Baltimore: John Hopkins University Press, 1996.

[19] SINGH C K, PRASAD S H, BALSARA P T. VLSI architecture for matrix inversion using modified Gram-Schmidt based QR decomposition[C]//IEEE International Conference VLSI Design, 2007: 836-841.

[20] SINGH C K, PRASAD S H, BALSARA P T. A fixed-point implementation for QR decomposition[C]//IEEE Design, Application, Integration and Software on Dallas/ CAS Workshop, 2006: 75-78.

[21] BJORCK A, PAIGE C. Loss and recapture of orthogonality in the modified Gram-Schmidt algorithm[J]. Society for industrial and applied mathematics, 1992, 13(1): 176-190.

[22] BORGMANN M, BOLCSKEI H. Interpolation-based efficient matrix inversion for MIMO-OFDM receivers[C]// IEEE Signals, Systems and Computers on Asilomar Conference, 2004, (2): 1941-1947.

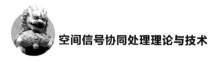

第 8 章

高性能低复杂度迭代信号检测与译码技术

在本章，我们将对常规的 MIMO 信号检测方法进行介绍，并以此引出比特交织编码调制（Bit-Interleaved Coded Modulation，BICM）系统迭代解码的基本原理及最优的最大后验概率（Maximum A Posterior Probability，MAP）迭代信号处理检测方法，在此基础上，为避免 MAP 检测所具有的指数增长复杂度，本章提出了基于随机采样的部分比特级 MMSE 滤波器检测方法，并与 MAP 方法及其他低复杂度信号检测方法进行对比分析。

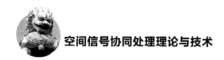

8.1 迭代信号检测与译码接收机结构

本节将引入 MIMO 系统模型，并以此提出传统检测技术以及本章重点研究的迭代解码检测技术。

8.1.1 MIMO 系统模型

假设一个 MIMO 系统有 N_t 根发送天线以及 N_r 根接收天线，如图 8-1 所示。

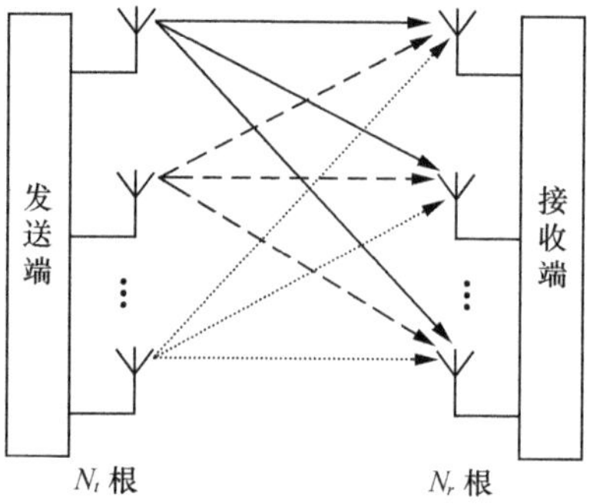

图 8-1 MIMO 系统模型

令 $\boldsymbol{H}$ 表示 $N_r \times N_t$ 的信道矩阵，h_{ij}、s_j、w_i 和 y_i 分别表示从第 j 根发射天线到第 i 根接收天线的信道增益、第 j 根发射天线发射的信号、第 i 根接收天线的加性噪声和第 i 根接收天线接收的信号。则利用矩阵乘法可表示的接收信号矢量为

$$\boldsymbol{y} = \left[y_1 y_2 \cdots y_N\right]^{\mathrm{T}} = \boldsymbol{H}\boldsymbol{s} + \boldsymbol{w} \tag{8-1}$$

在 AWGN 信道中，接收噪声矢量 $\boldsymbol{w}$ 被假设成零均值的 CSCG 随机矢量[1]，均值为 $\mathrm{E}\left[\boldsymbol{w}\boldsymbol{w}^{\mathrm{H}}\right] = N_0\boldsymbol{I}$，协方差矩阵为 $\boldsymbol{R}$，即 $\boldsymbol{w} \sim CN(0,\boldsymbol{R})$。

8.1.2 MIMO 传统检测技术

由式（8-1）可知，对 MIMO 信号进行检测，即要解决在确定的接收信号向量 $\boldsymbol{y}$ 以及信道矩阵 $\boldsymbol{H}$ 条件下，用何种方法估计未知的发送信号向量 $\boldsymbol{s}$。

最优检测算法即为最大似然（Maximum Likelihood，ML）检测。ML 算法是通过对所有可能的发送信号进行穷尽检索，并计算响应的似然函数值来完成，因此检测出的信号是星座图上最接近于发射点的信号，这是目前能达到最优检测结果的技术，但因为它的计算复杂度随发射天线数量呈指数级增长，计算代价太大，应用起来非常困难。

为了降低检测的复杂度，可以考虑利用线性滤波完成检测过程。在线性 MIMO 信号检测中，引入线性滤波器对接收信号 $\boldsymbol{y}$ 进行滤波，实现干扰信号分离，这样可以保证对各个发送信号量进行加权检测。而根据判断准则的不同，线性检测算法主要包括 ZF 检测和 MMSE 检测。ZF 算法把来自于每个发送天线的信号当作希望得到的信号，而剩下的部分当作干扰，所以能够完全禁止各天线之间的互扰。MMSE 检测是指将实际传输的信号和检测出的信号之间均方误差保持最小。MMSE 检测其实是在噪声放大和干扰抑制之间权衡的结果。线性检测算法虽然计算原理简单，复杂度集中在对信道矩阵求逆运算上。但是性能较差，通常不单独使用。

在非线性检测中，本章只对串行干扰消除（Successive Interference Cancellation，SIC）进行介绍。串行干扰消除在检测到干扰信号波形时，一次一个地将干扰从接收信号中去除。其主要思想是对接收信号进行递归估计，也就是先选择一种线性检测算法（ZF 算法或 MMSE 算法）对一个发射天线上的发送符号进行检测，然后抵消该信号对其他天线上信号的干扰，再逐个对各个发射天线上的发送信号进行线性检测、干扰抵消，直到估计出全部的发送符号。

虽然线性检测器（ZF、MMSE）复杂度较低，但是其性能不能达到理想的效果，即使使用 SIC 方法能够在一定程度上提高线性检测器（ZF、MMSE）的性能，但与 ML 相比差距仍然较大。

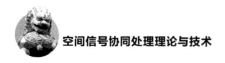

8.1.3 MIMO-IDD 技术

为了在接近信道容量的数据速率下获得良好的性能，BICM 技术可以用于 MIMO 信道，这就是 MIMO-BICM 系统。

1. BICM-ID 系统

先假设一个信道编码信号在通过有噪信道传输后，被接收机接收为未编码信号。而对信号进行均衡或者解调，再进行信道译码器信道解码。为了提升这个过程的系统性能，我们可以考虑利用反馈设计迭代接收机。因为迭代接收机中的随机比特交织器作用很大，使用也将此传输方案称作 BICM 结构。图 8-2 给出了 BICM 接收机的主要结构，由一个 SISO 均衡器（或解调器）、一个 SISO 解码器、一个比特交织器和一个解交织器组成。当此迭代机接收到信号后，首先由 SISO 均衡器计算信号的先验信息，再进行解交织，进入 SISO 解码器。解码后的比特信息接着反馈到信道均衡器以进一步抑制噪声和衰落，从而使均衡器在下一次迭代时提供给信道解码器的信息可信度更高。如此反复直到完全抑制噪声和衰落，再将最佳的均衡信号提供给信道解码器，从而达到最佳性能。

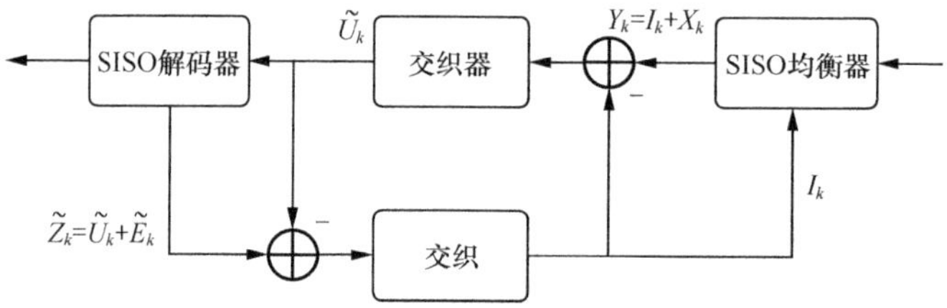

图 8-2　BICM 接收机结构示意

在式（8-1）基础上，引入时间变量 t，则平坦衰落信道上接收的离散时间基带信号为

$$y_t=h_t s_t+w_t \tag{8-2}$$

假设均衡器和解码器直接发生了 q 次迭代，此时的 SISO 均衡器输出即为

$$Y_q=I_q+X_q \tag{8-3}$$

其中，I_q 表示信道解码得到的外部数据，X_q 表示接收信号的数据。在多数情况下，X_q 依赖于 I_q。

同时，信道解码器的输出为

$$\tilde{Z}_q=\tilde{U}_q+\tilde{E}_q \tag{8-4}$$

其中，$\tilde{U}_q$ 为信道解码器接收的信息，$\tilde{E}_q$ 为从信道解码器得到的额外信息。带有"~"符号表示解交织后的信息，没有此符号则表示交织后的信息。由图 8-1 可知，$\tilde{U}_q$ 按式（8-3）变成 X_q。

$$\begin{cases} U_q = Y_q - I_q = X_q \\ \tilde{U}_k = \bar{X}_k \end{cases} \tag{8-5}$$

则下一次迭代时，有

$$\begin{cases} I_{k+1} = E_k \\ \tilde{Z}_{k+1} = \bar{X}_{k+1} + \tilde{E}_{k+1} \end{cases} \tag{8-6}$$

所以编码比特的外部信息就可以在 SISO 均衡器和 SISO 解码器之间交换，从而提高系统性能。

接下来定义 X_q、I_q、Y_q。对于 SISO 均衡器，Y_q 表示对数后验概率，X_q、I_q 分别表示对数似然比和先验概率对数比。对 s_t 中给定的一个比特 b 和接收信号 y_t，有

$$\underbrace{\log\frac{Pr\left(b=+1\middle|y_t\right)}{Pr\left(b=+1\middle|y_t\right)}}_{=Y} = \underbrace{\log\frac{Pr\left(y_t\middle|b=+1\right)}{Pr\left(y_t\middle|b=-1\right)}}_{=X} + \underbrace{\log\frac{Pr\left(b=+1\right)}{Pr\left(b=-1\right)}}_{=I} \tag{8-7}$$

紧接着，按此方法定义在给定一个符号和一个有噪信道下的接收信号中的 X_q、I_q、Y_q。此时引入 MAP 检测算法。MAP 算法的主要思想是通过发送比特的先验信息和似然函数，使接收信号比特的后验概率最大化，从而得到最优的性能。按照式（8-7）的模型方法，将 MAP 检测应用到 SISO 均衡中，并设 $b_t(m)$ 为 s_t 映射中第 m 个最重要的比特，则 MAP 均衡器的输出后验概率（LAPP）为

$$L\left(b_t\left(m\right)\right) = \log\frac{Pr\left(b_t\left(m\right)=+1\middle|y_t\right)}{Pr\left(b_t\left(m\right)=-1\middle|y_t\right)} \tag{8-8}$$

则令 $P_r(b_t(m))$ 表示先验概率（APRP），信道编码器的输入对数似然比例（LLR）为

$$\begin{aligned} LLR\left(b_t\left(m\right)\right) = \log\frac{f\left(y_t\middle|b_t\left(m\right)=+1\right)}{f\left(y_t\middle|b_t\left(m\right)=-1\right)} &= \\ \log\frac{Pr\left(b_t\left(m\right)=+1\middle|y_t\right)/Pr\left(b_t\left(m\right)=+1\right)}{Pr\left(b_t\left(m\right)=-1\middle|y_t\right)/Pr\left(b_t\left(m\right)=-1\right)} &= \\ L\left(b_t\left(m\right)\right) - \log\frac{Pr\left(b_t\left(m\right)=+1\right)}{Pr\left(b_t\left(m\right)=-1\right)} & \end{aligned} \tag{8-9}$$

2. 最优 MAP 检测

在传统的接收装置中，MIMO-BICM 信号可以通过 SIC 检测接收，但不能完全利用 BICM 系统提供的编码增益。因此，基于 Turbo 原则，可以使用迭代解码检测（Iterative Decoding and Detection，IDD）提高系统性能。在 MIMO-BICM-ID 接收机中，MIMO 检测器首先将编码比特的软判决提供给 SISO 信道译码器，SISO 信道译码器进行软解码后，将比特外信息反馈给 MIMO 检测器。该信息在随后的迭代中被 MIMO 检测器作为传输数据符号的先验信息加以利用。所以这时 MIMO-BICM-ID 提高系统性能的主要因素就是可以通过迭代利用在检测器和解码器之间交换的软比特外在信息。

而在 MIMO-BICM-ID 中，MAP 检测可以获得最优的检测性能。

MIMO 信道迭代接收机结构如图 8-3 所示，迭代机的原理等同于前文讨论的 BICM-ID 系统的原理，而模型采用式（8-1）的系统模型。

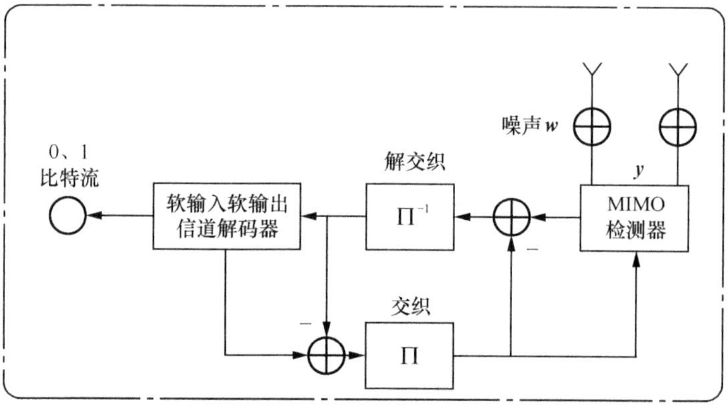

图 8-3　MIMO 信道迭代接收机示意

假设 BICM 使用随机比特交织器，使用码率为 R_c 的卷积编码。卷积编码后将连续多组 M 个（已交织）编码比特 $\{b_{k,1},b_{k,1},\cdots,b_{k,M}\}$ 调制成 2^M 进制的发送信号 s_k，并通过第 k 个发射天线发射，其中，$b_{k,1}\in\{\pm1\}$ 表示 s_k 的第 l 个比特。由于随机比特交织的性质，我们假设 s_k 与 $b_{k,l}$ 均相互独立。

如图 8-3 所示，MIMO 检测器首先对接收信号的编码比特进行软判决，并提供给 SISO 信道译码器，SISO 信道译码器进行软解码后，反馈比特外部信息至 MIMO 检测器。该信息在随后的迭代中将以传输符号的先验信息参与 MIMO 检测器的检测。

利用 MAP 检测，可以知道 $b_{k,l}$ 个比特的精确软信息 LLR 为

$$L_E\left(b_{k,l}\right)=\log\frac{\sum\limits_{s\in S_{k,l}^{+}}Pr\left(\boldsymbol{s}|\boldsymbol{y}\right)}{\sum\limits_{s\in S_{k,l}^{-}}Pr\left(\boldsymbol{s}|\boldsymbol{y}\right)}-L_A\left(b_{k,l}\right) \tag{8-10}$$

其中，$s_{k,l}^{\pm}$ 表示满足 s_k 的第 l 个比特是 ±1 的 S^{N_t} 的子集，$L_A\left(b_{k,l}\right)=\log\frac{Pr\left(b_{k,l}=+1\right)}{Pr\left(b_{k,l}=-1\right)}$ 表示 SISO 译码器提供的先验信息的 LAPRP，$Pr\left(b_{k,l}|\boldsymbol{y}\right)$ 表示 $b_{k,l}$ 的 LAPP，$Pr\left(\boldsymbol{s}|\boldsymbol{y}\right)$ 表示给定 $\boldsymbol{y}$ 时 $\boldsymbol{s}$ 的 APPs。

令

$$L_{\text{app}}\left(b_{k,l}\right)\triangleq\log\frac{\sum\limits_{s\in S_{k,l}^{+}}Pr\left(\boldsymbol{s}|\boldsymbol{y}\right)}{\sum\limits_{s\in S_{k,l}^{-}}Pr\left(\boldsymbol{s}|\boldsymbol{y}\right)} \tag{8-11}$$

由于噪声 $\boldsymbol{w}$ 为 CSCG 向量，根据贝叶斯准则，有

$$L_{\text{app}}\left(b_{k,l}\right)=\log\frac{\sum\limits_{s\in S_{k,l}^{+}}\mathrm{e}^{-\frac{1}{N_0}\|\boldsymbol{y}-\boldsymbol{H}\boldsymbol{s}\|}Pr_{\text{api}}\left(\boldsymbol{s}\right)}{\sum\limits_{s\in S_{k,l}^{-}}\mathrm{e}^{-\frac{1}{N_0}\|\boldsymbol{y}-\boldsymbol{H}\boldsymbol{s}\|}Pr_{\text{api}}\left(\boldsymbol{s}\right)} \tag{8-12}$$

其中，

$$Pr_{\text{api}}\left(\boldsymbol{s}\right)=\exp\left(\frac{1}{2}\sum_{k=1}^{N_t}\sum_{l=1}^{M}b_{k,l;\boldsymbol{s}}L_A\left(b_{k,l;\boldsymbol{s}}\right)\right) \tag{8-13}$$

且该式中的 $b_{k,l;s}$ 表示给定 $\boldsymbol{s}$ 时第 (k,l) 个比特。

再令

$$\boldsymbol{s}_{k,l}^{\pm}=\arg\max_{s\in S_{k,l}^{\pm}}\left\{-\frac{1}{N_0}\|\boldsymbol{y}-\boldsymbol{H}\boldsymbol{s}\|^2+\sum_{k=1}^{N_t}\sum_{l=1}^{M}b_{k,l;\boldsymbol{s}}L_A\left(b_{k,l}\right)\right\} \tag{8-14}$$

由 $L_{k,l}^{\pm}\triangleq-\frac{\left\|\boldsymbol{y}-\boldsymbol{H}\boldsymbol{s}_{k,l}^{\pm}\right\|^2}{N_0}+\sum\limits_{k=1}^{N_t}\sum\limits_{l=1}^{M}b_{k,l;\boldsymbol{s}_{k,l}^{\pm}}L_A\left(b_{k,l}\right)$，便可将式（8-10）的最大对数约数改写为

$$L_E\left(b_{k,l}\right)\approx\frac{1}{2}\left(L_{k,l}^{+}-L_{k,l}^{-}\right)-L_A\left(b_{k,l}\right) \tag{8-15}$$

从式（8-12）和式（8-15）均可看出，MAP 计算具有指数级增长的复杂度，这是目前这种检测方法最大的障碍。而针对这种情况，目前有两套比较完善的

处理技术，也就是基于随机采样的检测译码技术和基于比特滤波的检测译码技术，具体将在下面两节进行介绍。

| 8.2 基于比特级滤波的检测译码技术 |

在 8.1 节，我们介绍了 MAP 检测技术，可以获得最优的检测性能，但是，考虑到其算法复杂度呈指数级增长，人们开始研究一些基于 IDD 的低复杂度检测算法。本节我们介绍基于比特级 MMSE 滤波器的检测方法。

8.2.1 基于 LR 的比特级 MMSE 滤波器设计

根据 8.1 节的系统模型，考虑到将调制星座图分成两个子集，也就是 $S_{k,l}^{+}$ 和 $S_{k,l}^{-}$，分别表示为第 k 个符号的第 l 个比特分别是 +1 或 –1 的集合，所以我们可以通过结合 IDD 中 SISO 解码器生成的先验信息（A Priori Information，API）来设计基于 LR 的比特级 MMSE 滤波器，以此估计 $\boldsymbol{s}_{k,j}^{\pm}$。

对于 $b_{k,l}$，可定义

$$\tilde{S}_{k,l}^{\pm}=\left\{\tilde{\boldsymbol{s}}\middle|\tilde{\boldsymbol{s}}\in\tilde{S}^{N_t},b_{k,l;\tilde{s}}=\pm1\right\} \tag{8-16}$$

$$U_{k,l}^{\pm}=\left\{\boldsymbol{u}\middle|\boldsymbol{u}\in T^{-1}\tilde{\boldsymbol{s}},\quad \tilde{\boldsymbol{s}}\in\tilde{S}^{N_t},\quad b_{k,l;\tilde{s}}=\pm1\right\} \tag{8-17}$$

在给定 $b_{k,l}$ 的情况下，有 $\boldsymbol{u}$ 的统计信息为

$$\boldsymbol{u}_{k,l}^{\pm}=\boldsymbol{T}^{-1}\tilde{\boldsymbol{s}}_{k,l}^{\pm} \tag{8-18}$$

$$\boldsymbol{m}_{k,l}^{\pm}=\mathrm{E}\{\boldsymbol{u}_{k,l}^{\pm}\}=\boldsymbol{T}^{-1}\mathrm{E}\{\tilde{\boldsymbol{s}}_{k,l}^{\pm}\} \tag{8-19}$$

$$\boldsymbol{R}_{k,l}^{\pm}=\mathrm{Cov}(\boldsymbol{u}_{k,l}^{\pm},\boldsymbol{u}_{k,l}^{\pm})=\boldsymbol{T}^{-1}\mathrm{Cov}(\tilde{\boldsymbol{s}}_{k,l}^{\pm},\tilde{\boldsymbol{s}}_{k,l}^{\pm})\boldsymbol{T}^{-H} \tag{8-20}$$

同时，假设 $\boldsymbol{s}_{k,j}^{\pm}$ 为如下随机向量。

$$\tilde{\boldsymbol{s}}_{k,j}^{\pm}\in\{[\tilde{s}_1,\cdots,\tilde{s}_{k-1},\tilde{s}_{k,j}^{\pm},\tilde{s}_{k+1},\cdots,\tilde{s}_{N_t}]^T\} \tag{8-21}$$

其中，$\tilde{s}_{k,j}^{\pm}$ 是 $\tilde{\boldsymbol{s}}_{k,j}^{\pm}$ 的第 k 个元素，$\tilde{\boldsymbol{s}}_{k,j}^{\pm}$ 由 $\tilde{S}$ 的第 l 个元素为 –1 符号的子集组成。为了得到$\tilde{\boldsymbol{s}}_{k,j}^{\pm}$的估计，令 LR-MMSE 滤波后的 $\boldsymbol{u}_{k,j}^{\pm}$ 估计为

$$\hat{\boldsymbol{u}}_{k,l}^{\pm}=\boldsymbol{W}_{k,l}^{\pm}(\tilde{\boldsymbol{y}}-\boldsymbol{G}\boldsymbol{m})+\boldsymbol{m}_{k,l}^{\pm} \tag{8-22}$$

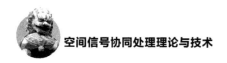

此处，$\boldsymbol{W}_{k,l}^{\pm}$ 表示对于检测 $\tilde{\boldsymbol{s}}_{k,j}^{\pm}$ 的 LR-MMSE 滤波矩阵。假设接收信号为 $\tilde{\boldsymbol{y}}=\boldsymbol{G}\boldsymbol{u}_{k,l}^{\pm}+\boldsymbol{w}$，其中 $\boldsymbol{u}_{k,l}^{\pm}$ 为需要估计和检测的向量。所以，在使用 MMSE 准则时，令 $\dfrac{\partial \mathrm{E}\left\{\left\|\boldsymbol{u}_{k,l}^{\pm}-\hat{\boldsymbol{u}}_{k,l}^{\pm}\right\|\right\}}{\partial \boldsymbol{W}_{k,l}^{\pm}}=0$，整理可得

$$\boldsymbol{W}_{k,l}^{\pm}=\boldsymbol{R}_{k,l}^{\pm}\boldsymbol{G}^{\mathrm{H}}\left(\boldsymbol{G}\boldsymbol{Q}_{k,l}^{\pm}\boldsymbol{G}^{\mathrm{H}}+N_0\boldsymbol{I}\right)^{-1} \tag{8-23}$$

最后得 $\tilde{\boldsymbol{s}}_{k,j}^{\pm}$ 估计为

$$\tilde{\boldsymbol{s}}_{k,j}^{\pm}=\alpha\boldsymbol{Q}_{\tilde{S}_{k,l}^{\pm}}\left\{\left\lfloor \boldsymbol{T}\hat{\boldsymbol{u}}_{k,l}^{\pm}\right\rceil\right\}-\alpha\beta\boldsymbol{1} \tag{8-24}$$

上述的比特级滤波器因为对每个比特都需要进行矩阵求逆运算，所以具有较高的算法复杂度。需要注意，当 API 足够可信时，$\boldsymbol{R}=\mathrm{E}\left\{\boldsymbol{u}\boldsymbol{u}^{\mathrm{H}}\right\}-\boldsymbol{m}\boldsymbol{m}^{\mathrm{H}}$ 可以用来估计 $\boldsymbol{Q}_{k,l}^{\pm}$，同时，第一次迭代时 $\boldsymbol{R}$ 和 $\boldsymbol{Q}_{k,l}^{\pm}$ 相同，这时可以不使用 API 信息，所以可以用 $\boldsymbol{R}$ 来估计 $\boldsymbol{Q}_{k,l}^{\pm}$。而 $\boldsymbol{R}$ 和 $\{k,l\}$ 相互独立，所以使用 $\boldsymbol{R}$ 比 $\boldsymbol{Q}_{k,l}^{\pm}$ 或传统软消除的滤波矩阵生成方法更具优势。此时，我们将基于 LR 的滤波法定义为 LR-IDD-2，而将式（8-22）中的比特级 LR-MMSE 滤波法定义为 LR-IDD-1。

下面将介绍 LR-IDD-2 的列表生成方法。

8.2.2 整体扰动列表生成

这种在 LR 域上的低复杂度列表生成方法，其核心思想就是对估计的判决做出整数扰动，从而改善比特级 LR-MMSE 滤波的性能。令 $\dot{\boldsymbol{u}}_{k,j}^{\pm}=\boldsymbol{T}^{-1}Q_{\tilde{S}_{k,l}^{\pm}}\left\{\left\lfloor \boldsymbol{T}\hat{\boldsymbol{u}}_{k,l}^{\pm}\right\rceil\right\}$，并用球形译码估计 $\boldsymbol{u}_{k,l}^{\pm}$ 的最优候选解集合为

$$C_{\boldsymbol{u}_{k,j}^{\pm}}=\left\{\tilde{\boldsymbol{u}}_{k,l}^{\pm}:\left\|\tilde{\boldsymbol{u}}_{k,l}^{\pm}-\dot{\boldsymbol{u}}_{k,l}^{\pm}\right\|_{\boldsymbol{G}^{\mathrm{H}}\boldsymbol{G}}^{2}<r\right\} \tag{8-25}$$

此处预定义搜索半径 r。由于使用格基规约导致 $\boldsymbol{G}$ 接近正交，所以 $\boldsymbol{G}^{\mathrm{H}}\boldsymbol{G}$ 接近对角阵，所以 $C_{\boldsymbol{u}_{k,j}^{\pm}}$ 可以近似表达为

$$C_{\boldsymbol{u}_{k,j}^{\pm}}=\{\tilde{\boldsymbol{u}}_{k,l}^{\pm}:\left\|\tilde{\boldsymbol{u}}_{k,l}^{\pm}-\dot{\boldsymbol{u}}_{k,l}^{\pm}\right\|^{2}<r\} \tag{8-26}$$

对于检测半径 $r<\sqrt{2}$，当量化误差在可接受的范围内时，这个半径是足够大的，$C_{\boldsymbol{u}_{k,j}^{\pm}}$ 中的元素可以仅通过在每个维度上增加或减小 $\dot{\boldsymbol{u}}_{k,l}^{\pm}$ 的值来得到。

令列表长度为

$$K=4\sum_{m=1}^{M}N_m \tag{8-27}$$

此处，$N_m \in \{0,1,2\}$，$M \in Z^+$ 且 $M \leqslant N_t$。令 $\left[\dot{\boldsymbol{u}}_{k,l}^{\pm}\right]_m$ 为 $\dot{\boldsymbol{u}}_{k,l}^{\pm}$ 中的第 m 个元素。所得的列表生成算法如下。

① 计算 $\boldsymbol{G}$ 各列的欧几里得模，其中 M 个最短列向量的集合为

$$G=\left\{\boldsymbol{g}^{(1)},\boldsymbol{g}^{(2)},\cdots,\boldsymbol{g}^{(M)}\right\} \tag{8-28}$$

其中，$\boldsymbol{g}^{(m)}$ 表示 $\boldsymbol{G}$ 的第 m 个最短列向量。

② 令

$$\begin{gathered}\left\{P_1,P_2,\cdots,P_8\right\}=\left\{1,-1,j,-j,1+j,1-j,-1+j,-1-j\right\}\\ \dot{\boldsymbol{s}}_{k,l}^{\pm}=Q_{\tilde{S}_{k,l}^{\pm}}\left\{\left\lfloor \boldsymbol{T}\hat{\boldsymbol{u}}_{k,l}^{\pm}\right\rceil\right\}\end{gathered} \tag{8-29}$$

对于 $\boldsymbol{g}^{(m)}$，$1 \leqslant m \leqslant M$，$N_m \in \{0,1,2\}$ 且 $1 \leqslant j \leqslant 4N_m$，附加候选解为

$$\dot{\boldsymbol{s}}_{k,l}^{(\pm,m,j)}=Q_{\tilde{S}_{k,l}^{\pm}}\left\{\boldsymbol{s}_{k,l}^{\pm}+[T]_m\left(P_j+\left[\dot{\boldsymbol{u}}_{k,l}^{\pm}\right]_m\right)\right\} \tag{8-30}$$

其中，$[\boldsymbol{T}]_m$ 代表 $\boldsymbol{T}$ 的第 m 列。

③ 令

$$\tilde{\boldsymbol{A}}_{k,l}^{(\pm,K)}=\dot{\boldsymbol{s}}_{k,l}^{\pm}\bigcup\{\dot{\boldsymbol{s}}_{k,l}^{(\pm,m,n)}\}=\{\boldsymbol{s}_{k,l}^{(\pm,1)},\boldsymbol{s}_{k,l}^{(\pm,2)},\cdots,\boldsymbol{s}_{k,l}^{(\pm,K+1)}\} \tag{8-31}$$

定义

$$L_{k,l}^{(\pm,K)}=\max_{s\in S_{k,l}^{\pm,K}}\left\{-\frac{1}{N_0}\|\boldsymbol{y}-\boldsymbol{H}\boldsymbol{s}\|^2+\sum_{k=1}^{N_t}\sum_{l=1}^{M}b_{k,l;s}L_A(b_{k,l})\right\} \tag{8-32}$$

可得 $b_{k,l}$ 的 LLR 估计为

$$L_E(b_{k,l})\approx\frac{1}{2}(L_{k,l}^{+}-L_{k,l}^{-})-L_A(b_{k,l}) \tag{8-33}$$

这种算法的优点在于，这些不同比特的 LLR 可以同时获得，从而可以实现比特级 LR-MMSE 的并行计算，而由于信道矩阵在格基规约后变得接近正交，所以单维整数扰动可以得到满足 $r \geqslant \sqrt{2}$ 的附加候选解，从而在较低的计算复杂度下接近最优性能。同时，如果没有进行 LR，在检测半径小的情况下，上述列表生成算法的性能会严重下降，这主要是因为格基向量可能不是接近正交的。

最后，为了得到 LR-IDD-1 的 MMSE 滤波矩阵，需要对每个比特单独进行一次矩阵求逆，这对每个比特需要 $O\left(N_t^3\right)$ 的复杂度。相反，LR-IDD-2 在寻找 LR-MMSE 滤波器时，因为 $\boldsymbol{R}$ 和（k,l）相互独立，所以只需要一次矩阵——向量乘法来估计 $\boldsymbol{s}_{k,l}^{\pm}$，因此计算复杂度主要取决于得到 $\boldsymbol{R}_{k,l}^{+}$ 的过程，而 $\mathrm{Cov}(\tilde{\boldsymbol{s}}_{k,l}^{\pm},\tilde{\boldsymbol{s}}_{k,l}^{\pm})$ 是对角阵，这个过程只需要一次矩阵乘法的复杂度，所以整体的复杂度比 LR-IDD-1 要小得多。

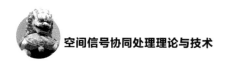

| 8.3　基于随机采样的检测译码技术 |

在 8.2 节中，我们介绍了比特级 MMSE 滤波器检测算法，但是，由于该算法中引入了矩阵求逆运算，导致其计算复杂度为 $O\left(MN_t^4\right)$。本节中，我们介绍另一种具有更低计算复杂度的基于 IDD 的信号检测方法，即基于随机采样的检测译码方法。该算法可在 LR 域内通过采用随机抽样的方式抽样出一组具有高 APP 的候选向量列表，从而可依据式（8-15）进行低复杂度信号检测。

8.3.1　系统模型

假定系统装备 N_t 个发射天线和 N_r 个接收天线并令 $\boldsymbol{H}$ 和 L 分别代表信道矩阵和数据块的长度。假设 L 充分小，因此，信道矩阵 $\boldsymbol{H}$ 在数据块持续时间内便可看作是不变的（即 MIMO 信道为快衰落 MIMO 信道）。那么，第 l 个接收信号可表示为

$$\boldsymbol{y}_l = \boldsymbol{H}\boldsymbol{s}_l + \boldsymbol{w}_l, \quad l = 0,1,\cdots,L-1 \tag{8-34}$$

其中，$\boldsymbol{s}_l$ 为第 l 个数据符号矢量，$\boldsymbol{w}_l \sim CN\left(0,\sigma_n^2\boldsymbol{I}\right)$ 为零均值、协方差矩阵为 $\sigma_n^2\boldsymbol{I}$ 的 CSCG 噪声。对于 MIMO-BICM 发射机而言，与 8.2 节的设定相同，我们也假设 MIMO-BICM 发射机采用随机比特交织器，信道编码则使用码率为 R_c 的卷积编码。卷积编码后，连续多组 M 个（已交织）编码比特 $\left\{b_{k,1},b_{k,2},\cdots,b_{k,M}\right\}$ 分别被调制成 2^M 进制的发送信号 s_k，并通过第 k 个发射天线发射，这里的 $b_{k,l}\in\left\{\pm 1\right\}$ 是指 s_k 的第 l 个比特。发射符号 $\boldsymbol{s}$ 由 N_tM 个编码比特组成。由于使用了随机比特交织，因此，假设 s_k 相互独立，$b_{k,l}$ 也相互独立。

8.3.2　基于非 IDD 系统的随机抽样检测

对于接收机，由式（7-45）所示的基于 LR 的系统模型，对格基规约后的信道矩阵 $\boldsymbol{G}$ 进行 QR 分解为

$$\boldsymbol{G}=\boldsymbol{Q}\boldsymbol{R} \tag{8-35}$$

其中，$\boldsymbol{Q}$ 是酉矩阵，$\boldsymbol{R}$ 是上三角矩阵。对式（7-45）中的 $\boldsymbol{y}$ 左乘 $\boldsymbol{Q}^{\mathrm{H}}$，根据式（8-35），有

$$\boldsymbol{u}=\boldsymbol{R}\boldsymbol{c}+\boldsymbol{w} \tag{8-36}$$

由式（8-36）可知，最后一个符号 C_{N_r} 为第一个被检测的符号，即 $\hat{c}_{N_r}=\lceil u_{N_r}/r_{N_r,N_r}\rfloor$。然后当检测 c_{N_r-1} 时，便会将检测结果 $\hat{c}_{N_r}$ 代入以消除 u_{N_r-1} 中的干扰项。持续该过程直到第一个符号被检测出来。也就是说，第 i 个符号的 SIC 检测可表述为

$$\hat{c}_i=\lceil (u_i-\sum_{j=i+1}^{N_t} r_{i,j}\hat{c}_j)/r_{i,i}\rfloor \tag{8-37}$$

其中，$i=N_r,N_{r-1},\cdots,1$。检测完符号 $\boldsymbol{c}$ 之后，便可得到 $\tilde{\boldsymbol{s}}=\boldsymbol{T}\hat{\boldsymbol{c}}$。

式（8-37）所示的取整操作方法实际上是在 LR 域上寻找最近的格基。文献 [2] 针对非迭代接收机提出了一种递归形式的随机抽样 SIC 方法，以代替式（8-37）中在 LR 域的取整操作。为了便于理解，文献 [3] 将该随机算法总结成了非递归的形式，并对该算法进行了修正，见表 8-1。令 $v_i=(u_i-\sum_{j=i+1}^{N_r} r_{i,j}\hat{c}_j)/r_{i,i}$，表 8-1 中的函数 $\text{Rand\_Round}_{ri}(v_i)$ 可根据离散高斯分布随机地将 v_i 抽样为整数 R。此时，随机抽样算法便可根据式（8-38）所示的分布随机地抽样到一个接近 $\boldsymbol{u}$ 的格基，从而提高信号检测的正确率。

$$Pr_{\text{Cond},i}\left(R=r\right)=\frac{\mathrm{e}^{-\gamma_i(v_i-r)^2}}{\sum_{r=-\infty}^{+\infty}\mathrm{e}^{-c(v_i-r)^2}} \tag{8-38}$$

表 8-1　文献 [4] 中基于 SIC 的随机抽样算法

函数 Rand_SIC$\rho(u,R)$;
① for $i=N_t$ to 1 do
② $\quad c_i\leftarrow r_{i,i}^2\log\rho\Big/\min\limits_{1\le i\le N_t}\lvert r_{i,i}^2\rvert^2$
③ $\quad \hat{c}_j\leftarrow Rand\_Round_{c_i}((u_i-\sum_{j=i+1}^{N_t} r_{i,j}\hat{u}_j)/r_{i,i})$
④ end for
⑤ return $\hat{c}$

一般来说，我们可调用 Q 次函数 $Rand\_SIC(\boldsymbol{u},\boldsymbol{R})$，从而产生一个足够好的向量集合，实现 ML 检测的性能。例如，当函数 $Rand\_SIC(\boldsymbol{u},\boldsymbol{R})$ 的调用次数为适当大的 Q 时，我们可通过抽样得到子集 $A=\{\hat{c}_1,\cdots,\hat{c}_Q\}$。然后，再将子集 A 通过乘以矩阵 $\boldsymbol{T}$ 转换回 LR 域，即 $\boldsymbol{B}=\boldsymbol{T}\{\hat{c}_1,\cdots,\hat{c}_Q\}=\{\hat{\boldsymbol{s}}_1,\cdots,\hat{\boldsymbol{s}}_Q\}$，该集合便可用于非 IDD 系统中列表检测，从而获得与 ML 相近的检测性能。值得注意的是，表 8-1 中的参数 A 和 K 对抽样检测算法的性能有较大的影响，有关确定这两个参数以实现最优性能的具体细节可参考文献 [4]。

8.3.3 基于 IDD 系统的随机抽样检测

虽然随机抽样检测算法在非 IDD 系统中的性能较为优异，但是该算法很难直接应用在 IDD 系统中，这是由于在 IDD 系统中需要考虑先验信息（A Priori Information，API）生成候选向量集合。为解决该问题，文献 [5] 针对 IDD 接收机提出了一种近高斯分布方法获取 API。假设 IDD 系统中 SISO 译码器已知发送信号 $\boldsymbol{s}$ 的统计特性，那么，$\boldsymbol{c}$ 的均值和方差可表示为

$$\overline{c}=\mathrm{E}\left[\boldsymbol{T}^{-1}\tilde{\boldsymbol{s}}\right]=\mathrm{E}\left[\boldsymbol{T}^{-1}\left(\alpha\boldsymbol{s}+\beta\boldsymbol{1}\right)\right]=\alpha\boldsymbol{T}^{-1}\mathrm{E}\left[\boldsymbol{s}\right]+\beta\boldsymbol{T}^{-1}\boldsymbol{1}=\alpha\boldsymbol{T}^{-1}\boldsymbol{m}+\beta\boldsymbol{T}^{-1}\boldsymbol{1} \tag{8-39}$$

$$\begin{aligned}\boldsymbol{C}&=\mathrm{E}\left[\boldsymbol{c}\boldsymbol{c}^{\mathrm{T}}\right]-\overline{\boldsymbol{c}}\,\overline{\boldsymbol{c}}^{\mathrm{T}}=\mathrm{E}\left[\boldsymbol{T}^{-1}\tilde{\boldsymbol{s}}\left(\boldsymbol{T}^{-1}\tilde{\boldsymbol{s}}\right)^{\mathrm{T}}\right]-\overline{\boldsymbol{c}}\,\overline{\boldsymbol{c}}^{\mathrm{T}}=\boldsymbol{T}^{-1}\mathrm{E}\left[\tilde{\boldsymbol{s}}\tilde{\boldsymbol{s}}^{\mathrm{T}}\right]\boldsymbol{T}^{-\mathrm{T}}-\overline{\boldsymbol{c}}\,\overline{\boldsymbol{c}}^{\mathrm{T}}=\\&\boldsymbol{T}^{-1}\left(\alpha^2\boldsymbol{M}+\left(\alpha\boldsymbol{m}+\beta\boldsymbol{1}\right)\left(\alpha\boldsymbol{m}+\beta 1\right)^{\mathrm{T}}\right)\boldsymbol{T}^{-\mathrm{T}}-\overline{\boldsymbol{c}}\,\overline{\boldsymbol{c}}^{\mathrm{T}}\end{aligned} \tag{8-40}$$

其中，$\boldsymbol{m}$ 和 $\boldsymbol{M}$ 分别表示 $\boldsymbol{s}$ 的均值和方差。

根据大数定理，假定 $\boldsymbol{c}=[c_1,\cdots,c_{N_t}]^{\mathrm{T}}$ 可用 N_t 个联合高斯分布随机变量表示，即

$$\boldsymbol{c}\sim N\left(\overline{\boldsymbol{c}},\boldsymbol{C}\right) \tag{8-41}$$

用 $\boldsymbol{c}_{\mathrm{D}}^{(i)}=[\boldsymbol{c}_{i+1},\cdots,\boldsymbol{c}_{N_t}]$ 和 $\boldsymbol{c}_{\mathrm{ND}}^{(i)}=[\boldsymbol{c}_1,\cdots,\boldsymbol{c}_i]$ 分别表示已检测完的信号和第 i 层未被检测到的符号。由文献 [5] 可知，$f\left(\boldsymbol{c}_{\mathrm{ND}}^{(i)}\mid\boldsymbol{c}_{\mathrm{D}}^{(i)}\right)$ 的边缘概率密度分布函数（Probability Density Function，PDF）可表示为

$$f(c_{(i)}\mid\boldsymbol{c}_{\mathrm{D}}^{(i)})\propto\mathrm{e}^{-(c_i-\overline{c}_i)^2/2\sigma^2} \tag{8-42}$$

其中，$\sigma^2=\boldsymbol{C}_{(i,i)}$。同样地，由 $c_{(i)}$ 可得其 API 的边缘 PDF 为

$$Pr_{\mathrm{Api},i}\left(R=r\right)=\frac{\mathrm{e}^{-(\overline{c}_i-r)/2\sigma_i^2}}{\sum\limits_{r=-\infty}^{+\infty}\mathrm{e}^{-(\overline{c}_i-r)^2/2\sigma_i^2}} \tag{8-43}$$

由于式（8-39）中的 v_i 和式（8-43）中的 $\overline{c}_i$ 可分别被看作在第 i 层 SIC 检测中的似然概率和基于 LR 软判决的先验信息，所以，在第 i 层抽样具有高后验概率 APP 向量的分布可表述为

$$Pr_i\left(R=r\right)=C_i Pr_{\mathrm{Api},i}\left(R=r\right)Pr_{\mathrm{cond},l}\left(R=r\right) \tag{8-44}$$

其中，C_i 是归一化常数。

8.3.4 高效抽样取整方法

随机抽样检测算法的核心在于在 $-\infty$ 到 $+\infty$ 之间对式（8-38）或式（8-44）中的离散高斯分布随机化取整。但遗憾的是，我们并不能通过简单的量化高斯

分布获取抽样。文献 [4] 提出了一种高效的抽样取整方法。由文献 [4] 可知，可用 $2N$ 个离散点分布来近似式（8-38）或式（8-44），且文献 [4] 也从理论上证明了该近似的准确性。

对于基于 LR 的 IDD 随机抽样来说，可将表 8-1 中的函数 $Rand\_Round_{\gamma_i}(v_i)$ 替换为函数 $Rand\_Round(v_i, \overline{c}_i, \gamma_i, N)$。再经过高效随机抽样后，我们便可得到在 LR 域具有高 APPs 的子集 $A=\{\hat{\boldsymbol{c}}_1,\cdots,\hat{\boldsymbol{c}}_Q\}$ 并将该子集转换为 $B=\boldsymbol{T}\{\hat{\boldsymbol{c}}_1,\cdots,\hat{\boldsymbol{c}}_Q\}=\{\hat{\boldsymbol{s}}_1,\cdots,\hat{\boldsymbol{s}}_Q\}$。利用子集 B，我们可根据式（8-44）得到的 LLR，从而进行 IDD 信号的检测。注意，经过随机取整操作后的数值可能不属于原发射星座图的向量点。因此，在经过随机抽样后，有必要将抽样后的向量点强制为离发射星座图最近的星座点。

8.4 MMSE 检测

8.4.1 比特级 MMSE 检测

这一节给出一种常用的比特级 MMSE 检测，假设 $\boldsymbol{c}=\boldsymbol{T}^{-1}\tilde{\boldsymbol{s}}$，且遵循下列约束条件。

$$\begin{aligned}\boldsymbol{a}_{k,l}^{+}&=\mathrm{E}\left[\boldsymbol{c}_{k,l}^{+}\right]=\boldsymbol{T}^{-1}\mathrm{E}\left[\tilde{\boldsymbol{s}}_{k,l}^{\pm}\right]\\ \boldsymbol{R}_{k,l}^{+}&=\mathrm{Cov}\left[\boldsymbol{c}_{k,l}^{+},\boldsymbol{c}_{k,l}^{+}\right]=\boldsymbol{T}^{-1}\mathrm{Cov}\left[\tilde{\boldsymbol{s}}_{k,l}^{\pm},\tilde{\boldsymbol{s}}_{k,l}^{\pm}\right]\boldsymbol{T}^{-\mathrm{H}}\end{aligned} \tag{8-45}$$

则比特级 MMSE 滤波器为

$$\boldsymbol{W}_{k,l}^{\pm}=\boldsymbol{R}_{k,l}^{\pm}\boldsymbol{G}^{\mathrm{H}}\left(\boldsymbol{G}\boldsymbol{Q}_{k,l}^{\pm}\boldsymbol{G}^{\mathrm{H}}+N_0\boldsymbol{I}\right)^{-1} \tag{8-46}$$

其中，$\boldsymbol{Q}_{k,l}^{\pm}=\mathrm{E}\left[\boldsymbol{c}_{k,l}^{\pm}\left(\boldsymbol{c}_{k,l}^{\pm}\right)^{\mathrm{H}}\right]-\boldsymbol{a}\left(\boldsymbol{a}_{k,l}^{\pm}\right)^{\mathrm{H}}-\boldsymbol{a}_{k,l}^{\pm}\boldsymbol{a}^{\mathrm{H}}+\boldsymbol{a}\boldsymbol{a}^{\mathrm{H}}$，因此 $\boldsymbol{c}_{k,l}^{\pm}$ 和 $\boldsymbol{s}_{k,l}^{\pm}$ 的仿真为

$$\begin{aligned}\boldsymbol{c}_{k,l}^{\pm}&=\boldsymbol{W}_{k,l}^{\pm}\left(\tilde{\boldsymbol{y}}-\boldsymbol{G}\boldsymbol{a}\right)+\boldsymbol{a}_{k,l}^{\pm}\\ s_{k,l}^{\pm}&=\frac{1}{\alpha}Q_{S_{k,l}^{\pm}}\left\{\boldsymbol{T}\tilde{\boldsymbol{c}}_{k,l}^{\pm}\right\}-\frac{\beta}{\alpha}\boldsymbol{1}\end{aligned} \tag{8-47}$$

其中，$Q_{S_{k,l}^{\pm}}\{\cdot\}$ 是符号级的操作。

为了提高基于格基规约 MMSE 滤波器的性能，通过整数扰动算法生成一个信号估计向量表用于仿真符号，且这些向量大多有较高的后验概率。最后用最

大对数近似估计来计算 $b_{k,l}$ 的 LLR。

8.4.2 部分比特级 MMSE 检测

上一节中介绍了比特级 MMSE 检测法，但是如文献 [6] 中分析的基于格基规约的比特级 MMSE 检测器的计算复杂度为 $O(MN_t^4)$，较难实现。在本节中，给出一种基于格基规约方法[7]——改进后的比特级的随机取样的最小均方差滤波器（以下简称为部分比特级 MMSE 检测法）。

由于 8.4.1 节中提出的常用的比特级 MMSE 检测法，是在比特级采用最小均方差估计的方法，具有很高计算复杂度，难以实现。所以部分比特级 MMSE 检测法只在最后一个符号应用最小均方差滤波器。再将估计向量的最后一个符号代入随机串行干扰消除监测器中获取候选列表。最后，为了在不加大计算复杂度的前提下进一步提升性能，通过最大后验概率整数扰动法扩展高 APP 向量列表。

部分比特级 MMSE 检测法见表 8-2，它将 bit-wise MMSE 检测运用到式（8-47）的最后一个符号中的每一位中，得到

$$\{\boldsymbol{c}_{N_t,1}^{\pm},\cdots,\boldsymbol{c}_{N_t,M}^{\pm}\} \tag{8-48}$$

之后，将部分比特位的仿真向量带入随机串行干扰消除器中。设置随机取样的迭代数为 K，便可得到每个输入向量的 K 个样本，即

$$\{\boldsymbol{v}_{1,1}^{\pm},\cdots,\boldsymbol{v}_{1,K}^{\pm},\cdots,\boldsymbol{v}_{M,1}^{\pm},\cdots,\boldsymbol{v}_{M,K}^{\pm}\} \tag{8-49}$$

其中，$\boldsymbol{v}_{l,k}^{\pm}$ 表示输入为 $\boldsymbol{c}_{N_t,l}^{\pm}$ 时随机采样检测的第 K 个取样。注意，这里的串行干扰消除检测是表 8-2 所列的改进后的串行干扰检测，其中第 N_t 个符号是通过 MMSE 滤波器进行仿真得到的。

在得到随机串行干扰检测的候选向量后，与式（8-47）结合得到

$$T=\{\boldsymbol{c}_{N_t,1}^{\pm},\cdots,\boldsymbol{c}_{N_t,M}^{\pm}\}\cup\{\boldsymbol{v}_{1,1}^{\pm},\cdots,\boldsymbol{v}_{1,K}^{\pm},\cdots,\boldsymbol{v}_{M,1}^{\pm},\cdots,\boldsymbol{v}_{M,K}^{\pm}\} \tag{8-50}$$

然后，通过改进的整数扰动法对 $\boldsymbol{c}_0$ 所表示的向量进行扩展，见表 8-3。注意与文献 [1] 中传统的整数扰动法列表生成所不同的是，本文采用的方法是将整数扰动法应用于最大后验概率的向量 $\boldsymbol{c}_0$。

在表 8-3 中，N 表示搜索深度，这里取 N=2。Q 表示 $\boldsymbol{H}$ 的列数，L 表示扰动设置参数 P 的元素个数。其中扰动设置参数 P 定义为

$$P=\{1,-1,\mathrm{j},-\mathrm{j},1+\mathrm{j},1-\mathrm{j},-1+\mathrm{j},-1-\mathrm{j}\} \tag{8-51}$$

然后，通过将整数扰动的输出向量输入到 T 中，得到最终的候选列表 U。

表 8-2 改进的随机串行干扰消除检测

① 将 K 初始化；

② 生成候选向量：

for k=1:K

  for n=N_t:−1:1

    $\gamma_n \leftarrow \omega |r_{n,n}|^2$

    if n==N_t

      $u \leftarrow c_n$

    else

      $u \leftarrow \dfrac{1}{r_{n,n}\left(x_n - \sum_{j=n+1}^{N_t} r_{n,j} v_j\right)}$

    end if

      $v_n \leftarrow Rand\_Round_{\gamma_n}(u)$

  end for

end for

表 8-3 最大后验概率整数扰动算法

输入：(c_0)

① 初始化：

  A={}

  $\boldsymbol{u} = Q_{\tilde{S}^{N_t}}\{\boldsymbol{T}\boldsymbol{c}_0\}$

② for n=1:N do

    for q=1:Q do

      for k=1:L do

        $\hat{\boldsymbol{u}} \leftarrow \boldsymbol{u} + [\boldsymbol{T}]_q P_k$

        $A \leftarrow A \cup (\hat{\boldsymbol{u}})$

      end for

    end for

    选取最大后验概率向量：$\boldsymbol{u} \leftarrow \arg\max_{\hat{\boldsymbol{u}} \in A} APP(\hat{\boldsymbol{u}})$

  end for

③ 输出候选列表集 A

| 8.5　仿真结果及性能分析 |

对于 MIMO 系统天线配置，为方便起见，我们假设发射天线数与接收天线数相同，即 $N_t=N_r$。对于 MIMO 信道仿真，则假设信道矩阵 $\boldsymbol{H}$ 的元素均为零均值、单位方差的 CSCG 随机变量，而对于系统背景噪声 $\boldsymbol{w}$，我们也假设其为零均值、单位方差 CSCG 随机变量。此外，我们还以 BER 作为衡量各种检测算法信号检测性能的主要指标，并利用蒙特卡罗方法对其进行仿真分析。

在对迭代接收机的仿真过程中，假设信道矩阵的各元素满足 $h_{n,k} \sim CN(0,1/N_r)$，且相互独立。每个符号向量对应一个独立的信道矩阵 $\boldsymbol{H}$。此外，我们还将使用 4-QAM 调制方式，信道编码方式为（5，7）半速率卷积码，并采用随机交织以保证比特之间相互独立。设未编码信息序列的长度为 2^{10}，当进行完半速率卷积信道编码后，信息序列长度为 2^{11}。定义信噪比为

$$SNR = \frac{E_b}{N_0} = \frac{E_s}{MN_0R_c} \tag{8-52}$$

其中，M 为调制指数，R_c 为信道卷积编码速率。

1. 误码率分析

图 8-4 是 4×4 MIMO-IDD 系统的误码率性能。从图中可以看出，部分比特级 MMSE 检测方法可以达到比随机采样检测方法（Randomized SIC）更好的性能，而且，所提出的方法可以达到和 MAP 检测器相近的误码率性能。同时，由于 MMSE-SC 检测方法基于无列表生成的符号级 MMSE 滤波器，所以，MMSE-SC 检测器具有较差的误码率性能。

图 8-5 给出了 8×8 MIMO-IDD 系统的不同检测方法误码率性能比较。从中同样可以看出，本章所提出的方法可达到比其他次优检测法更好的性能。另外，由于图 8-5 中发送 / 接收天线数量比图 8-4 中的多，所以随机取样的高斯先验概率信息的近似值更精确。因此，本文提出的方法和随机采样方法可以达到比 4×4 MIMO 系统更好的性能。

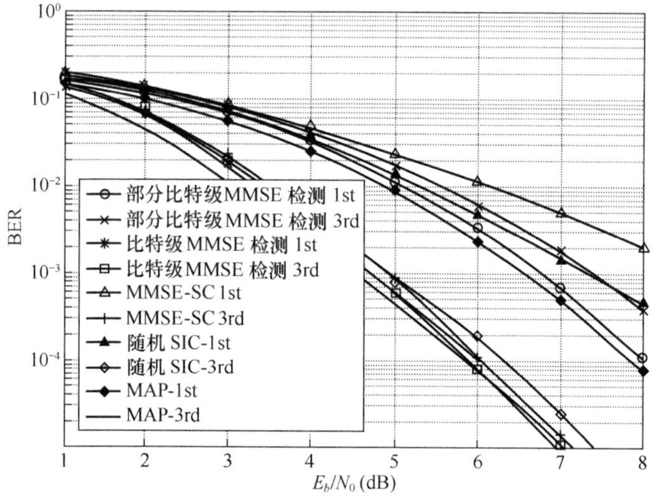

图 8-4　4×4 MIMO 系统的误码率性能

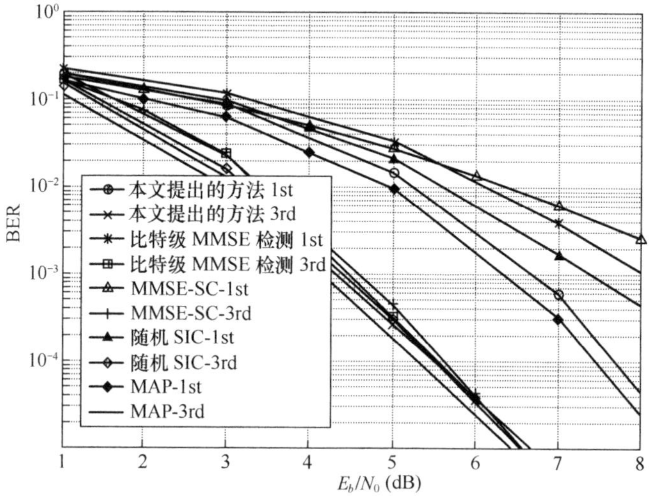

图 8-5　8 × 8 MIMO 系统的误码率性能

2. 复杂度分析

我们通过平均浮点运算（Floating Point Operation，FLOP）次数来比较不同多天线信号检测方法在 4 × 4 和 8 × 8 系统下的计算复杂度。

图 8-6 表示一个符号向量对于不同 N_t 的 FLOPS 值。其中，本章提出的方法和随机采样方法中采样向量集的长度分别为 4 和 10。从图 8-6 中可以看出，本章所提的方法与随机采样和 MMSE-SC 方法具有相同的复杂度阶次，而比特级

MMSE 检测方法具有较高的计算复杂度。另外，我们可以看到 MAP 检测器的复杂度随着 N_t 呈指数级增长。

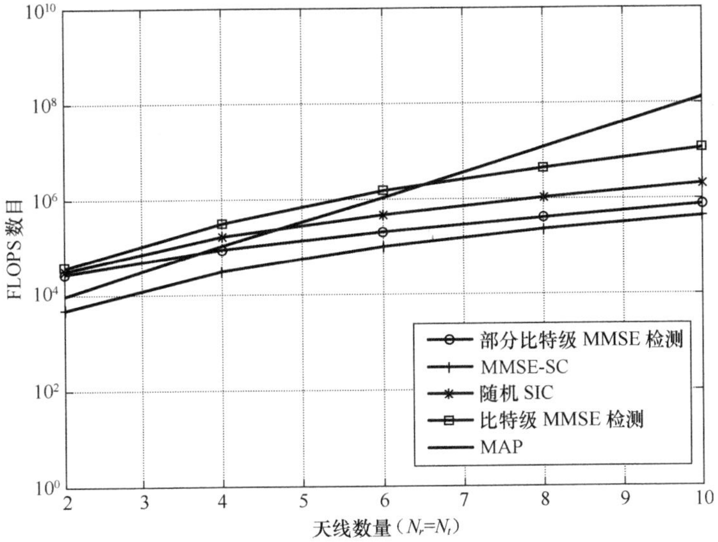

图 8-6　不同 N_t 下低复杂度 MIMO-IDD 检测方法的复杂度比较

8.6　本章小结

随着当前无线通信技术的迅猛发展，作为未来无线通信技术的关键核心技术，MIMO 技术在增加系统容量方面具有巨大的潜力和应用前景。本章以 MIMO 系统接收端迭代信号检测与译码技术为出发点，首先阐述了 IDD 接收机的系统结构并介绍了最优 MAP 检测方法。为了降低计算复杂度，本章随后介绍了一些常用的低复杂度检测算法。最后，提出了基于随机采样的比特级 MMSE 检测方法并通过仿真分析验证了该算法的高性能及低复杂度特性。

参考文献

[1]　FOSCHINI G J, GANS M J. On limits of wireless communications in a fading

environment using multiple antennas [J]. Wireless personal communications, 1998, 6(3): 311-335.

[2] KLEIN P. Finding the closest lattice vector when it's unusually close[C]// SODA'00 Preceedings of the Eleventh Annual ACM-SIAM Symposium on Discrete Algorithms, 2002: 937-941.

[3] LIU S, LING C, STEHLE D. Decoding by sampling: a randomized lattice algorithm for bounded distance decoding[J]. IEEE transactions on information theory, 2011, 57(9): 5933-5945.

[4] LIU S, LING C, STEHLE D. Decoding by sampling: a randomized lattice algorithm for bounded distance decoding[J]. IEEE transactions on information theory, 2011, 57(9): 5933-5945.

[5] BAI L, CHOI J. Lattice reduction-based MIMO iterative receiver using randomized sampling[J]. IEEE transactions on wireless communications, 2013, 12(5): 2160-2170.

[6] LI Q, ZHANG J, BAI L, et al. Lattice reduction-based approximate map detection with bit-wise combining and integer perturbed list generation [J]. IEEE transactions on communicaions., 2013, 61(8): 3259-3269.

[7] BAI L, LI T, ZHAO L, et al . Lattice reduction-based iterative receivers: using partial bit-wise MMSE filter with randomised sampling and MAP-aided integer perturbation [J]. IET communications, 2016, 10(11): 1394-1400.

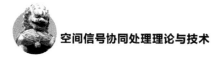

第 9 章

低复杂度双重迭代接收机

对于接收机而言，当编码信号通过一个有噪信道传输时，为了均衡和检测，一般可将其看作普通未编码信号。当对信号进行均衡或解调之后，再利用信道译码器进行信道解码。但是为了提高系统性能，我们可以考虑利用反馈设计迭代接收机。关于迭代接收机的设计，随机比特交织器是一个重要的组成部分，而相应的传输方案也被称作 BICM 结构 [1]。在 MIMO-BICM 系统接收机中，通常采用 IDD 方法以提高接收端的信号检测性能。

在本章将重点研究 MIMO 系统联合信道估计与检测算法，首先介绍一种双重迭代接收机架构，该双重迭代接收机包括外部迭代信道估计与内部基于 LR 的 IDD 抽样迭代检测；在此基础上，针对迭代信道估计，再介绍一种低复杂度算法，以降低外部迭代信道估计的计算复杂度。

|9.1 信道估计技术|

9.1.1 信道估计概述及分类

所谓信道估计，就是从接收数据中把假定的某个信道模型的模型参数估计出来的过程。当信道是线性信道时，就对系统冲激响应进行估计。通过信道估计，接收机可以估计出信道的冲激响应，从而为后续的相干解调提供所需的信道状态信息。注意，信道估计是信道对输入信号影响的一种数学表示，信道估计的评判标准是使得估计误差最小化。

从输入数据的类型来分，信道估计算法可以划分为时域和频域两大类。频域方法主要针对多载波系统；时域方法适用于所有单载波和多载波系统，其借助参考信号或发送数据的统计特性，估计衰落信道中各多径分量的衰落系数。从先验信息的角度出发，可以把信道估计分为以下 3 类。

① 基于参考信号的估计。该类算法按一定估计准则确定待估参数，或者按某些准则进行逐步跟踪和调整待估参数的估计值。其特点是需要借助参考信号，

即导频或训练序列。我们把基于导频序列和基于训练序列的估计算法统称为基于参考信号的估计算法。

② 盲信道估计。该估计方法是用调制信号本身固有的、与具体承载信息比特无关的一些特征，或是采用判决反馈的方法来进行信道估计的方法。在盲信道估计中，我们不需要在输入端插入导频信号或训练序列。

③ 半盲估计。半盲估计则结合了盲估计与基于参考信号估计这两种方法的优点，在输入信号中插入较短的训练序列。

本章所采用的信道估计算法为半盲估计。

9.1.2 半盲信道估计技术

假定系统装备 N_t 个发射天线和 N_r 个接收天线并令 $\boldsymbol{H}$ 和 L 分别代表信道矩阵和数据块的长度。我们假设 L 充分小，因此，信道矩阵 $\boldsymbol{H}$ 在数据块持续时间内便可看作是不变的（即 MIMO 信道为快衰落 MIMO 信道）。那么，第 l 个接收信号可表示为

$$\boldsymbol{y}_l = \boldsymbol{H}\boldsymbol{s}_l + \boldsymbol{w}_l, \quad l = 0,1,\cdots,L-1 \tag{9-1}$$

这里 $\boldsymbol{s}_l$ 为第 l 个数据符号矢量，$\boldsymbol{w}_l \sim CN\left(0,\sigma_w^2\boldsymbol{I}\right)$ 为零均值、协方差矩阵为 $\sigma_w^2\boldsymbol{I}$ 的 CSCG 噪声。对于 MIMO-BICM 发射机而言，我们假设 MIMO-BICM 发射机采用随机比特交织器，信道编码则使用码率为 R_c 的卷积编码。卷积编码后，连续多组 M 个（已交织）编码比特 $\left\{b_{k,1},b_{k,2},\cdots,b_{k,m}\right\}$ 分别被调制成 2^M 进制的发送信号 s_k，并通过第 k 个发射天线发射，这里的 $b_{k,l} \in \{\pm 1\}$ 是指 s_k 的第 l 个比特。发射符号 $\boldsymbol{s}$ 由 N_tM 个编码比特组成。由于使用了随机比特交织，因此，假设 s_k 相互独立，$b_{k,l}$ 也相互独立。

为了进行信道估计，我们假设数据块序列包含信道编码后的数据序列和导频序列，并用符号 $\boldsymbol{P}$ 和 $\boldsymbol{D}$ 分别表示导频序列和序列。令

$$\begin{cases}\boldsymbol{P} = \left[\boldsymbol{s}_0,\boldsymbol{s}_1,\cdots,\boldsymbol{s}_{L_P-1}\right] \\ \boldsymbol{D} = \left[\boldsymbol{s}_{L_P},\boldsymbol{s}_{L_P+1},\cdots,\boldsymbol{s}_{L-1}\right]\end{cases} \tag{9-2}$$

其中，L_P 为导频序列长度。那么式（9-1）可重写为

$$\begin{cases}\boldsymbol{Y}_P = \boldsymbol{H}\boldsymbol{P} + \boldsymbol{W}_P \\ \boldsymbol{Y}_D = \boldsymbol{H}\boldsymbol{D} + \boldsymbol{W}_D\end{cases} \tag{9-3}$$

其中，$\boldsymbol{Y}_P$ 和 $\boldsymbol{Y}_D$ 分别为 $\boldsymbol{Y} = [\boldsymbol{y}_0,\cdots,\boldsymbol{y}_L]$ 对应于 $\boldsymbol{P}$ 和 $\boldsymbol{D}$ 的子矩阵，相应地，$\boldsymbol{W}_P$ 和

$\boldsymbol{W}_D$ 为对应于 $\boldsymbol{W}=[\boldsymbol{w}_0,\cdots,\boldsymbol{w}_L]$ 的子矩阵。

对于导频辅助的信道估计而言，在 $\boldsymbol{H}$ 已知时，$\boldsymbol{Y}_P$ 的条件概率密度函数（PDF）可由下式得到

$$f(\boldsymbol{Y}_P \mid \boldsymbol{H}) \propto \exp(-\frac{1}{2{\sigma_w}^2}\|\boldsymbol{Y}_P-\boldsymbol{HP}\|^2) \tag{9-4}$$

由式（9-1）可以推导出基于导频辅助的最大似然信道估计的表达式为

$$\begin{aligned}\hat{\boldsymbol{H}} &= \arg\max_{\boldsymbol{H}} f(\boldsymbol{Y}_P \mid \boldsymbol{H}) = \\ &\arg\max_{\boldsymbol{H}} \exp(-\frac{1}{2{\sigma_w}^2}\|\boldsymbol{Y}_P-\boldsymbol{HP}\|^2) = \\ &\boldsymbol{Y}_P\boldsymbol{P}^\dagger = \boldsymbol{H}+\boldsymbol{N}_P\boldsymbol{P}^\dagger\end{aligned} \tag{9-5}$$

其中，$\boldsymbol{P}^\dagger=\boldsymbol{P}^{\mathrm{H}}\left(\boldsymbol{PP}^{\mathrm{H}}\right)^{-1}$ 代表 $\boldsymbol{P}$ 的伪逆。

我们可以利用已检测到的数据符号 $\boldsymbol{D}$ 来提高信道估计的性能。通常，将同时利用导频和数据符号进行信道估计的方法称之为半盲信道估计。对于 ML 半盲估计，在给定信道矩阵 $\boldsymbol{H}$ 和已检测数据 $\hat{\boldsymbol{D}}$ 条件下的条件概率密度为

$$\begin{aligned}f(\boldsymbol{Y} \mid \boldsymbol{H},\hat{\boldsymbol{D}}) &= f(\boldsymbol{Y}_P \mid \boldsymbol{H},\hat{\boldsymbol{D}})f(\boldsymbol{Y}_D \mid \boldsymbol{H},\hat{\boldsymbol{D}}) = \\ &f(\boldsymbol{Y}_P \mid \boldsymbol{H})f(\boldsymbol{Y}_D \mid \boldsymbol{H},\hat{\boldsymbol{D}})\end{aligned} \tag{9-6}$$

值得注意的是，式（9-6）中的条件概率密度函数 $f(\boldsymbol{Y}_P \mid \boldsymbol{H})$ 可以由式（9-4）得到，但是 $f\left(\boldsymbol{Y}_D \middle| \boldsymbol{H},\hat{\boldsymbol{D}}\right)$ 的值却很难通过确切的表达式得到。

为了解决上述难题，假设 $\boldsymbol{D}=\hat{\boldsymbol{D}}+\boldsymbol{E}$（其中 $\boldsymbol{E}$ 代表判决误差矩阵），可以得到

$$\boldsymbol{Y}_D=\boldsymbol{HD}+\boldsymbol{N}_D=\boldsymbol{H}\hat{\boldsymbol{D}}+\boldsymbol{N}_D-\boldsymbol{HE}=\boldsymbol{H}\hat{\boldsymbol{D}}+\boldsymbol{Q} \tag{9-7}$$

其中，$\boldsymbol{Q}=\boldsymbol{N}_D-\boldsymbol{HE}$。值得一提的是，对于每一次迭代信道估计与检测，$\boldsymbol{E}$ 都可看作常数矩阵。由于 $\boldsymbol{W}_D$ 和 $\boldsymbol{H}$ 都为 CSCG 随机变量，因此，在 $\boldsymbol{E}$ 为常数矩阵的情况下，$\boldsymbol{Q}$ 也为 CSCG 随机变量，并且与 $\boldsymbol{H}$ 和 $\boldsymbol{W}_D$ 相互独立。因此，可考虑以下假设，以获得 $f(\boldsymbol{Y}_D \mid \boldsymbol{H},\hat{\boldsymbol{D}})$，并简化 ML 半盲信道估计。

A1：矩阵 $\boldsymbol{Q}$ 的各个列向量均为独立 CSCG 随机向量，即 $\boldsymbol{q}_l \sim CN\left(0,\sigma_q^2\boldsymbol{I}\right)$。

在 A1 的假设下，$f(\boldsymbol{Y}_D \mid \boldsymbol{H},\hat{\boldsymbol{D}})$ 为

$$f(\boldsymbol{Y}_D \mid \boldsymbol{H},\hat{\boldsymbol{D}}) \propto \exp(-\frac{1}{2{\sigma_q}^2}\|\boldsymbol{Y}_D-\boldsymbol{H}\hat{\boldsymbol{D}}\|^2) \tag{9-8}$$

于是，能够同时利用导频信息 $\boldsymbol{Y}_P$ 和数据信息 $\hat{\boldsymbol{D}}$ 的 ML 半盲估计为

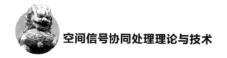

$$
\begin{aligned}
\hat{\boldsymbol{H}} = & \arg\max_{\boldsymbol{H}} f(\boldsymbol{Y} \mid \boldsymbol{H}, \hat{\boldsymbol{D}}) = \\
& \arg\max_{\boldsymbol{H}} f(\boldsymbol{Y}_P \mid \boldsymbol{H}) f(\boldsymbol{Y}_D \mid \boldsymbol{H}, \hat{\boldsymbol{D}}) = \\
& \arg\max_{\boldsymbol{H}} \exp(-\frac{1}{2{\sigma_w}^2}\left\|\boldsymbol{Y}_P - \boldsymbol{HP}\right\|^2 - \frac{1}{2{\sigma_q}^2}\left\|\boldsymbol{Y}_D - \boldsymbol{H}\hat{\boldsymbol{D}}\right\|^2) = \\
& \arg\max_{\boldsymbol{H}} \frac{1}{{\sigma_w}^2}\left\|\boldsymbol{Y}_P - \boldsymbol{HP}\right\|^2 + \frac{1}{{\sigma_q}^2}\left\|\boldsymbol{Y}_D - \boldsymbol{H}\hat{\boldsymbol{D}}\right\|^2 = \\
& (\boldsymbol{Y}_P \boldsymbol{P}^{\mathrm{H}} + \alpha \boldsymbol{Y}_D \hat{\boldsymbol{D}}^{\mathrm{H}})(\boldsymbol{PP}^{\mathrm{H}} + \alpha \hat{\boldsymbol{D}}\hat{\boldsymbol{D}}^{\mathrm{H}})^{-1}
\end{aligned} \tag{9-9}
$$

其中，$\alpha = ({\sigma_w}^2 / {\sigma_q}^2)$。

9.2 迭代信道估计技术

基于 EM 算法 [2]，可以得到多种迭代信道估计和检测的方法 [3]。ML 检测 [4] 能够计算出式(8-9)中的 $\hat{\boldsymbol{D}}$ 来用于信道估计。如果 $\hat{\boldsymbol{H}}$ 代表信道矩阵 $\boldsymbol{H}$ 的估计值，ML 检测的过程可以被表示为

$$
\hat{\boldsymbol{s}}_l = \arg\min_{s \in A} \left\|\boldsymbol{y}_l - \hat{\boldsymbol{H}}\boldsymbol{s}\right\|^2, \quad l \in D \tag{9-10}
$$

这是硬判决的依据。表 9-1 概括了基于 EM 算法的迭代信道估计和检测。注意，式（9-9）的成立基于 A1 假设。

表 9-1　基于 EM 的迭代信道估计与检测算法

① 初始化 η=1，α=0（或者 $\hat{\boldsymbol{D}}$ =0）；
② 根据式（9-9）计算 $\hat{\boldsymbol{H}}_{(\eta)}$；
③ 根据信号检测算法以及 $\hat{\boldsymbol{H}}_{(\eta)}$ 检测 D，检测值表示为 $\hat{\boldsymbol{D}}_{(\eta)}$；
④ 根据 $\boldsymbol{Y}_D - \hat{\boldsymbol{H}}_{(\eta)}\hat{\boldsymbol{D}}_{(\eta)}$ 估计 $\sigma^2_{q,(\eta)}$；
⑤ 更新 η 值 $\eta \leftarrow \eta+1$，跳至步骤②。

显然，执行迭代的次数越多，系统的性能越好，但同时系统的复杂度也会增加。特别是在式（9-10）中，ML 检测使用穷尽搜索算法，信号检测的复杂度会随着天线数目或者高阶调制而指数级增加。而基于格基规约的 ML 检测 [5] 可以大大降低系统的复杂度。由于可以得到完整的接收分集增益，文献 [6,7] 提出了不同的基于 LR 的检测方法。

对联合信道估计与信号检测（ICED），假设第 η 次信道估计可以被分解为

$$\hat{\boldsymbol{H}}_{(\eta)}=\hat{\boldsymbol{G}}_{(\eta)}\boldsymbol{U}_{(\eta)} \tag{9-11}$$

其中，$\hat{\boldsymbol{G}}_{(\eta)}$ 是列向量准正交矩阵，$\boldsymbol{U}_{(\eta)}$ 是元素为整数的幺模矩阵。于是，接收信号可以被表示为

$$\begin{aligned}\boldsymbol{y}_l=\hat{\boldsymbol{H}}_{(\eta)}\boldsymbol{s}_l+(\boldsymbol{H}-\hat{\boldsymbol{H}}_{(\eta)})\boldsymbol{s}_l+\boldsymbol{n}_l=\\ \hat{\boldsymbol{G}}_{(\eta)}\boldsymbol{c}_l+(\boldsymbol{H}-\hat{\boldsymbol{H}}_{(\eta)})\boldsymbol{s}_l+\boldsymbol{n}_l\end{aligned} \tag{9-12}$$

其中，$\boldsymbol{c}_l=\boldsymbol{U}_{(\eta)}\boldsymbol{s}_l$。当我们假设 $\boldsymbol{s}_l\in\left\{\mathrm{Z}^M+\mathrm{j}\mathrm{Z}^M\right\}$ 时，有 $\boldsymbol{c}_l\in\left\{\mathrm{Z}^M+\mathrm{j}\mathrm{Z}^M\right\}$。用 $\boldsymbol{\omega}_{(\eta)}$ 表示抑制干扰信号的线性滤波矩阵，$\boldsymbol{c}_l$ 的估计值可以写为

$$\boldsymbol{c}_{l,(\eta)}=\left\lfloor\boldsymbol{\omega}_{(\eta)}\boldsymbol{y}_l\right\rfloor \tag{9-13}$$

对 ZF 检测器而言，有 $\boldsymbol{\omega}_{(\eta)}=\hat{\boldsymbol{G}}_{(\eta)}^{\dagger}$。另外，在文献 [6,8] 中，提出了应用串行干扰消除的 MMSE 滤波器。如果 $\hat{\boldsymbol{G}}_{(\eta)}$ 的列向量接近正交，那么线性滤波器 $\boldsymbol{\omega}_{(\eta)}$ 不会增加背景噪声，得出的 $\boldsymbol{c}_l$ 估计值也比较准确。最终，我们可以得到 $\boldsymbol{s}_l$ 的估计式为

$$\hat{\boldsymbol{s}}_{l,(\eta)}=\boldsymbol{U}_{\eta}^{-1}\hat{\boldsymbol{c}}_{l,(\eta)} \tag{9-14}$$

在式（9-9）所示的信道估计中，我们可以用下面的误差矩阵来计算 α 的估计值，即

$$\tilde{\boldsymbol{Q}}_{(\eta)}=\boldsymbol{Y}_D-\hat{\boldsymbol{H}}\hat{\boldsymbol{s}}_{(\eta)} \tag{9-15}$$

$$\alpha_{(\eta)}=\sigma_w^2\frac{L_D M}{\left\|\tilde{\boldsymbol{Q}}_{(\eta)}\right\|^2} \tag{9-16}$$

于是，信道矩阵的估计值可以由集合 $\left\{\hat{\boldsymbol{s}}_{l,(\eta)}\right\}$ 中 $\boldsymbol{P}$ 和 $\hat{\boldsymbol{D}}$ 的值得到。

| 9.3 双重迭代接收机 |

9.3.1 双重迭代接收机结构设计

在传统的接收机设计中，一般先进行信道估计，然后将信道估计结果提供给信号检测部分，再完成接收机信号检测与信道解码部分，其结构如图 9-1 所示，这种传统的信道估计与信号检测方式性能并不理想。本章将提出基于 IDD 方法的双重迭代接收机技术，从而提升系统信道估计及信号检测性能。

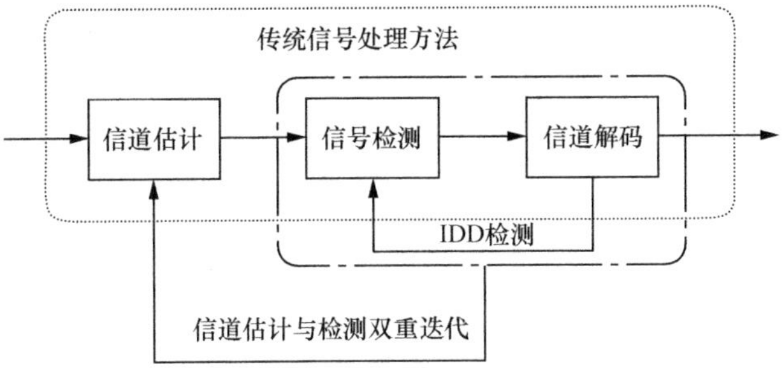

图 9-1　传统接收与双重迭代接收架构原理

对于联合信道估计与信号检测（ICED）算法，我们考虑将信道估计与信号检测联合进行，信道估计模块首先估计信道并将估计结果提供给信号检测部分，而信号检测部分完成信号检测后，又将检测后的数据信息反馈给信道估计模块，从而提升信道估计与信号检测的性能。

本章考虑将上述思想应用到 MIMO 系统中，并且将信道估计与 IDD 信号检测联合进行，构成具有外部迭代信道估计与内部迭代信号检测的双重迭代接收机 [9]，如图 9-2 所示。对于外部迭代信道估计，我们将推导基于 EM 的迭代信道估计与检测方法和两个低复杂度迭代信道估计准则，以降低迭代信道估计的复杂度；对于 IDD 内部迭代检测，我们则采用文献 [10] 中 IDD 抽样检测的方法，以较低检测复杂度的代价获得接近最优 MAP 检测的性能。

值得注意的是，虽然文献 [11] 曾提出过类似的系统架构，但本章的双重迭代接收机与文献 [11] 仍有以下几点不同。

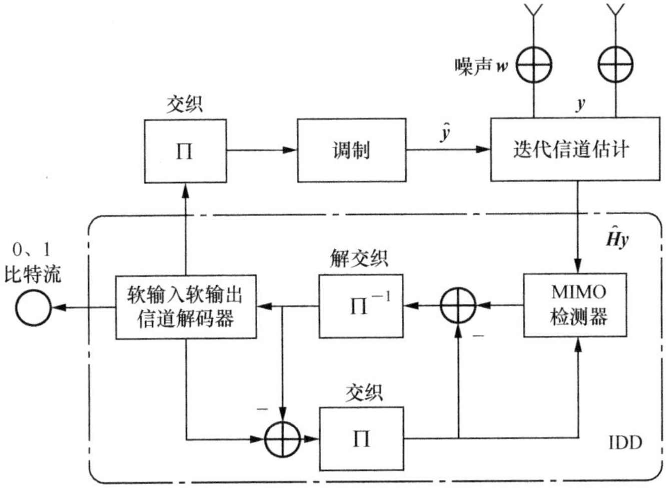

图 9-2　MIMO 双重迭代接收机结构示意

（1）迭代信道估计方法与推导不同

本章基于 MIMO-IDD 系统重新推导了迭代信道估计方法，且在利用已检测后的信息方面，本章提出的方法是将重新进行交织、调制后的检测数据反馈给信道估计，图 9-2 所示结构与文献 [11] 不同。

（2）使用调制方式及应用范围不同

本章提出的双重迭代接收机架构可适用于包括 BPSK、QAM 等信号调制方式，而文献 [11] 只针对 BPSK 调制推导。与文献 [11] 相比，本章的双重迭代接收机架构更具有普适性。

（3）IDD 信号检测算法不同

本章在采用抽样检测算法进行 IDD 迭代信号检测，与文献 [11] 采用的 MMSE-SC 算法相比，抽样检测算法具有更优异的信号检测性能，能为迭代信道估计提供更加准确的检测数据信息。

综上所述，本章的双重迭代接收机架构更具有普适性，且除该架构外，在推导通用迭代信道估计与检测算法的基础上，我们还研究了一种基于 EP 和 OD 准则的低复杂度迭代信道估计方法，以降低双重迭代接收机的计算复杂度。

9.3.2 基于双重迭代接收机的迭代信道估计与信号检测方法

在基于 LR 的迭代信道估计与检测方法中，根据式（9-9），假设在第 η 次迭代中，信道估计结果为 $\hat{\boldsymbol{H}}_{(\eta)}$，那么估计后的信道矩阵格基规约结果为

$$\hat{\boldsymbol{H}}_{(\eta)} = \hat{\boldsymbol{G}}_{(\eta)}\boldsymbol{T}_{(\eta)}^{-1} \tag{9-17}$$

其中，$\hat{\boldsymbol{G}}_{(\eta)}$ 为列向量准正交矩阵，$\boldsymbol{T}_{(\eta)}^{-1}$ 为整数幺模矩阵。因此，接收到的信号如式（9-12）所示。

于是，我们便可根据基于非 IDD 和 IDD 的随机抽样检测，对式（9-12）进行格基规约随机抽样检测，从而得到检测数据 $\hat{\boldsymbol{D}}$，并在下一次迭代时将该检测结果反馈给式（9-9），以进行半盲 ML 信道估计。对于式（9-9）中 α 的估计，求解过程如式（9-15）和式（9-16）所示。

我们称以上所介绍的算法为基于格基规约的 ICED 算法，即 LR-ICED 算法。

注意，对于式（9-17）中的格基规约，虽然可以采用 CLLL 算法在多项式复杂度内完成格基规约，但是其本身的复杂度仍然较高。而且，在所提出的 LR-ICED 算法中，需要在每次迭代信道估计后对信道估计进行一次格基规约算法。因此，为了进一步降低计算复杂度，我们需要对 LR-ICED 算法进行

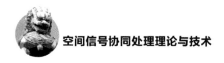

改进。

由于每次迭代格基规约后的结果 $\hat{\boldsymbol{G}}_{(\eta)}$ 前后变化不大，因此，我们可考虑推导某种准则，选择性地对信道矩阵进行格基规约。例如，当格基规约结果 $\hat{\boldsymbol{G}}_{(\eta)}$ 与上一次格基规约的结果 $\hat{\boldsymbol{G}}_{(\eta-1)}$ 相比差别不大时，我们便可利用上一次格基规约的结果 $\hat{\boldsymbol{G}}_{(\eta-1)}$ 代替 $\hat{\boldsymbol{G}}_{(\eta)}$，从而避免额外的格基规约计算复杂度。当格基规约结果前后差别较大时，再使用 CLLL 算法重新对信道矩阵进行格基规约。这样便可大大降低双重迭代接收机的计算复杂度。下面我们介绍低复杂度双重迭代接收机迭代信道估计与检测算法。

9.3.3 正交分离度准则

考虑信道矩阵 $\boldsymbol{H}$ 的正交分离度（Orthogonal Defect，OD）[12] 定义为

$$\zeta\left(\boldsymbol{H}\right)=\frac{\det\left(\boldsymbol{H}^{\mathrm{H}}\boldsymbol{H}\right)}{\prod_{m=1}^{N_t}\left\|\boldsymbol{h}_m\right\|^2} \tag{9-18}$$

其中，$\boldsymbol{h}_m$ 为信道矩阵 $\boldsymbol{H}$ 的第 m 个列向量。若 $\zeta\left(\boldsymbol{H}\right)=1$，则信道矩阵 $\boldsymbol{H}$ 的各个列向量相互正交。因此，可以用 OD 来判断矩阵各个列向量的正交程度。

假设在第一次迭代信道估计后，我们使用 CLLL 算法对信道矩阵 $\hat{\boldsymbol{H}}_{(1)}$ 进行格基规约得到 $\hat{\boldsymbol{G}}_{(1)}$ 和 $\boldsymbol{T}_{(1)}^{-1}$。当 $\eta=2$ 时（即进行第 2 次迭代信道估计与检测时），便可利用上一次格基规约矩阵结果 $\boldsymbol{T}_{(\eta-1)}^{-1}$ 得到新的格基规约矩阵。

$$\tilde{\boldsymbol{G}}_{(\eta)}=\hat{\boldsymbol{H}}_{(\eta)}\boldsymbol{T}_{(\eta-1)} \tag{9-19}$$

如果新的信道估计结果 $\hat{\boldsymbol{H}}_{(\eta)}$ 与上一次迭代信道估计的结果 $\hat{\boldsymbol{H}}_{(\eta-1)}$ 相比变化不大时，$\tilde{\boldsymbol{G}}_{(\eta)}$ 便可以作为本次迭代信道估计格基规约后的结果。为方便起见，令 $\zeta_{(\eta)}=\zeta(\hat{\boldsymbol{G}}_{(\eta)})$，当新的格基规约结果 $\tilde{\boldsymbol{G}}_{(\eta)}$ 的 OD 值比上一次迭代格基规约结果 $\hat{\boldsymbol{G}}_{(\eta-1)}$ 的 OD 值大时，即

$$\zeta\left(\tilde{\boldsymbol{G}}_{(\eta)}\right)\geqslant\zeta_{(\eta-1)} \tag{9-20}$$

这意味着利用 $\boldsymbol{T}_{(\eta-1)}$ 生成的格基规约结果 $\boldsymbol{G}_{(\eta)}$ 足够好，此时便可不使用 CLLL 算法进行格基规约，令 $\hat{\boldsymbol{G}}_{(\eta)}=\tilde{\boldsymbol{G}}_{(\eta)}$ 即可进行后续的 IDD 抽样检测。反之，如果 $\tilde{\boldsymbol{G}}_{(\eta)}$ 的 OD 值比 $\hat{\boldsymbol{G}}_{(\eta-1)}$ 的 OD 值小，使用 $\tilde{\boldsymbol{G}}_{(\eta)}$ 的 IDD 抽样检测便会变差，因此需要重新使用 CLLL 算法对信道矩阵进行格基规约以获得 $\hat{\boldsymbol{G}}_{(\eta)}$。

然而，若新的格基规约结果 $\hat{\boldsymbol{G}}_{(\eta)}$ 的 OD 值比上一次迭代格基规约结果 $\hat{\boldsymbol{G}}_{(\eta-1)}$ 的 OD 值略小，那么即使重新使用 CLLL 算法对信道矩阵进行格基规约，IDD

抽样检测的性能也不会有明显提高。为了解决该问题，并使判决标准更加灵活，我们设定阈值为

$$\zeta\left(\hat{\boldsymbol{G}}_{(\eta)}\right) \geqslant \tau\zeta_{(\eta-1)} \tag{9-21}$$

其中，τ 为可设置的阈值。显然，CLLL 算法的执行次数会随着 τ 的增大而增大。为便于理解，我们将基于 OD 原则的低复杂度 LR-ICED 方法进行总结，见表 9-2，并称之为改进的 LR-ICED 方法（Modi-LR-ICED）。

表 9-2　基于 OD 准则的 Modi-LR-ICED 算法

① 初始化 η=1，$\alpha_{(0)}$=0，$T_{(0)}$=I，$\xi_{(0)}=\infty$；
② 由式（9-9）计算 $\hat{\boldsymbol{H}}_{(\eta)}$；
③ 根据式（9-19）计算 $\hat{\boldsymbol{G}}_{(\eta)}$；
④ 如果 $\zeta\left(\hat{\boldsymbol{G}}_{(\eta)}\right) \geqslant \tau\zeta_{(\eta-1)}$，那么 $\hat{\boldsymbol{G}}_{(\eta)}=\hat{\boldsymbol{G}}_{(\eta)}$，否则使用 CLLL 算法进行格基规约计算 $\hat{\boldsymbol{G}}_{(\eta)}$；
⑤ 利用 $\hat{\boldsymbol{G}}_{(\eta)}$ 进行 IDD 抽样检测，检测数据 $\hat{\boldsymbol{D}}_{(\eta)}$；
⑥ 计算 $\alpha_{(\eta)}$；
⑦ 更新 η 值 $\eta \leftarrow \eta+1$，跳至步骤②。

9.3.4 最小误码准则

在上一节，我们提出了基于 OD 准则的低复杂度双重迭代接收机，虽然 OD 标准可用来衡量格基规约后矩阵的正交程度，从而衡量基于格基规约检测器的性能。然而，我们还可以使用一种更直接的基于检测误码率（Error Probability，EP）的判决标准。

在双重迭代接收机中，由于格基规约后的信道矩阵 $\boldsymbol{G}$ 的列向量接近正交，且对 $\boldsymbol{G}$ 进行 QR 分解后的矩阵 $\boldsymbol{R}$ 上三角元素会变小。因此，进行 SIC 检测时的信号检测性能主要取决于 $\boldsymbol{R}$ 对角线上的元素。令 $r_{q,q}$ 表示 $\boldsymbol{R}$ 对角线上第 q 个元素，w_q 为噪声 $\boldsymbol{w}$ 第 q 个元素。如果对于所有的 q，都满足

$$\left|n_q\right|^2 < \left(\left|r_{q,q}\right|\right)^2 / 4 \tag{9-22}$$

那么，基于格基规约的 SIC 检测在每层检测中都不会出错 [13]。于是，可知基于 LR 的 SIC 无差错检测概率的下界为

$$Pr(\text{无错}) \geqslant Pr\left(\left|w_q\right|^2 < \frac{\left(\left|r_{q,1}\right|\right)^2}{4},\ \forall q\right) = \prod_{q=1}^{Q} Pr\left(\left|w_q\right|^2 < \frac{\left(\left|r_{q,1}\right|\right)^2}{4}\right) \tag{9-23}$$

由于背景噪声为 CSCG 随机变量，且 $\mathrm{E}\left[\boldsymbol{w}\boldsymbol{w}^{\mathrm{H}}\right]=\sigma^2\boldsymbol{I}$，于是我们有 $\left(\Re\left(w_q\right)/\sqrt{\sigma^2},\left(\Im\left(w_q\right)/\sqrt{\sigma^2}\right)\right)$，其中 $N(0,1)$ 表示均值为 0、方差为 1 的标准正态分布。因此，$\left(\left|w_q\right|^2/\sigma^2\right)$ 是自由度为 2 的卡方随机变量，即 $\left(\left|w_q\right|^2/\sigma^2\right)\sim\chi^2(2)$。于是可得 $\left(\left|w_q\right|^2/\sigma^2\right)$ 的概率密度函数为

$$f\left(\frac{\left|w_q\right|^2}{\sigma^2}\right)=\frac{1}{2^{(2/2)}\Gamma(2/2)}\left(\frac{\left|w_q\right|^2}{\sigma^2}\right)^{(2/2)-1}\mathrm{e}^{-\left(\left|w_q\right|^2/\sigma^2\right)}=\frac{1}{2}\mathrm{e}^{-\left(\left|w_q\right|^2/\sigma^2\right)} \tag{9-24}$$

所以，

$$Pr\left(\frac{\left|w_q\right|^2}{\sigma^2}<\frac{\left|r_{q,q}\right|^2/4}{\sigma^2}\right)=Pr\left(\left|w_q\right|^2<\left|r_{q,q}\right|^2/4\right)=1-\frac{1}{2}\mathrm{e}^{-\left(\left|r_{q,q}\right|^2/4\sigma^2\right)} \tag{9-25}$$

因此可得基于 LR 的 SIC 检测 差为

$$Pr(\text{检测出错})\leqslant 1-\prod_{q=1}^{Q}\left(1-\frac{1}{2}\mathrm{e}^{-\left(\left|r_{q,q}\right|^2/4\sigma^2\right)}\right)\simeq 1-\left(1-\frac{1}{2}\mathrm{e}^{-\min_q\left(\left|r_{q,q}\right|^2/4\sigma^2\right)}\right)=,\quad \sigma^2\to 0 \quad \frac{1}{2}\mathrm{e}^{-\min_q\left(\left|r_{q,q}\right|^2/4\sigma^2\right)} \tag{9-26}$$

由式（9-26）可知，检测误码率随着 $\min_q\left|\boldsymbol{r}_{q,q}\right|$ 的增大而减小。因此，我们可根据式（9-26）推导基于 EP 准则的 Modi-LR-ICED 算法。

对于由式（9-19）得到的矩阵 $\tilde{\boldsymbol{G}}_{(\eta)}$，若其 QR 分解后的 $\min_q\left|\boldsymbol{r}_{q,q}\right|$ 比上一次格基规约结果 $\hat{\boldsymbol{G}}_{(\eta-1)}$QR 分解后的 $\min_q\left|\boldsymbol{r}_{q,q}\right|$ 大，即

$$\min_q \left| \boldsymbol{r}_{q,q,\tilde{G}_{(\eta)}} \right| \geqslant \min_q \left| \boldsymbol{r}_{q,q,\hat{G}_{(\eta-1)}} \right| \tag{9-27}$$

也就是 $\tilde{\boldsymbol{G}}_{(\eta)}$ 比 $\hat{\boldsymbol{G}}_{(\eta-1)}$ 具有更小的检测误差概率，此时我们便不需要使用 CLLL 算法对矩阵进行格基规约，直接令 $\hat{\boldsymbol{G}}_{(\eta)} = \tilde{\boldsymbol{G}}_{(\eta)}$，反之则需要进行格基规约获取 $\tilde{\boldsymbol{G}}_{(\eta)}$。

同样地，为了使判决标准更加灵活，EP 标准也可以修正为

$$\min_q \left| \boldsymbol{r}_{q,q,\tilde{G}_{(\eta)}} \right| \geqslant \tau \min_q \left| \boldsymbol{r}_{q,q,\hat{G}_{(\eta-1)}} \right| \tag{9-28}$$

其中，τ 为可设定的阈值参数。

由式（9-28），我们可将表 9-2 中的 OD 判决准则直接替换为基于 EP 判决准则的 Modi-LR-ICED 算法。

显然，不论是基于 OD 还是基于 EP 判决标准的 Modi-LR-ICED 算法，在多数情况下该方法格基规约只需要使用式（9-19）而不需要使用 CLLL 算法，并且其计算复杂度与矩阵乘法相同（即 $O(N_r N_t^2)$）。由于 CLLL 迭代的平均次数为 $N_t^2 \log N_t$ 的倍数，并且每次 CLLL 迭代的复杂度为 $O(N_r N_t)$，所以改进的基规约复杂度约为 CLLL 算法的平均复杂度（一次执行的复杂度）的 $cN_t \log N_t$，其中 c 是与 N_r 和 N_t 无关的正常数。

9.4 仿真结果及性能分析

在本节，我们将针对以上所介绍的双重迭代接收机进行仿真分析与验证。在本节双重迭代接收机的仿真中，假设信道为快衰落信道，并在长度为 L=128 的数据块时间内保持不变。信道矩阵 $\boldsymbol{H}$ 的每个元素都是均值为 0、方差为 $\sigma_h^2 = 1/N_r$ 的独立 CSCG 随机变量。对于信道编码，采用生成多项式为（7,5）、码率为 $R_c = 1/2$ 的卷积编码。

图 9-3 给出了 4×4 编码 MIMO 系统采用 4-QAM 调制时双重迭代接收机 BER 性能。对于本文所提出的双重迭代接收机，我们假设基于 LR 的随机抽样 IDD 迭代（即内部信号检测迭代）与低复杂度迭代信道估计与检测（即外部信道估计迭代）次数均为 3 次。由于 OD 准则与 EP 准则的性能与复杂度几乎相同，因此，在本次双重迭代接收机仿真验证中，我们仅使用 OD 准则进行仿真分析与验证。而且，对于 IDD 内部抽样次数，我们假设进行 10 次抽样，即 Q=10。

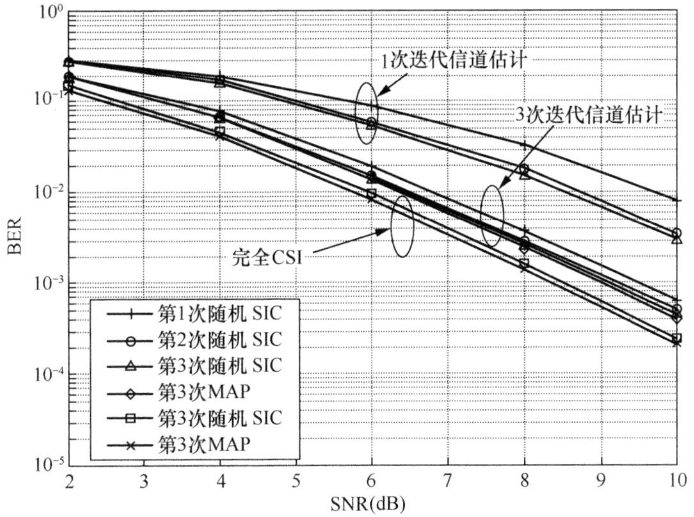

图 9-3 4×4 编码 MIMO 系统采用 4-QAM 调制时双重迭代接收机 BER 性能

由图 9-3 我们可以看出，无论是最优的 MAP 检测器，还是本文双重迭代接收机所采用的基于 LR 的随机抽样检测，经过 3 次外部迭代信道估计与检测之后，其 BER 性能与第 1 次迭代信道估计相比都有很大提升。例如，当 BER=10^{-2} 时，第 3 次迭代信道估计之后性能与第 1 次迭代信道估计的性能相比，具有近 2 dB 的性能增益。关于内部 IDD 抽样检测算法的性能，由图 9-3 可以看出，经过 3 次外部信道估计迭代与 3 次内部信号检测迭代后的 MAP 算法 BER 性能与本章所采用的 IDD 抽样检测算法 BER 性能几乎相同。

此外，为了验证双重迭代接收机低复杂度迭代信道估计方法（Modi-LR-ICED）信道估计的性能，图 9-3 还仿真了使用完全 CSI（即接收端已知完全准确的信道状态信息）情况下 IDD 基于 LR 的随机抽样检测算法（Randomized SIC）性能。由图 9-3 可知，经过 3 次迭代信道估计后的 BER 性能与采用完全 CSI 的系统 BER 性能相差不大，这说明本章所介绍的双重迭代接收机外部迭代信道估计与检测方法具有优异的信道估计效果。

为了分析与比较本章所介绍的通用迭代信道估计与检测算法（LR-ICED）以及 Modi-LR-ICED 在双重迭代接收机架构中的性能体现，在图 9-4 中，我们采用与图 9-3 相同的系统参数设定，仿真了在不同的信噪比下本章提出推导的 Modi-LR-ICED 算法与 LR-ICED 算法的 BER 性能。由图 9-4 我们可以看出，Modi-LR-ICED 算法与通用 LR-ICED 算法相比，在 BER 性能方面损失很小，且两者通过 3 次迭代信道估计之后都能够接近采用完全 CSI 的系统 BER 的性能。

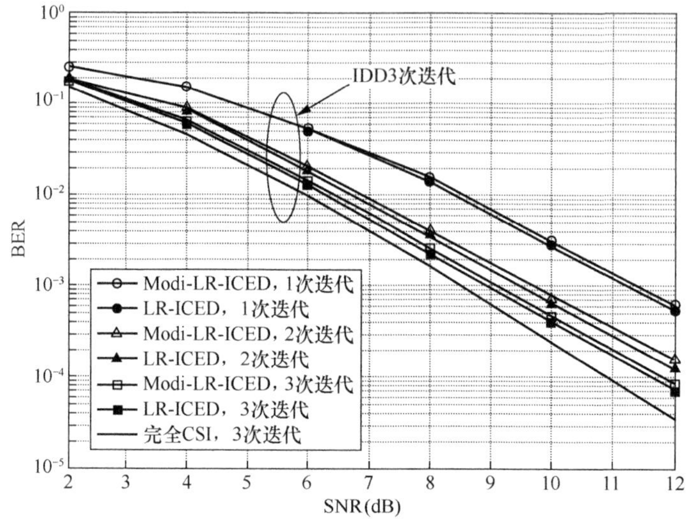

图 9-4　4×4 编码 MIMO 系统采用 4-QAM 调制时双重迭代接收机 BER 性能

此外，我们统计了在 3 次外部迭代信道估计和 3 次内部信号检测迭代中执行 CLLL 的次数，并用 N 表示。

图 9-5 给出了通用迭代信道估计与检测 LR-ICED 算法以及 Modi-LR-ICED 算法在 3 次内部迭代时执行 CLLL 算法的次数。由于通用 LR-ICED 算法在每次 IDD 抽样检测时都需要使用 CLLL 算法，因此通用 ICED 算法执行 CLLL 次数的平均值为 N=3。而使用 OD 准则的 Modi-LR-ICED 算法执行 CLLL 算法的平均次数约为 1.5。与 LR-ICED 相比，大约能减少执行 CLLL 算法的一半的计算复杂度，然而其 BER 性能如图 9-4 所示，与 LR-ICED 算法相比，并没有多少损失。由此可见，本章介绍的低复杂度双重迭代接收机能够在保证系统性能的情况下显著降低计算复杂度。

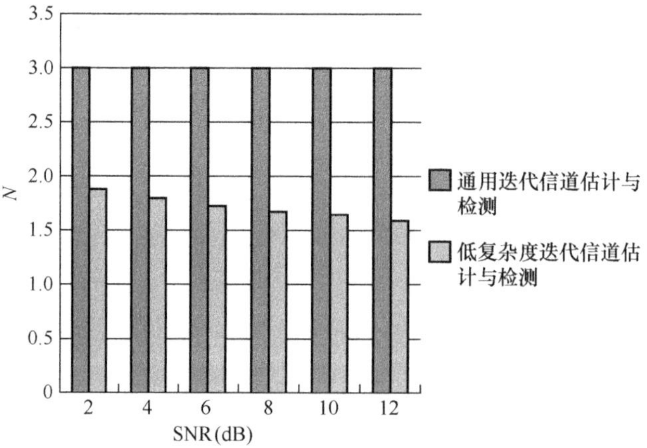

图 9-5　4×4 编码 MIMO 系统采用 4-QAM 调制时执行 CLLL 算法的次数

9.5 本章小结

本章针对MIMO系统联合信道估计与检测问题，首先提出了一种双重迭代接收机架构，包括外部信道估计迭代以及内部信号检测迭代；在此基础上，为了避免由MAP带来的极高复杂度，本章还在双重迭代接收机内部迭代中采用了低复杂度的IDD抽样检测算法；针对外部迭代信道估计，本章推导了一种基于格基规约的ML半盲估计ICED算法，并针对该算法，提出了OD和EP两种判决准则以进一步降低双重迭代接收机的计算复杂度；最后，本章对提出的低复杂度迭代信道估计与检测算法进行了复杂度分析，验证了该算法在复杂度方面的优越性。

参考文献

[1] CHOI J. Adaptive and iterative signal processing in communications[M]. Cambridge: Cambridge University Press, 2006.

[2] DEMPSTER A P, LAIRD N M, RUBIN D B. Maximum likelihood from incomplete data via the EM algorithm[J]. Journal of the royal statistical society, 1977, 39(1): 1-38.

[3] BAI L, DOU S, LI Q, et al. Low-complexity iterative channel estimation with lattice reduction-based detection for multiple-input multiple-output systems[J]. IET communications, 2013, 8(6): 905-913.

[4] CHOI J. An EM based joint data detection and channel estimation incorporating with initial channel estimation[J]. IEEE communications letters, 2008, 12(9): 654-656.

[5] YAO H, WORNELL G W. Lattice-reduction-aided detectors for MIMO communication systems[C]// Proc. IEEE GLOBECOM, 2002: 424-428.

[6] TAHERZADEH M, MOBASHER A, KHANDANI A K. LLL reduction achieves the receive diversity in MIMO decoding[J]. IEEE transactions on information theory, 2007, 53(12): 4801- 4805.

[7] CHOI J. Optimal combining and detection statistical signal processing for

communications[M]. Cambridge: Cambridge University Press, 2010.

[8] W BBEN D, B HNKE R, K HN V, et al. Near-maximum-likelihood detection of MIMO systems using MMSE-based lattice reduction[C]//Proc. IEEE Int. Conf. Communication, 2004: 798-802.

[9] BAI L, DOU S, XIAO Z, et al. Doubly iterative multiple-input-multiple-output-bit- interleaved coded modulation receiver with joint channel estimation and randomised sampling detection[J]. IET signal processing, 2016, 10(4): 335-341.

[10] ZHANG W, MA X. Low-complexity soft-output decoding with lattice-reduction-aided detector[J]. IEEE transactions on communications, 2010, 58(9): 2621-2629.

[11] 李强，雷霞，罗显平．无线通信中迭代均衡技术研究 [M]. 北京：国防工业出版社，2011.

[12] WBBEN D, SEETHALER D, JALD N J, et al. Lattice reduction[J]. IEEE signal processimg magazine, 2011, 28(3): 70-91.

[13] CHOI J, ADACHI F. User selection criteria for multiuser systems with optimal and suboptimal LR based detectors[J]. IEEE transactions on signal processing, 2010, 58(10): 5463-5468.

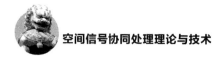

通用符号表

1. $\boldsymbol{A}$ 和 $\boldsymbol{a}$ 分别表示复值向量或矩阵。
2. 对于矩阵 $\boldsymbol{A}$，矩阵 $\boldsymbol{A}^{\mathrm{T}}$、$\boldsymbol{A}^{\mathrm{H}}$、$\boldsymbol{A}^{*}$ 分别表示其转置、共轭转置和共轭矩阵。
3. $[\boldsymbol{A}]_{i,j}$ 表示矩阵 $\boldsymbol{A}$ 中第 i 行 j 列的元素。
4. $\boldsymbol{A}(a{:}b,c{:}d)$ 表示矩阵 $\boldsymbol{A}$ 的一个子阵，其元素为矩阵 $\boldsymbol{A}$ 的 $a,\cdots,b$ 行，$c,\cdots,d$ 列。
5. $\boldsymbol{A}(:,n)$ 和 $\boldsymbol{A}(n,:)$ 分别代表矩阵 $\boldsymbol{A}$ 的第 n 列和第 n 行。
6. $\Re(z)$ 和 $\Im(z)$ 分别代表复数 z 的实部和虚部。
7. 对于向量或矩阵，$\|\cdot\|$ 表示 2 范数，$\|\cdot\|_{\mathrm{F}}$ 表示 Frobenius 范数。
8. $\lfloor \alpha \rfloor$ 表示小于 α 的最大整数，而 $\lceil \alpha \rfloor$ 表示与 α 最接近的整数。
9. $|\alpha|$ 表示 α 的绝对值。
10. $\backslash$ 表示集合减法。
11. $\boldsymbol{I}_n$ 表示 $n\times n$ 的单位矩阵。
12. $K=\{k_{(1)},k_{(2)},\cdots\}$ 表示包含元素 $k_{(1)},k_{(2)},\cdots$ 的集合。
13. $\mathrm{tr}(\boldsymbol{A})$ 表示矩阵 $\boldsymbol{A}$ 的迹。
14. $\det(\boldsymbol{A})$ 表示矩阵 $\boldsymbol{A}$ 的行列式。
15. $\mathrm{adj}(\boldsymbol{A})$ 表示矩阵 $\boldsymbol{A}$ 的伴随矩阵。
16. $D(\boldsymbol{A})$ 表示由矩阵 $\boldsymbol{A}$ 生成的格基中最短非零向量的长度。
17. $OD_M(\boldsymbol{A})$ 表示具有 M 个列向量的矩阵 $\boldsymbol{A}$ 的正交分离度。
18. $\lambda_{\min}(\boldsymbol{A})$ 表示矩阵 $\boldsymbol{A}$ 的最小特征值。
19. $L(\boldsymbol{A})$ 表示由矩阵 $\boldsymbol{A}$ 生成的格基。
20. $\mathrm{E}=[\cdot]$ 表示统计期望。
21. $<\boldsymbol{a},\boldsymbol{b}>$ 表示向量 $\boldsymbol{a}$ 和 $\boldsymbol{b}$ 的内积。
22. $CN(\boldsymbol{m},\boldsymbol{c})$ 表示均值为 $\boldsymbol{m}$ 协方差为 $\boldsymbol{C}$ 的复高斯向量。
23. $\log(\cdot)$ 表示自然对数。
24. $\boldsymbol{0}$ 表示所有元素均为 0 的矩阵。
25. Z 表示整数集合。

中英文对照

缩写	英文全拼	中文释义
AF	Amplify-and-Forward	放大转发
API	A Priori Information	先验信息
APP	A Posterior Probability	后验概率
APRP	A Priori Probability	先验概率
AS	Antenna Subset	天线的子集
AWGN	Additive White Gaussion Noise	加性高斯白噪声
BER	Bit Error Rate	误比特率
BICM	Bit-Interleaved Coded Modulation	比特交织编码调制
BLAST	Bell Laboratories Layered Space-Time	分层空时码
BPSK	Binary Phase Shift Keying	二进制相移键控
CCI	Co-Channel Interference	同信道干扰
CDF	Cumulative Distribution Function	累积密度函数
CDM	Code Division Multiplexing	码分复用
CDMA	Code Division Multiple Access	码分多址
CM	Complex Multiplications	复数乘法
CML	Conditional Maximum Likelihood	条件最大似然估计
CMs	Complex Multiplications	复数乘法
CSCG	Circular Symmetric Complex Gaussian	球对称复高斯

续表

缩写	英文全拼	中文释义
EP	Error Probability	错误概率
FLOP	Floating Point Operation	平均浮点运算
FLOPS	Floating Point Operations Per Second	浮点运算次数
GS	Gram-Schmidt	格拉姆一施密特
GSM	Global System For Mobile Communications	全球移动通信系统
ICE	Information Collection and Extraction	信息采集与提取
IDD	Iterative Decoding and Detection	迭代解码检测
LAPP	Logarithms of A Posteriori Probability	对数后验概率
LAPPR	Logarithms of A Posteriori Probability Ratios	对数后验概率比
LBR	Lattice Basis Reduced	格基规约后
LLR	Log-Likelihood Ratio	对数似然比例
LR	Lattice Reduction	格基规约
MAP	Maximum A Posterior Probability	最大后验概率
MGF	Moment-Generating Function	矩量生成函数
MIMO	Multiple-Input Multiple-Output	多输入多输出
MISO	Multi-Input Single-Output	多输入单输出
ML	Maximum Likelihood	最大似然
MMMSE	Min-Max Mean Square Error	最小化最大均方差标准
MMSE	Minimum Mean Square Error	最小均方误差
MMSE-DFE	Minimum Mean Square Error Decision Feedback Equalizer	最小均方差反馈判决均衡器
M-QAM	M-ary Quadrature Amplitude Modulation	M 进制幅度相位调制
MRC	Maximal Ratio Combining	最大比值组合
MRT	Maximal-Ratio-Transmission	最大率传输
MSE	Mean Square Error	均方差
MSNR	Maximum SNR	最大信噪比
OD	Orthogonal Deficiency	正交分离度
ODR	Optimal Decision Region	最优决策区域
OFDM	Orthogonal Frequency Division Multiplexing	正交频分复用
OFDMA	Orthogonal Frequency Division Multiple Access	正交频分多址接入
PAM	Pulse Amplitude Modulation	脉冲幅度调制
PDF	Probability Density Function	概率密度函数
PF	Proximity Factor	邻近影响因子
PostV	Post-Voting Vector	后判决向量
PreV	Pre-Voting Vector	预判决向量

续表

缩写	英文全拼	中文释义
PVC	Pre-Voting Vector Cancellation	预判决向量干扰消除
QAM	Quadrature Amplitude Modulation	正交幅度调制
RAN	Radio Access Network	无线接入网
RANS	Radio Access Network Selection	接入网选择
SDM	Spatial Division Multiplexing	空分复用技术
SDMA	Space Division Multiple Access	空分多址
SER	Symbol Error Rate	误符号率
SIC	Successive Interference Cancellation	串行干扰消除
SIC-List	Successive Interference Cancellation List	串行干扰消除列表法
SIMO	Single-Input Multiple-Output	单输入多输出
SINR	Signal to Interference and Noise Ratio	信干噪比
SISO	Single-Input Single Output	单输入单输出
SNR	Signal to Noise Ratio	信噪比
SSE	Sum of Square Error	方差和
SVD	Singular Value Decomposition	奇异值分解
TDD	Time Division Duplex	时分双工
TDM	Time Division Multiplexing	时分复用
TDMA	Time Division Multiple Access	时分多址
TD-SCDMA	Time Division-Synchronous Code Division Multiple Access	时分同步码分多址
TSD-CR	Tree Search Decoding-Column Reordering	树搜索解码器列重排
UBLR	Updated Basis Lattice Reduction	LR 基底迭代更新法
UML	Unconditional Maximum Likelihood	无条件最大似然估计
VLSI	Very Large Scale Integration	超大规模集成电路
ZF	Zero Forcing	迫零
ZF-DFE	Zero Forcing Decision Feedback Equalizer	迫零反馈判决均衡器
ZF-SIC	Zero Forcing Successive Interference Cancellation	迫零串行干扰消除
	Alphabet	信号符号域
	Co-Channel Interference and Inter-symbol Interference	噪声和干扰总和
	Conditional BER	条件误比特率
	Consensus Algorithm	一致算法
	Frequency Cooperation	合作
	Coordination	协作
	Division Duplex	频分复用
	Gray Code	格雷码

缩写	英文全拼	中文释义
	Householder	豪斯霍尔德变换
	Kronecker	克罗内克乘积
	Lagrange Multiplier Method	拉格朗日乘数法
	Lattice	格基
	Lattice Points	格基点
	Linear List	线性列表法
	List	列表法
	MMSE Estimator	最小均方差估计
	Non-decreasing	非减
	Normalized	归一化
	Polynomial	多项式
	Pre-voting Cancellation	预判决干扰消除
	Relaying with Reuse Partitioning	中继复用分割
	Relay Reuse	中继间复用
	Space Domain	空间域
	Sub-detection	子检测
	the Frobenius Norm	弗洛宾尼斯范数
	Time-frequency Resource Partitioning	时频资源分割
	Vandermonde Channel Vectors	范德蒙信道向量
	Voronoi	冯洛诺伊区域
	Wishart	威沙特矩阵

名词索引

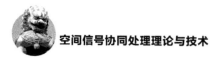